彩图1 稻属不正常幼苗鉴定彩色图谱

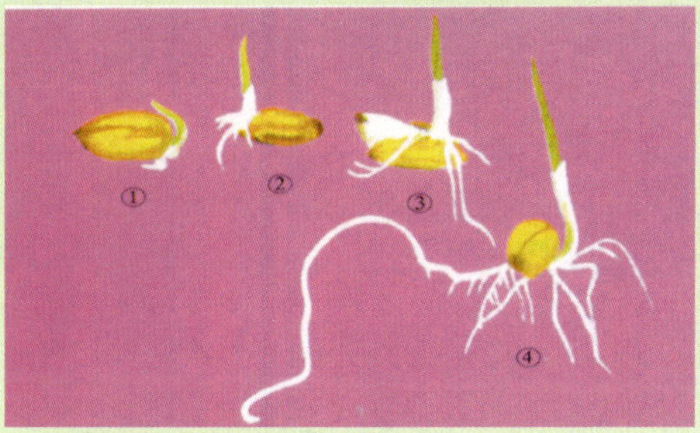

A. 初生根缺失的异状幼苗

①②③初生根缺失、仅有不定根，为不正常幼苗

④初生根正常幼苗

B. 初生根缺失的异状幼苗

①②无初生根，也无次生根，为不正常幼苗

③正常幼苗

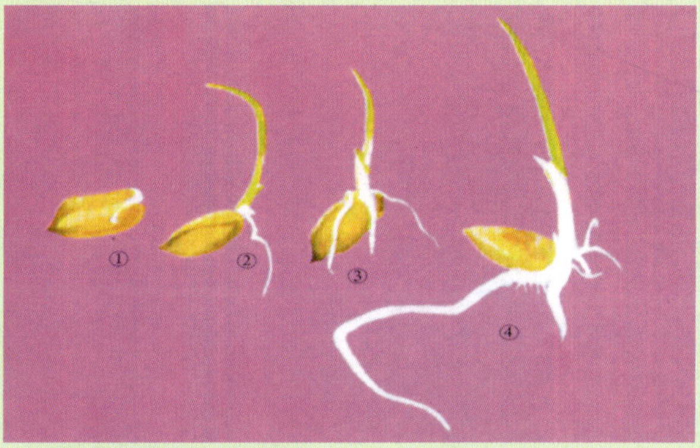

C. 初生根缺失，胚芽鞘畸形

①无初生根，为不正常幼苗

②无初生根，仅有少量不定根，为不正常幼苗

③胚芽鞘粗短畸形，为不正常幼苗

④正常幼苗

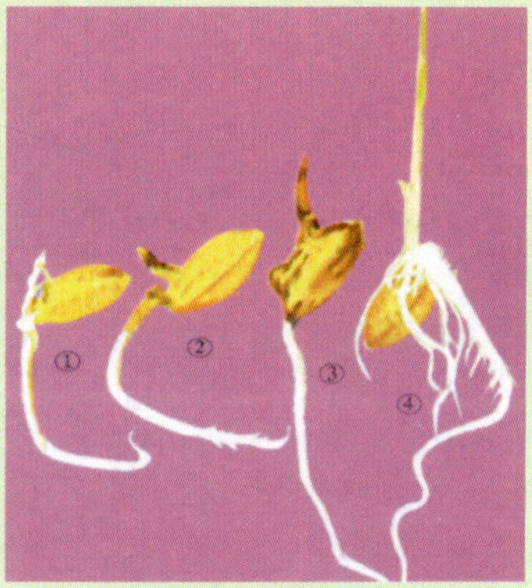

D. 胚芽鞘初生感染腐烂

①②③胚芽鞘腐烂，为不正常幼苗

④正常幼苗

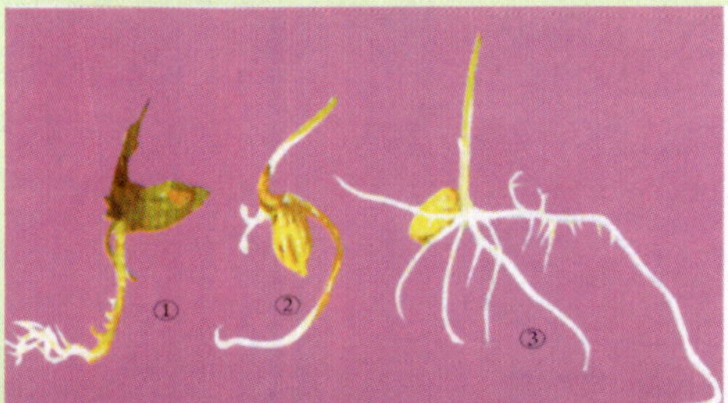

E. 幼苗初生感染腐烂

①②幼苗腐烂，为不正常幼苗

③正常幼苗

F. 幼苗霉烂

①②③整个幼苗霉烂，为不正常幼苗

④正常幼苗

彩图 2　小麦属不正常幼苗鉴定彩色图谱

A. 初生根粗而短，胚芽鞘畸形

①种子根化学中毒伤害缩短变粗，且胚芽鞘畸形，为不正常幼苗

②正常幼苗

B. 种子根缺失或仅有一条细弱种子根

①种子根缺失，为不正常幼苗

②仅有一条细弱种子根，为不正常幼苗

③胚芽鞘畸形，为不正常幼苗

④正常幼苗

C. 胚芽鞘畸形

①胚芽鞘缺失，种子根生长不良，为不正常幼苗

②胚芽鞘畸形缩短，与主轴分离，为不正常幼苗

③正常幼苗

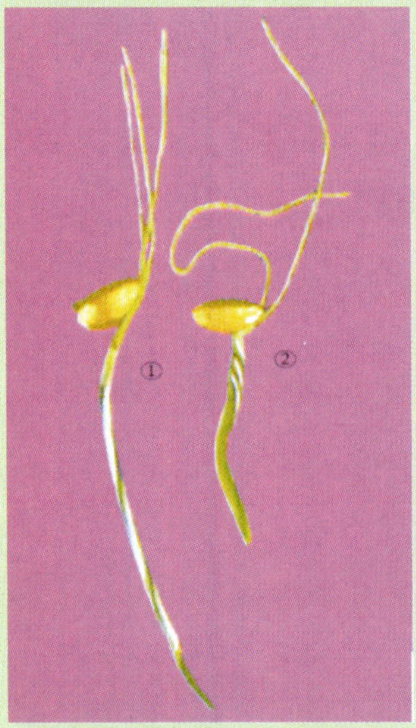

D. 胚芽鞘紧密扭曲

①②胚芽鞘严重扭曲，为不正常幼苗

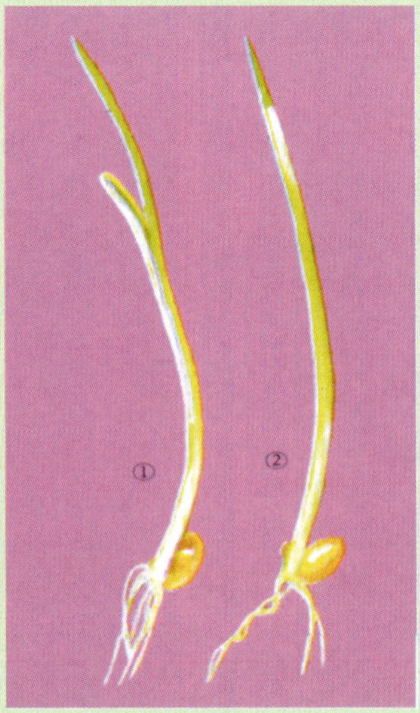

E. 胚芽鞘开裂超过 1/3

①②胚芽鞘开裂超过 1/3，为不正常幼苗

F. 初生叶异常

①②初生叶短于胚芽鞘一半，为不正常幼苗

③正常幼苗

彩图 3　玉米属不正常幼苗鉴定彩色图谱

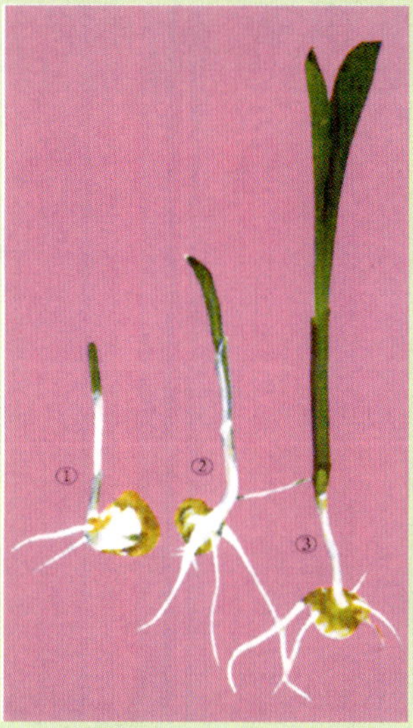

A. 初生根矮化和缺失

①③初生根缺失，为不正常幼苗

②初生根矮化，为不正常幼苗

B. 初生根缺失，为不正常幼苗

①②③为不正常幼苗

C. 初生根霉烂，为不正常幼苗

①②初生根已霉烂，为不正常幼苗

③正常幼苗

D. 胚芽鞘畸形和中胚轴形成环状

①胚芽鞘畸形，为不正常幼苗

②中胚轴形成环状，为不正常幼苗

③正常幼苗

E. 胚芽鞘和初生叶畸形和破碎

①②胚芽鞘和初生叶畸形和破碎，为不正常幼苗

③正常幼苗

G. 胚芽鞘过度开裂与主茎轴分离

①胚芽鞘过度开裂，为不正常幼苗

②胚芽鞘与主茎轴分离，为不正常幼苗

③正常幼苗

彩图 4　豌豆属不正常幼苗鉴定彩色图谱

A. 子叶枯萎变色
①②③子叶枯萎变色，为不正常幼苗
④正常幼苗

B. 顶芽畸形
①②顶芽畸形，为不正常幼苗
③正常幼苗

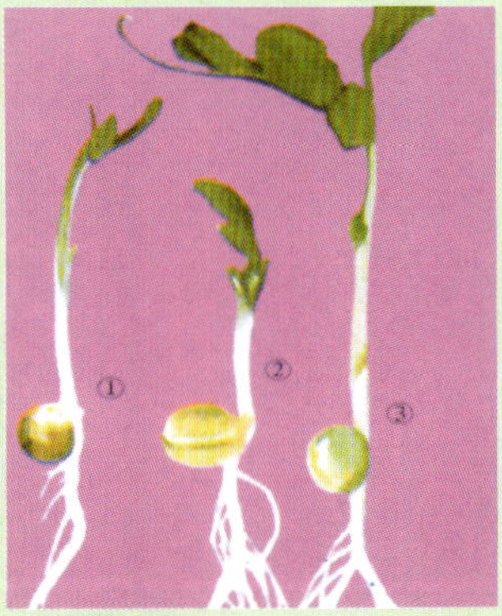

C. 顶芽缺失
①②顶芽缺失，为不正常幼苗
③正常幼苗

D. 上胚轴生长障碍、分叉
①上胚轴生长受阻，为不正常幼苗
②上胚轴分叉，为不正常幼苗
③正常幼苗

E. 幼苗黄化，不能正常形成叶绿素
①②幼苗黄化，为不正常幼苗
③正常幼苗

彩图 5　蚕豆属不正常幼苗鉴定彩色图谱

A. 初生根矮化，但有次生根
①初生根矮化，缺少发育良好的次生根，为不正常幼苗
②初生长矮化，但次生根发育良好，为正常幼苗
③正常幼苗

B. 初生根腐烂
①初生根完全腐烂，为不正常幼苗
②初生根部分和顶芽腐烂，为不正常幼苗
③正常幼苗

C. 幼苗构造（如：初生根）断裂或裂缝
①②幼苗初生根断裂，为不正常幼苗
③幼苗初生根有裂缝，生长受阻，为不正常幼苗
④正常幼苗

彩图 6　棉属不正常幼苗鉴定彩色图谱

A. 初生根矮化变色

①②③④为不正常幼苗

B. 初生根缺少根尖分生组织

①②③初生根生长障碍，为不正常幼苗

④正常幼苗

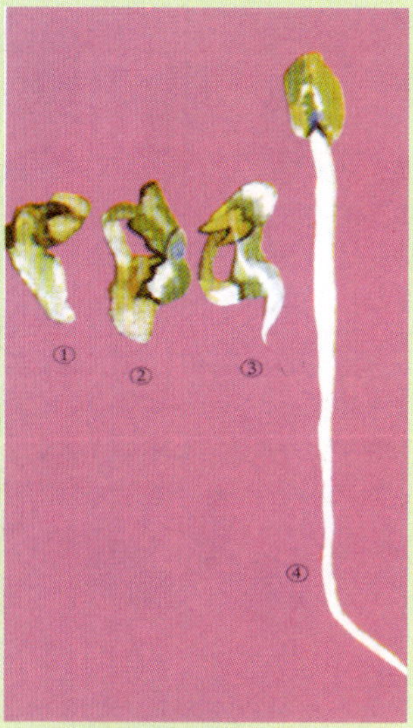

C. 初生根夹在种皮内

①②③初生根受伤害不能生长，而夹在种皮内，为不正常幼苗

④正常幼苗

D. 初生根霉烂

①②③④为不正常幼苗

E. 子叶破碎和枯死

①子叶残缺，为不正常幼苗

②子叶破碎、褐化，失去幼苗，为不正常幼苗

③子叶变色枯萎，为不正常幼苗

彩图 7　向日葵属不正常幼苗鉴定彩色图谱

A. 初生根缺失和矮化（不正常幼苗）
①初生根缺失，为不正常幼苗
②③初生根矮化，为不正常幼苗
④正常幼苗

B. 初生根生长障碍，次生根不正常
①初生根生长异常，变色，为不正常幼苗
②初生根异常，次生根不正常，为不正常幼苗
③正常幼苗

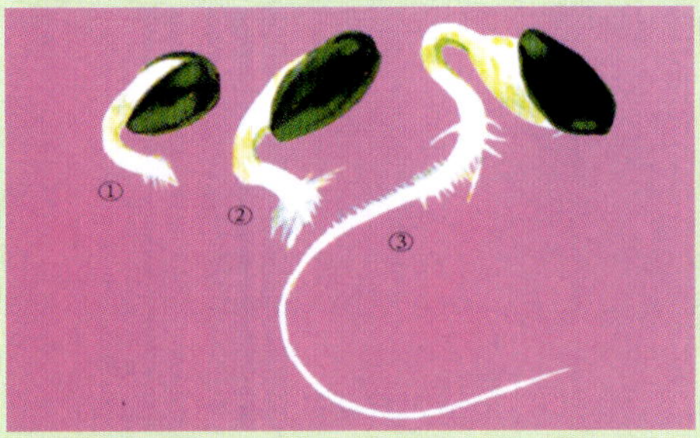

C. 初生根缺失
①②初生根缺失，为不正常幼苗
③正常幼苗

D. 下胚轴有深度裂缝
①②下胚轴有深度裂缝，为不正常幼苗
③正常幼苗

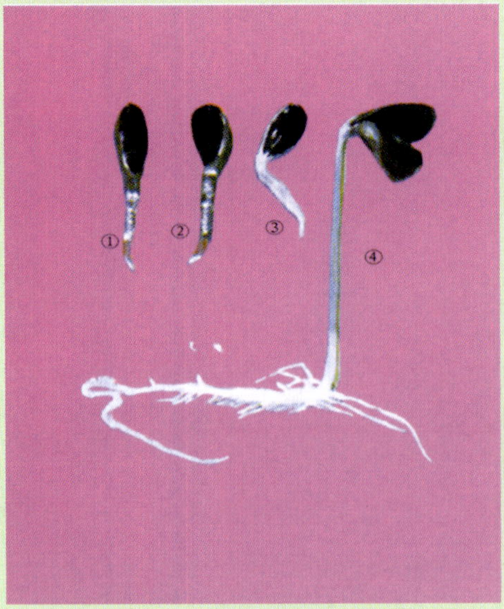

E. 下胚轴生长异常，缩缢，变色
①②③下胚轴生长异常，为不正常幼苗
④正常幼苗

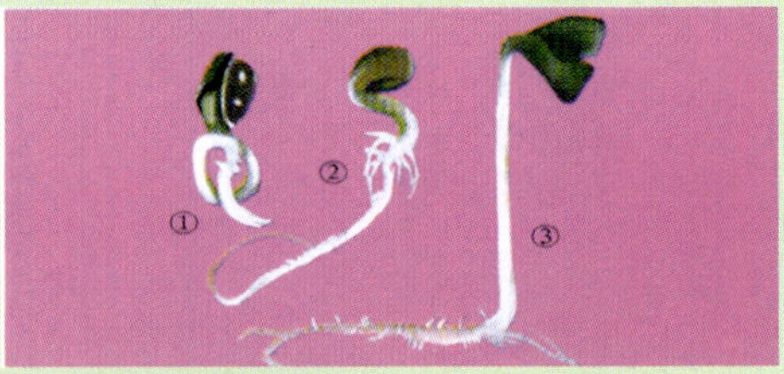

F. 下胚轴形成螺旋形
①下胚轴形成螺旋形，为不正常幼苗
②下胚轴异常弯曲，缩短，为不正常幼苗
③正常幼苗

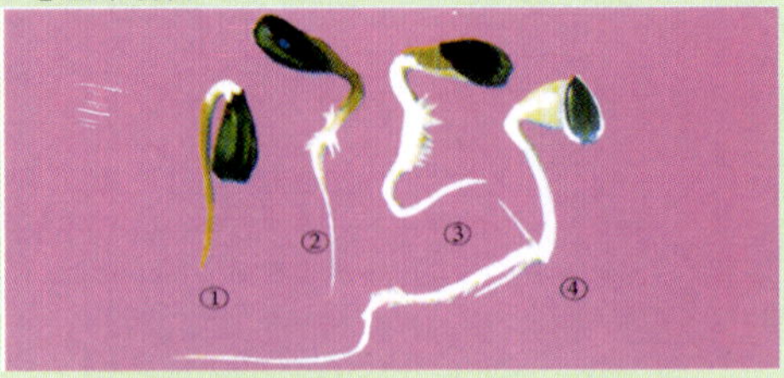

G. 下胚轴和初生根畸形，霉烂变色
①②③④均为不正常幼苗

彩图 8　甜瓜属和西瓜属不正常幼苗鉴定彩色图谱

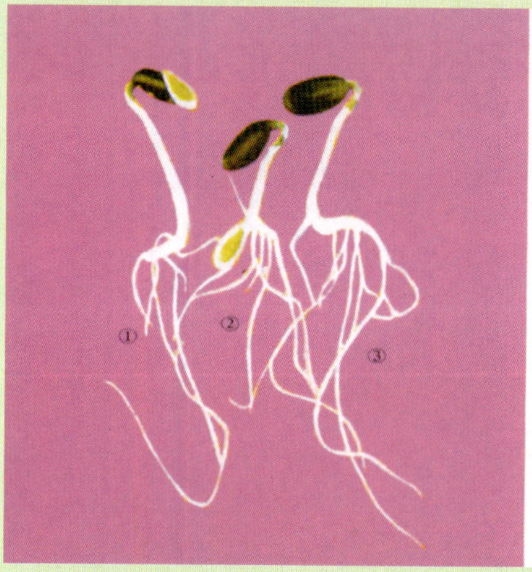

A. 初生根矮化和生长障碍，而次生根发育良好为正常幼苗
①②③为正常幼苗

B. 初生根缺失，生长受阻，并无足够次生根
①初生根生长障碍，为不正常幼苗
②③初生根缺失，且次生根发育不良，为不正常幼苗
④正常幼苗

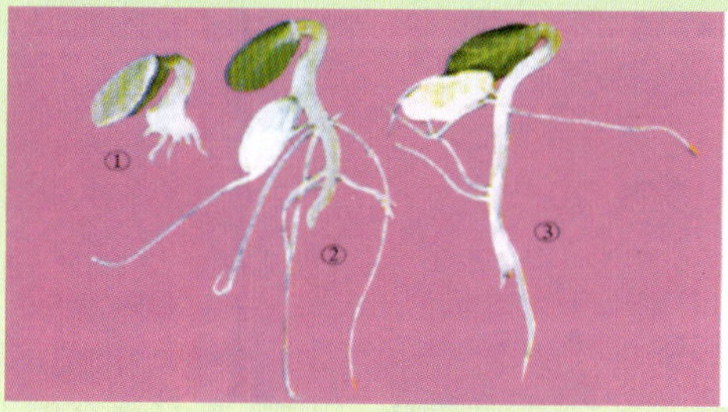

C. 初生根缺失，生长受阻，次生根发育不良
①初生根生长受阻，为不正常幼苗
②③初生根生长受阻，但生长有足够次生根，为正常幼苗

D. 下胚轴畸形，缩短变粗
①②③下胚轴畸形，为不正常幼苗
④正常幼苗

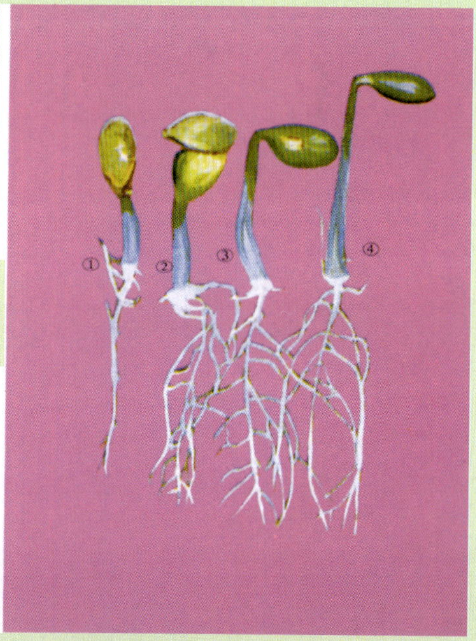

E. 子叶腐烂
①②③子叶变色腐烂，为不正常幼苗
④正常幼苗

彩图 9 甜菜属不正常幼苗鉴定彩色图谱

A. 初生根缺失或生长障碍
①初生根缺失，为不正常幼苗
②③初生根生长障碍，为不正常幼苗
④正常幼苗

B. 幼苗初生感染腐烂
①②初生感染腐烂，为不正常幼苗
③正常幼苗

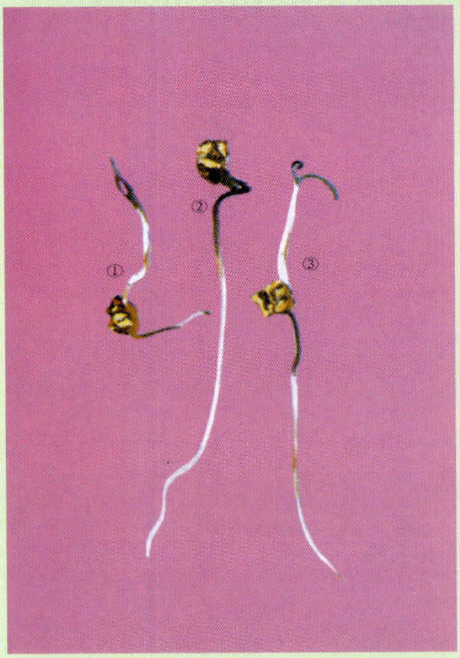

C. 幼苗次生感染，为正常幼苗
①②③为正常幼苗

D. 幼苗次生感染，为正常幼苗
①②③为正常幼苗

彩图 10 菜豆属不正常幼苗鉴定彩色图谱

A. 下胚轴纵向开裂
①②下胚轴纵向开裂，为不正常幼苗
③④正常幼苗

B. 下胚轴过度弯曲，或形成环形
①②下胚轴过度弯曲，为不正常幼苗
③下胚轴形成环形，为不正常幼苗
④正常幼苗

C. 下胚轴缺失或缩短
①下胚轴缺失，为不正常幼苗
②下胚轴缩短，为不正常幼苗
③正常幼苗

D. 初生叶缺失或异常
①初生叶缺失，为不正常幼苗
②③初生叶残缺，小于 50% 具有功能面积，为不正常幼苗
④正常幼苗

E. 幼苗黄化
①②幼苗畸形黄化，为不正常幼苗
③正常幼苗

F. 子叶破裂变色
①②子叶破裂变色，为不正常幼苗
③正常幼苗

H. 顶芽损伤
①顶芽缺失，为不正常幼苗
②顶芽损伤变色，为不正常幼苗
③正常幼苗

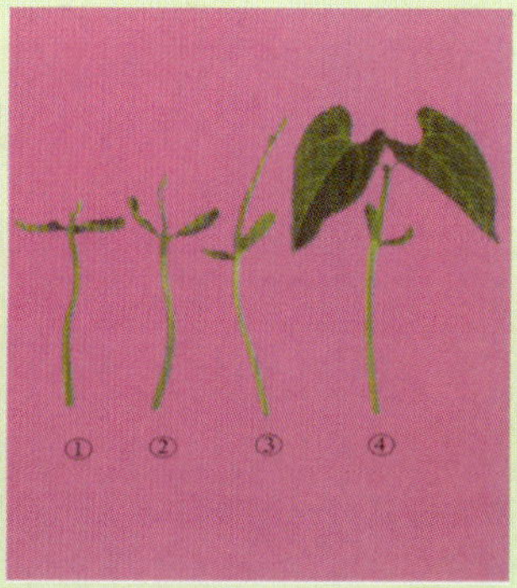

G. 初生叶缺失
①②③初生叶缺失为不正常幼苗
④正常幼苗

彩图 11　番茄属不正常幼苗鉴定彩色图谱

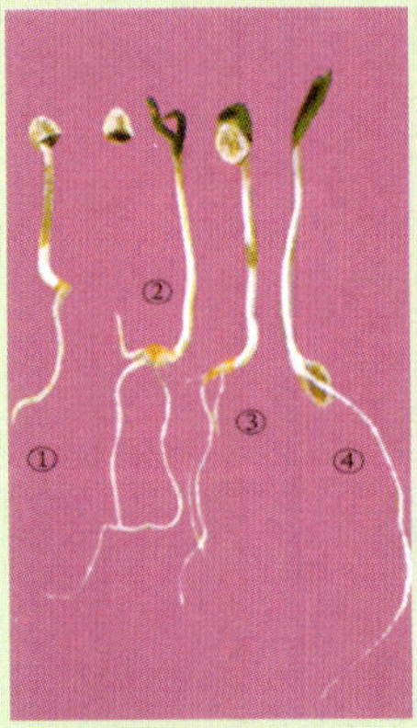

A. 初生根矮化
①②③初生根矮化，为不正常幼苗
④正常幼苗

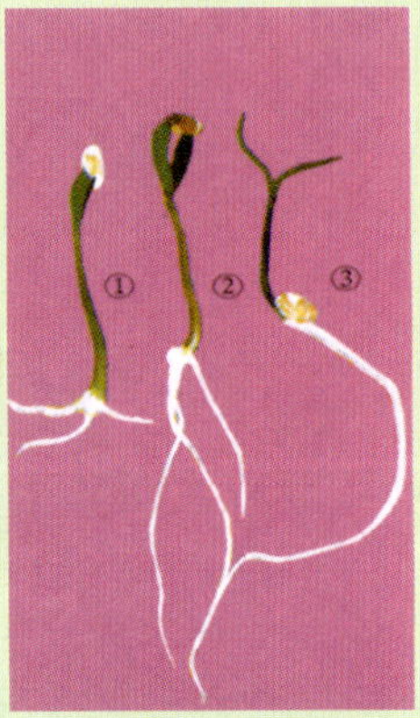

B. 初生根矮化，有次生根
①②初生根矮化，即使有次生根，仍分为不正常幼苗
③正常幼苗

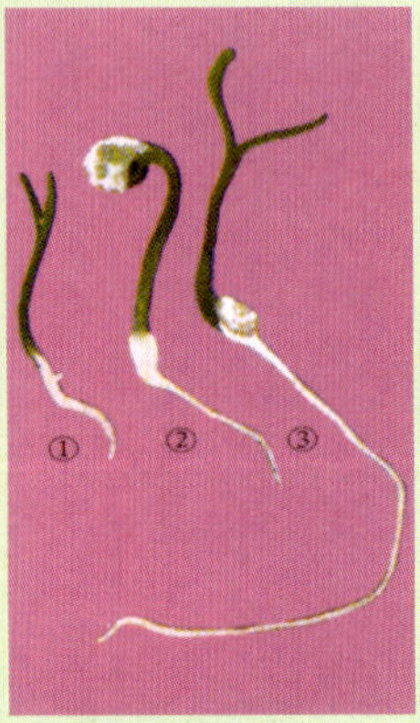

C. 初生根生长障碍
①②初生根生长障碍，为不正常幼苗
③正常幼苗

D. 幼苗破损折断
①②初生根缺失，下胚轴折断，为不正常幼苗
③正常幼苗

彩图 12　葱属不正常幼苗鉴定彩色图谱

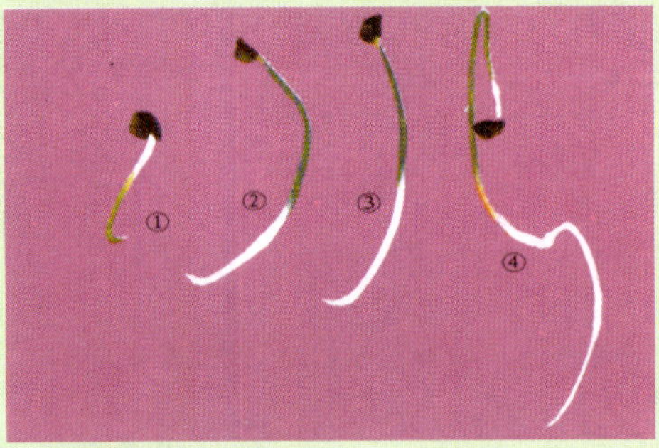

A. 圆管状子叶无“膝”
①②③圆管状子叶无“膝”，为不正常幼苗
④正常幼苗

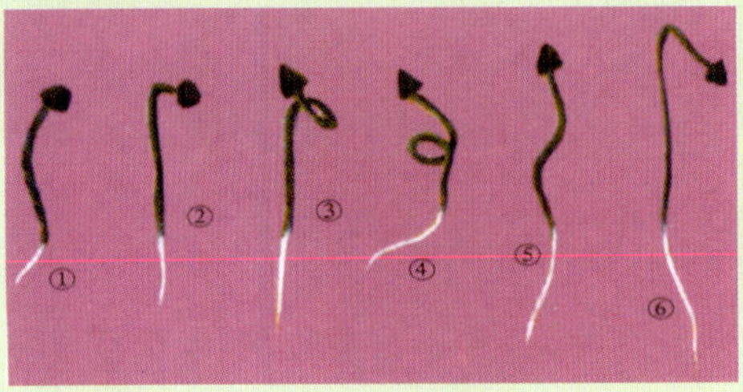

B. 子叶缩短，扭曲或形成环状或螺旋状，或变曲无“膝”
①②子叶缩短、且扭曲，为不正常幼苗
③④子叶形成环状或螺旋状，为不正常幼苗
⑤圆管状子叶弯曲无“膝”，为不正常幼苗
⑥正常幼苗

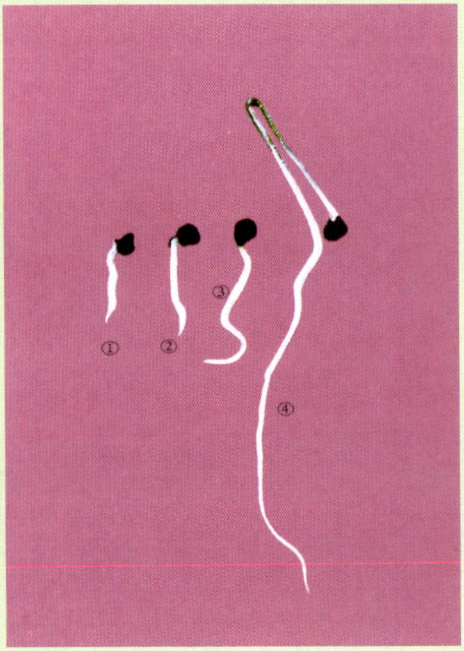

C. 幼苗呈透明水肿状
①②③幼苗呈透明水肿状，不正常幼苗
④正常幼苗

彩图 13　玉米 SC-704 的芽鞘（紫红色）和母本 773 的芽鞘（黄绿色）

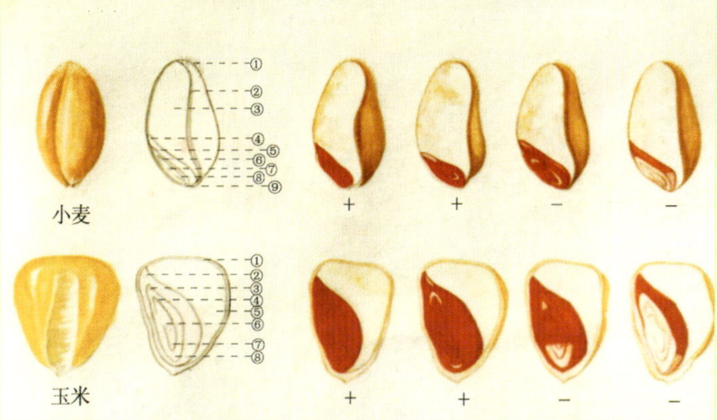

彩图 14　小麦、玉米生活力测定图谱

小麦：①冠毛　②种皮　③胚乳　④盾片　⑤胚芽鞘　⑥胚芽　⑦胚轴　⑧胚根　⑨胚根鞘

玉米：①种皮　②盾片　③胚芽鞘　④胚芽　⑤胚乳　⑥胚轴　⑦胚根　⑧胚根鞘

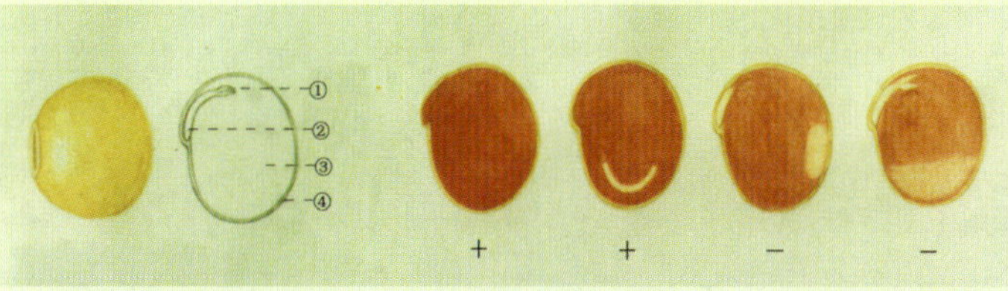

彩图 15　大豆种子生活力测定图谱

①胚芽　②胚根　③子叶　④种皮

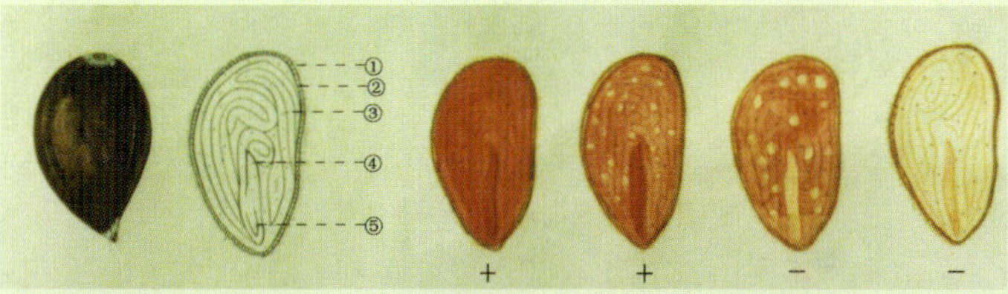

彩图 16　棉花种子生活力测定图谱

①绒毛　②种皮　③子叶　④胚芽　⑤胚根

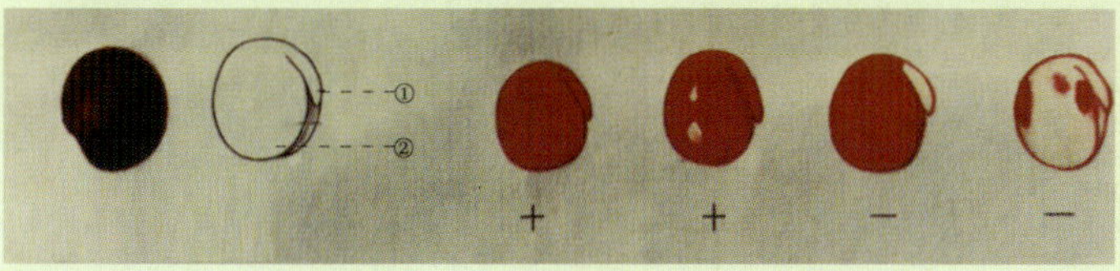

彩图 17　白菜种子生活力测定图谱

①胚根　②子叶

注：图中“+”为有生活力种子，“−”为无生活力种子

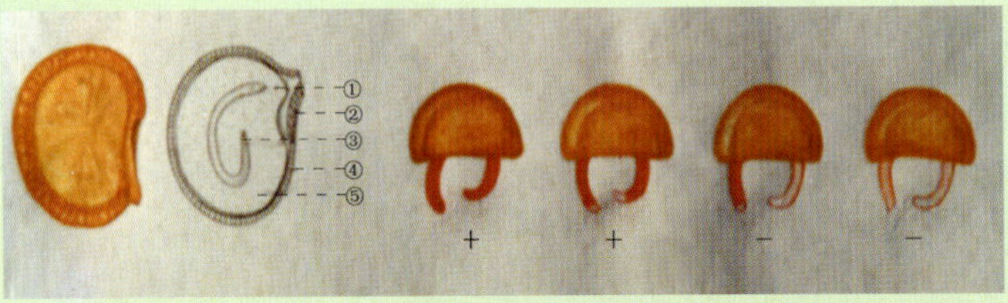

彩图 18　辣椒种子生活力测定图谱

①胚根　②种脐　③子叶
④种皮　⑤胚乳

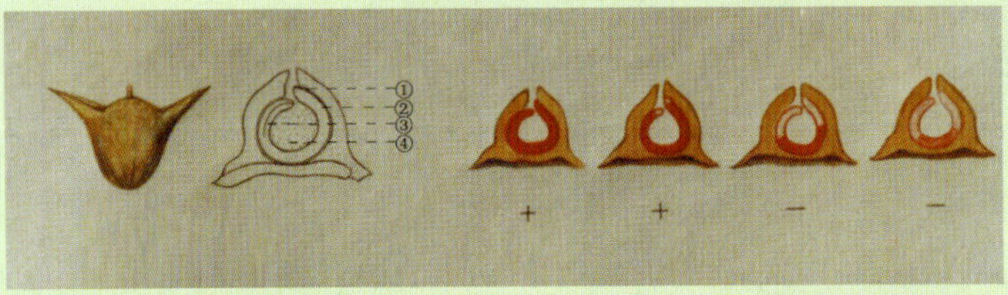

彩图 19　波菜种子生活力测定图谱

①种皮　②胚根　③子叶
④胚乳

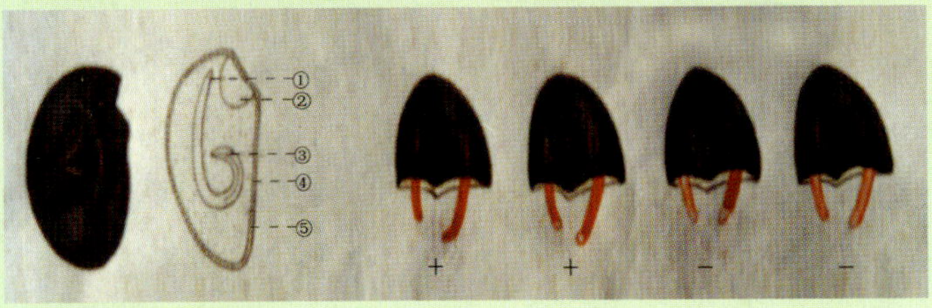

彩图 20　葱种子生活力测定图谱

①胚根　②种脐　③子叶
④种皮　⑤胚乳

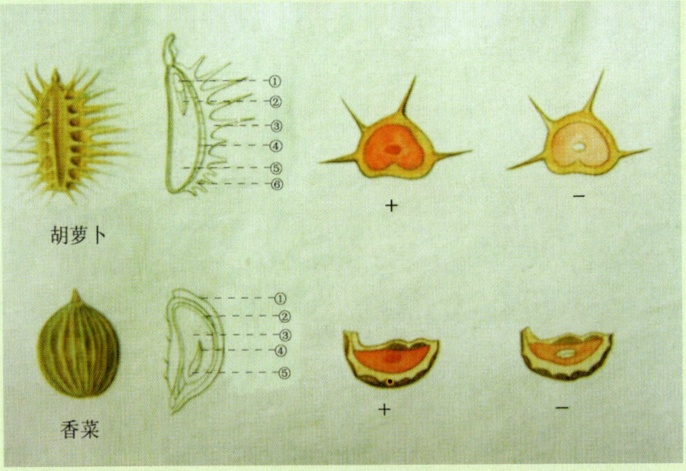

彩图 21　胡萝卜、香菜种子生活力测定图谱

胡萝卜：①胚根　②子叶
③刺毛　④种皮　⑤胚乳
⑥果皮

香菜：①果皮　②种皮
③胚乳　④子叶　⑤胚根

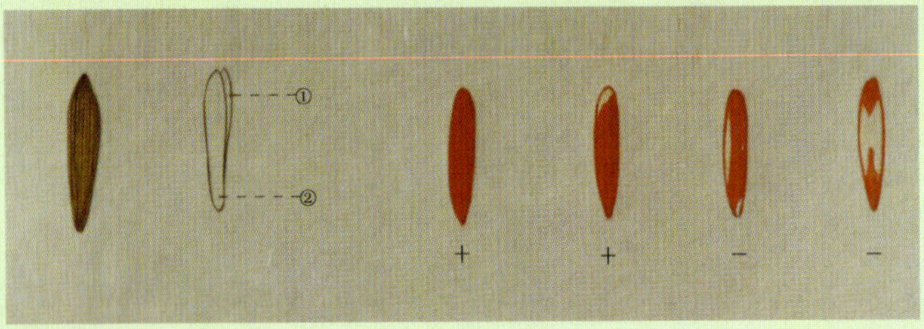

彩图 22　莴笋种子生活力测定图谱

①子叶　②胚根

注：图中“+”为有生活力种子，“-”为无生活力种子

国家示范性高职院校建设项目工学结合课程教材

种子质量检测技术

主　编　王新燕

副主编　刘志宏　王金玲

中国农业大学出版社

主　编　王新燕

副主编　刘志宏　王金玲

参　编　张炳坤　齐士发　丁　泳　李　瑜
付习科　赵志兰　龚丽萍

前言

农业上最大的威胁之一是播下的种子没有生产潜力，不能使栽培的品种获得丰收。开展种子检验工作不仅是为了在播种前评定种子质量的优劣，杜绝使用伪劣种子播种，而且是为种子生产者、加工者、仓库管理员、种子经营者、农民、认证机构和政府种子管理部门提供种子质量信息，管理好、用好种子，使农业获得高产、优质和高效的收成。

本教材是新疆农业职业技术学院国家示范院建设种子生产与经营重点专业工学结合课程开发项目。由行业、企业、学校三方技术专家从种子检验员职业岗位分析入手，根据国家行业标准与企业具体操作典型工作任务相结合确定教学内容。按照职业岗位工作过程，从业职业能力、资格要求，设计制定课程标准。在此基础上组织学校、行业、企业专家共同编写而成。

本教材具有以下特点：

1. 以检验员工作任务为导向，教学内容与从业岗位技术一致。

2. 按照国家农业部行业标准、种子检验员证书要求以及企业对检验员职业岗位的具体要求编排教学内容，实用性强。突出工作过程技术操作和经验性知识积累。

3. 教材与专业工学结合人才培养相配套，通过校内基本知识学习后，在企业由企业专家指导完成顶岗工作作业，并定期考核评价。教材即用于教学，又是学生顶岗实习期间的技术手册。

4. 适用于种植类高职、中职层次学生使用。

本教材内容为两部分，第一部分是种子质量检测基础知识，包括绪论（种子的含义、分类、种子检验发展史）；种子形态构造与化学成分；农作物种子的形成和发育；种子休眠生理；种子萌发生理；种子活力、劣变及寿命；种子检验技术基本知识。第二部分是种子质量检测技术，包括种子田间检验技术；种子扦样检验技术；种子室内检验技术（水分测定、净度分析、种子千粒重测定、种子发芽试验、品种真实性和品种纯度鉴定、种子活力检测、种子生活力检测、种子健康测定、小区种植鉴定）共12章。教材第一、第二、第三、第四章由王新燕编写；第五、第九章由刘志宏编写；第六、第七、第八章由王金玲、张炳坤、齐士发编写；第十章由丁泳、李瑜、付习科编写；第十一章由王新燕、赵志兰、王金玲、龚丽萍共同编写；十二章由刘志宏编写。教材开发由本行业张春荣、丁泳、王祖德和合作企业的赵志兰、赵国华、杨慧、任媛、朱艳梅等检验专家共同参与并审稿。

编 者

2008年9月

目　录

第一部分　种子质量检测基础知识

第一部分

种子质量检测基础知识

为什么要学习种子质量检测技术基础知识？

种子质量检测技术是通过对种子或种子样品的主要质量指标进行检测、分析、鉴定、判断与评价种子批质量优劣的科学技术。农作物高产稳产必须满足三个基本条件：遗传结构优良的品种、适宜的生长环境和栽培技术、高质量的种子。三者相辅相成。然而农业生产的最大威胁之一就是种子的品质低劣、种子没有增产能力甚至严重缺苗断垄不能形成良好的作物群体。因此开展种子检测是搞好种子质量管理和监督的重要措施，可以在播种前评定种子质量，使农业生产的威胁降到最低限度。

所以从事种子质量检测技术工作，必须学习掌握完成种子各个检测项目所要求的基本知识，这样才可胜任职业技术岗位，解决种子质量检测工作中的具体问题。

职业岗位能力要求

从事种子质量检测技术工作，在学习掌握植物及植物生理学、生物化学、作物遗传育种学、农业气象、土壤肥料等先修课程的基础上，还需掌握以下种子质量检测基础知识：

1.种子的形态结构及化学成分

2.种子的形成与发育

3.种子萌发、休眠、寿命与劣变生理

4.种子的物理特性

5.种子质量检测技术基本知识

掌握以上种子质量检测工作共性的基础知识和技能后，方能有效开展种子质量检测技术工作。

第一章　绪　论

一、种子的含义

植物学上的种子是指由胚珠发育而成的繁殖器官，包括种皮、胚乳和胚三部分。种子是植物的繁殖器官，既是上一代的结束，又是下一代的开始，是植物有性繁殖的最高形式，同时种子也是农业生产最基本的生产资料，是长期进化的结果，是人工选择的结果。由于一些真正的种子与其果实或其他附属物连接紧密，从形态上难以区分，植物学上也通常使用包括果实，有时甚至包括果实及其附属物在内的广义的种子概念。如：包括果实的有：小麦、玉米、高粱、芹菜、胡萝卜、茴香、甜菜、菠菜、莴苣等，包括果实及其附属物的有：水稻、燕麦、甜菜、菠菜等。

农业生产上种子的含义比较广泛，是指一切可以被用作播种材料的植物器官。即农业生产上可作为播种和繁殖的材料，不仅包括植物学上的广义种子，而且还包括一些作为无性繁殖材料的营养器官，如甘薯、山药的块根、马铃薯、菊芋的块茎、葱、蒜、百合的鳞茎、连藕、姜、草莓的地下根茎、荸荠、慈姑、芋的地下球茎以及一些植物的枝、芽、苗等。随着科学技术的发展和组织培养技术的广泛应用，人工种子也开始在农业上使用。

《种子法》第二条第二款对种子作了定义，“是指农作物和林木的种植材料或者繁殖材料，包括籽粒、果实和根、茎、苗、芽、叶等。”农作物种子具体地讲包括粮、麻、茶、糖、菜、烟、果、药、花卉、牧草、绿肥及其他种用的籽粒、果实和根、茎、苗、芽、叶等繁殖材料。可见，法律上的概念十分广泛，但是被列入《种子法》所调整的只是商品种子。

二、种子在农业生产上和植物学上的分类

(一)在农业生产上的分类

在农业生产上，不论植物的哪种器官及其营养体的任何一部分，只要能够在农业生产上做播种材料的都是种子，大体上可以归纳为以下五类：

1. 真正的种子

这类种子在植物学上称“种子”，亦称“真种子”，整个籽粒是母株花器中的胚珠

发育而来的。包括农作物中的豆类、油菜、棉花、黄麻、亚麻、芝麻、烟草等;蔬菜作物中的瓜类、茄子、番茄、辣椒等;林木种子中的银杏、松柏类、苹果、柑橘等。

2. 类似种子的果实

这类在植物学上称为果实,是由子房发育而成的繁殖器官。包括禾本科的颖果,如小麦、大麦、水稻、玉米等;属于瘦果的大麻、向日葵、荞麦等;属于小坚果的甜菜;属于核果的核桃、李、杏、枣等。

3. 营养器官

包括植物学上的各种器官(根茎类作物的无性繁殖器官)如马铃薯、菊芋的块茎;甘薯、山药的块根;葱、蒜、百合的鳞茎;慈姑和芋艿的球茎;甘蔗的地上茎;杨柳的嫩枝和苎麻的吸收枝等。

4.繁殖孢子

这类均系低等植物,依靠菌丝或孢子繁殖,如蘑菇、香菇、猴头、木耳等。

5.人工种子

又称生物技术种子,是将组织培养得到的胚状体包埋在含有养分和具有保护功能的物质中形成的,在适宜条件下能发芽出苗,类似植物种子的播种材料。

(二)在植物学上的分类

在植物学上,根据种子形态构造方面的差异,对种子分类的方法主要有两种,一种是根据胚乳的有无分类,另一种是根据植物形态学分类。这两种分类方法各有其优缺点,前者方法简单,但有时不确切;后者较烦琐,但能将种子的形态特征与种子识别、检验和利用结合起来,对指导生产有一定意义。

1.根据胚乳有无分类

根据种子中胚乳的有无和多少,将种子分为有胚乳种子和无胚乳种子两类。

(1)有胚乳种子　此类种子均具有发达的胚乳。根据种子子叶数目又分为单子叶有胚乳种子和双子叶有胚乳种子。前者主要包括禾本科、百合科、姜科、草科、棕榈科、天南星科等;后者则主要包括大戟科、蓼科、茄科、伞形科、藜科、苋科等。

根据胚乳的来源,有胚乳种子又可分为三种类型:①内胚乳发达。胚只占据种子的一小部分而其余大部分为内胚乳。如:禾本科、茄科、伞形科、百合科等种子。②外胚乳发达。植物的种子在形成过程中消耗了所有的内胚乳,外胚乳却保留了下来。如黎科、苋科等。③内外胚乳同时存在。同一个种子中既有外胚乳又有内胚乳,这样的种子较为少见。如姜、胡椒等。

(2)无胚乳种子　这类种子在发育过程中,营养物质由内胚乳和珠心转移到子叶中，因而具有较大的胚，子叶尤其发达，而内外胚乳吸收殆尽，不复存在。也有些植物种子胚乳还残留 1～2 层细胞，也归于此类。无胚乳种子主要包括十字花科、豆科、葫芦科、锦葵科、菊科等。

2.根据植物形态学分类

从植物形态学的观点来看，同一科属的种子常具有共同特点，根据这些特点把种子可以分为五类：

(1)包括果皮及其外部的附属物

禾本科(Gramineae)：颖果，外部包有稃壳(即内外颖，有的还包括护颖)，植物学上把这类物质归为果实外部的附属物。如稻、大麦(有皮大麦)、燕麦、二粒小麦(*Triticum dicoccum*)、斯卑尔脱小麦(*T. spclta*)、莫迦小麦(*T. macha*)、薏苡、粟、黍稷、蜡烛稗、苏丹草等。

藜科(Chenopodiaceae)：坚果，外部附着花被及苞叶，如甜菜、菠菜。

蓼科(Polyganaceae)：瘦果，花萼不脱落，成翅状或肉质，附着在果实基部，称为宿萼，如荞麦、食用大黄。

(2)包括果实的全部

禾本科(G,amineae)：颖果，如普通小麦、黑麦、玉米、高粱、裸大麦。

棕榈科(Palmaceae)：核果，如椰子。

蔷薇科(Rosaceae)：瘦果，如草莓。

豆科(Papilionaceae)：荚果，如黄花苜蓿(金花菜)。

大麻科(Cannabinaceae)：瘦果，如大麻。

荨麻科(Urticaceae)：瘦果，如苎麻。

山毛榉科(Fagaceae)：坚果，如栗、槠、栎、槲。

伞形科(Umbelliferae)：悬果，如胡萝卜、芹菜、茴香、当归、芫荽等。

菊科(Lomposotae)：瘦果，如向日葵、菊芋、除虫菊、苍耳、蒲公英、橡胶草等。

睡莲科(Nymphalaceae)：莲。

(3)包括种子及果实的一部分(主要是内果皮)

蔷薇科(Rosaceae)：桃、李、梅、杏、樱桃。

桑科(Moraceae)：桑。

杨梅科(Nyrtcaceae)：杨梅。

胡桃科(Juglandaceae)：胡桃、山核桃。

鼠李科(Rhamnaceae)：枣。

五加科(Araliaceae)：人参、五加。

(4)包括种子的全部

百合科(alliam):葱、洋葱、韭菜、韭葱、蒜。

樟科(Lauraceae):樟。

山茶科(Theaceae):茶、油桑。

椴树科(Tiliaceae):黄麻。

锦葵科(Moluaccae):棉、洋麻、苘麻。

番瓜树科(Caricaleae):番木瓜。

葫芦科(Cucurbitaceae):南瓜、冬瓜、西瓜、甜瓜、黄瓜、葫芦、丝瓜。

十字花科(Cruciferae):油菜、甘蓝、萝卜、芜菁、芥菜、白菜、大头菜、荠菜。

苋科(Amaranthaceae):苋菜。

蔷薇科(Rosaceae):苹果、梨、蔷薇。

豆科(Leguminosae):大豆、菜豆、绿豆、小豆、花生、刀豆、扁豆、豇豆、蚕豆、豌豆、豆薯、猪屎豆、紫云英、田菁、三叶草、紫苜蓿、苕子、紫穗槐、胡枝子、羽扇豆。

亚麻科(Linaceae):亚麻。

芸香科(Rutaceae):柑、橘、柚、金橘、柠檬、佛手柑。

无患子科(Sapindaceae):龙眼、荔枝、无患子。

漆树科(Anacardiaceae):漆树。

大戟科(Euphorbiaceae):蓖麻、橡皮树、油桐、乌桕、巴豆、木薯。

葡萄科(Vitaceae):葡萄。

柿树科(Ebenaceae):柿。

旋花科(Convolvulaceae):甘薯、蕹菜。

茄科(Solanaceae):茄子、烟草、番茄、辣椒。

胡麻科(Pedliaceae):芝麻。

茜草科(Rubiaceae):咖啡、栀子、奎宁。

松科(Pinaceae):马尾松、杉、落叶松、赤松、黑松。

(5)包括种子的主要部分(种皮的外层已脱去)

公孙树科(Ginkgoaceae):银杏。

三、种子在农业生产中的地位和作用

农业生产是自然再生产和经济再生产互相交织在一起的物质能量转化的过程,是人类赖以生存和发展的最基本的物质来源。种子是农业生产中具有生命的不可替代的生产资料,是农业科技的主体,是农业增产的内在因素。无论原始农业还是传统农业、现代农业以及未来农业,都不可能离开种子。没有种子,农业生产就无法进行。种子质量的好坏,直接关系到作物产量的高低和品质的优劣。农业增产虽是综合因素作用的结果,但种子是内因,各种作物的增产措施和增产作用,只能通过良种才能发挥,其增产效果也只能由良种来体现,一切增产技术措施和高产指标的提出和实现,都要基于良种本身所具有的潜力,否则就会变成脱离实际的空想。

纵观世界各国发展农业的历史经验,都是把种子放在突出的位置,走品种改良之路,以种子为突破口来带动农业的飞跃。20 世纪六七十年代,墨西哥、印度等国家掀起一场震动世界的"绿色革命",实际就是一场种子革命。墨西哥国际小麦研究中心选育出一批优良的小麦新品种,使墨西哥小麦产量从 600 kg/hm^2 猛增到 4 410 kg/hm^2。印度引入墨西哥小麦新品种,获得成功,使小麦产量从 780 kg/hm^2 提高到 1 299 kg/hm^2。美国 20 世纪 40 年代就推广普及玉米杂交种,1941 年单产 1 980 kg/hm^2,到 1996 年单产提高到 7 975 kg/hm^2,总产达到 23 606.4 万 t,占世界玉米总产量的 40%以上,成为世界第一玉米生产大国。大豆、小麦等作物品种的改良,使美国谷物总产量猛增,成为世界最大的农产品出口国。其谷物出口量占世界出口总量的 50%以上,特别是杂交玉米种子几乎独霸世界种子市场。这些国家的农业迅速发展,种子起到了重要作用。据联合国粮农组织分析,近几十年来,在全球农作物单产的提高中,良种的贡献率达 25%,而发达国家良种在农业增产中的贡献率达 50%～60%。

中国是世界历史悠久的农业大国,在 7 000 多年前先辈们就从事着农业生产。很早就认识到种子的重要性。《诗经·大雅·生民》中就提到"嘉种"(良种)。《吕氏春秋》中记述了六种作物的选种。《氾胜之书》中记述小麦的选种留种方法:"取麦种,候熟可获,择穗大强者,"这种优中选优的选留种方法被后人沿袭采用。新中国成立 50 多年来,农业得到了迅速发展。在耕地不断减少的情况下,粮食总产量由 1949 年的 11 318 万 t 提高到 2007 年的 50 150 万 t,增长 3.4 倍;棉花总产量由 1949 年的 44.4 万 t 上升到 2007 年的 764 万 t,增长 16.2 倍;油料总产量由 1949 年的 256.4 万 t 提高到 2007 年的 2 461 万 t,增长 8.6 倍。我国农作物产量大幅度提高,其中种子的不断改良是重要因素。据有关资料不完全统计,1949 年以来全田共育成 40 多种作物、5 000 多个新品种,粮、棉、油、菜等主要作物生产用种都进行了 4～5 次品种更换。据专家测算,我国农业生产中种子的贡献率达 30%以上。可见种子在农业生产中的地位和作用是十分重要的。

种子是农业生产中最可靠、最有效、最经济的增产措施,是科学技术的载体。

良种推广应用，能显著提高农作物产量。

农业生产上良种有两方面含义，一是农作物的优良品种，二是农作物的优良种子。这两者关系密切，因此，脱离作物品种而孤立谈种子，在农业生产上就失去了意义，脱离了种子而单纯谈品种也是非常片面的。优良品种所具有的遗传特性应符合农业生产要求，作物的优良种子应具备以下几个条件：

(1)纯净一致　纯度高，净度好，种子应属同一品种，不含异作物和杂草种子，不含虫卵、虫瘿、病瘿等有生命杂质，以及泥土、沙粒、残片等无生命杂质。

(2)饱满完整　种子发育良好，充分成熟，形状大小整齐一致，内容物充实饱满，不含细小粒、秕粒、破损粒及胚部受伤粒。

(3)健全无病虫　种子内外部无病虫感染，无虫蛀也无害虫潜伏其中。

(4)生活力强　种子具有旺盛的生活力，在适宜的条件下，发芽势强、发芽率高，长出的幼苗整齐一致。

农业生产证明，要获得品质优良的农作物种子，必须在合理完善的良种繁育制度和农业技术条件下，使每一项技术环节都符合要求，这样才能使生产出的种子具有纯、良、精、壮等优良品质，符合一定规格。

四、我国种子检验发展史与种子检验规程

(一)我国种子检验发展史

新中国成立前我国没有专门的种子检验机构，当时的种子检验工作是粮食部和商检机构代检。

20 世纪 50 年代初期，随着农业生产的恢复和发展，种子检验机构和技术也随之发展。部分良种公司也建立了简单的种子检验室，进行个别项目的检验工作。1957—1958 年为适应农业迅速发展的需要，农业部种子管理局组织前浙江农学院等单位数名教师和检验人员在北京举办了种子检验培训班。同年又委托前浙江农学院定期举办种子行业干部学习班，同时积极引进苏联的种子检验仪器和技术、编写相关教材，开始了我国的种子检验工作。

改革开放以来，特别是 1978 年国务院下发了《加强种子工作的决定》文件以后，全国成立了种子公司，恢复和加强了种子专业和技术培训。在 1981 年第一次种子协会大会上，成立了全国种子协会，并建立了种子检验分会和技术委员会。1984 年制定和颁布了第一个国家种子分级标准和种子检验规程。

随着国际种子科技交流的发展，先后邀请美国、丹麦、澳大利亚和 ISTA 等机构的种子检验专家来华讲学，同时也派出我国种子检验专家出国培训，并开始翻译

ISTA 国际种子检验规程和相关书籍文献，引入国外先进的种子检验仪器设备，有力地推动了我国种子检验技术的发展。在此基础上，国家技术监督局组织种子检验专家重新修订了我国 1984 年颁布的农作物种子检验规程，等效采用国际种子检验规程技术。1996 年颁布了 GB/T 3543.1～7—1995 农作物种子检验规程，随后在全国开展了学习贯彻新规程的技术培训，并于 1997 年颁布了农作物种子质量标准，大大加强了我国种子检验技术标准和质量管理。

我国从 1995 年提出和实施种子工程以来，农业部按全国主要农作物分布地区和各省、市的种子管理站分别建立了水稻、玉米、油料、蔬菜、大豆等种子质量监督检测中心。农业部还建立了国家种子质量检测中心，在全国建立了较为完整的种子质量监督、检验体系。每年开展全国和各省、市的种子市场质量抽检工作，有力地强化了我国农业播种种子质量，有效地保证了农业生产的丰收。

(二)我国种子检验规程

我国于 1983 年颁布了第一个农作物种子检验规程，主要内容和技术引自前苏联种子检验技术。这对当时的种子检验工作和种子质量管理起到了历史性的作用。但是，随着我国国际种子贸易的大发展和进一步的改革开放，1983 年的种子检验规程已不能适应当时我国种子质量管理和质量监督工作的需要，并且与国际种子检验规程差异较大。农业部种子检验处，根据国家标准局要求尽量采纳国际标准和靠拢国际标准的精神，决定等效采用《1993 国际种子检验规程》，并编制和颁布了《GB/T 3543.1～7—1995 农作物种子检验规程》。我国采用国际种子检验规程，不仅有利于国际种子贸易，加强种子检验国际协作，而且使我国的种子检验规程技术，随着国际种子检验规程技术的发展而不断发展，并可节约研究种子检验规程技术与制定、修订种子检验规程的费用。

【知识延伸】

查阅有关资料，了解种子检测在种子工程中的作用。

【课后作业】

1. 请举例说明种子在农业生产中的地位和作用。
2. 我国种子检验目前的发展状况如何？
3. 依据自己对农业生产的了解，你认为真正的良种应该具备哪些条件？

第二章 种子的形态构造与化学成分

种子到了成熟阶段就出现品种固有的形状、大小和色泽，但因种类不同而差异很大。同一作物不同品种也有差异。种子的形状、大小、色泽是识别品种成熟度、清选、分级、检测、贮藏的重要依据。所以熟练掌握种子的形态构造，灵活运用种子的分类方法，是做好种子清选分级安全贮藏及纯度检测的基础。

第一节 种子的形态构造

一、种子的外部形态

1. 形状

不同作物、不同品种差异很大。有卵形，如水稻、小麦；肾脏形，如菜豆；椭圆形，如大豆；球形，如油菜、卷心菜；扁卵形，如瓜类种子；牙齿形，如玉米种子等(图2-1)。

2. 大小

不同作物种子的大小差异悬殊，最大种子如油棕的果实，每个可达 6～9 kg，花生、蚕豆千粒重能达 1.5～2.5 kg，而小的如烟草，千粒重仅为 0.06～0.08 g。

3. 颜色

不同作物种子所含不同的色素而呈现各种颜色斑纹，即使同一作物的不同品种之间差异也较明显，如小麦有白皮、红皮之分，大豆由于种皮颜色不同而分为黄豆、黑豆、青豆、花豆等。

值得注意的是，种子的颜色也不是完全固定不变的，有些作物种子可因成熟度不同而有差异，有的因贮藏条件而有变化。如乌药种子未成熟时呈绿色，以后变红色，而成熟后呈黑色；相思豆本是大红色，但因贮藏条件不良，红色暗淡，失去应有的光泽。

上述种子外部形态中，种子的形状和颜色在遗传上是相当稳定的性状，不同品种间往往存在差异，是鉴别植物种和品种的重要依据。种子的大小也是品种特征之一，种子的长度和宽度一般比较稳定，厚度和千粒重受生长环境和栽培条件影响较大，即使同一品种，在不同地区和年份，种子的充实饱满程度亦大相悬殊。

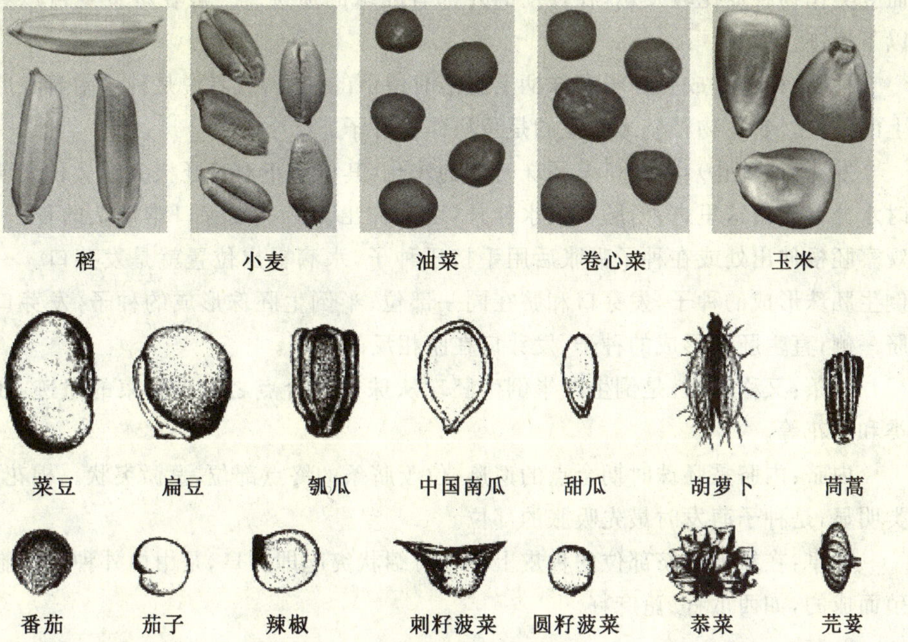

图 2-1　不同作物种子的形状

二、种子的基本构造

尽管各种作物种子的形状、大小、色泽有所不同，但从种子构造上除块根、块茎以外，大多数种子的构造的共同点都是由种皮、胚、胚乳三个主要部分构成。

1. 果皮和种皮

果皮和种皮是包围在胚和胚乳外部的保护构造。它对种子休眠、寿命、萌发及加工、贮藏和播前处理产生直接或间接影响。

果皮是由子房壁发育而成的，一般分为外、中、内 3 层，多数作物种子的层次分化不明显，如水稻、小麦、玉米等。外果皮通常有 1～2 层表皮细胞，有时异化为茸毛。中果皮大都只有一薄层。内果皮 1 至数层不等，其上明显分布着维管束。未成熟前果皮细胞中含有大量的叶绿素，成熟后因含有不同的色素，而呈现不同的颜色。

种皮由珠被发育而成，外珠被发育成外种皮，内珠被发育成内种皮。外种皮常质厚而坚韧，内种皮则多呈薄膜状。禾谷类作物种子的种皮到成熟时只残留遗迹。

而豆类作物种皮比较发达，在种皮的外部有胚珠的遗迹。一般在种皮上可以看到以下遗迹：

种脐：种脐是成熟种子在珠柄上脱落时留下的疤痕，或者说是种子附着在胎座上的部位。农作物种脐最明显的是豆科作物种子。

发芽口（种孔）：发芽口是胚珠时期的珠孔，其位置正对着胚根尖端。种子萌发时水分首先由这里进入，胚根吸水伸长，由此伸出。有些发芽口难辨认的种子，可观察胚根伸出处或在种子吸胀后用手挤压种子，水滴冒出位置就是发芽口。一般倒生胚珠形成的种子，发芽口和脐在同一部位；半倒生胚珠形成的种子，发芽口在脐一侧；直生胚珠形成的种子，发芽口在脐相反的一端。

脐条：又称种脊，是倒生或半倒生胚珠从珠柄到合点之间维管束的遗迹，如豆类和棉花等。

内脐：内脐是胚珠时期合点的遗迹，位于脐条的终点部位，呈微突状。棉花、豆类明显，是种子萌发时最先吸胀的部位。

种阜：在靠近种脐部位的种皮上有一海绵状突起即种阜，是由内外种皮细胞增殖而成的，如西瓜籽、蓖麻籽。

2. 胚

胚是种子最重要的部位。它是由受精卵发育而成的幼小植物体，由胚芽、胚轴、胚根和子叶四部分构成。

胚芽：又称幼芽或上胚轴，它是叶、芽的原始体。禾本科作物种子分化有3～5片幼叶，着生在最外的一片呈圆筒状，称为胚芽鞘。

胚轴：又称胚茎，是连接胚芽和胚根的过渡部分，在种子发芽后才变得明显，胚轴在种子萌发时伸长程度，决定子叶出土与否。

胚根：胚根又称幼根，位于胚轴下部，有1至多条不等，萌发后发育成植株的地下部分。禾本科作物种子有的仅1根（如水稻、玉米、谷子等）；有的3～5根（如小麦、大麦、黑麦等）。禾本科植物的胚根外包有一层薄壁组织，又称胚根鞘。当种子萌发时，胚根突破胚根鞘而伸入土中。

子叶：子叶是种胚的幼叶，常较真叶厚，叶脉多不明显，也有较明显的如蓖麻。子叶的数目和功能因植物种类不同而异。具1片子叶植物称为单子叶植物，农作物主要是禾本科。双子叶植物的种子具有两片子叶，功能是保护胚芽，贮藏营养物质，萌发后还可以作为幼苗最初的同化器官。裸子植物的种子往往是多子叶的，一般8～12片不等。

胚的形状及在种子的位置因作物不同而有很大的差异。根据这些差异，可把胚分成六种类型(图 2-2)。

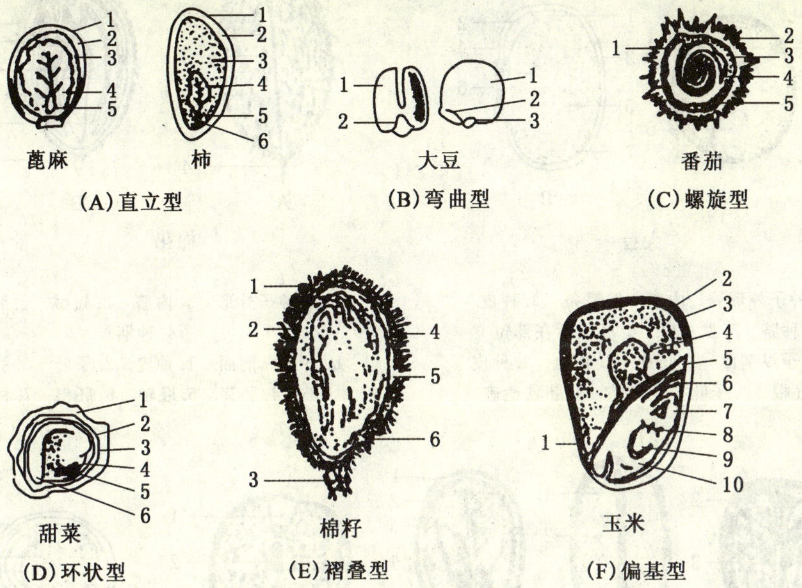

图 2-2　主要作物胚的类型

(A)直立型　蓖麻　1.外种皮　2.内种皮　3.内胚乳　4.子叶　5.胚根

柿　1.外种皮　2.内种皮　3.内胚乳　4.子叶　5.胚轴　6.胚根

(B)弯曲型　大豆　1.子叶　2.胚根　3.胚芽

(C)螺旋型　番茄　1.胚根　2.种毛　3.种皮　4.子叶　5.胚乳

(D)环状型　甜菜　1.花被　2.果皮　3.种皮　4.子叶　5.外胚乳　6.胚根

(E)褶叠型　棉籽　1.种皮　2.腺体　3.种柄　4.短绒　5.子叶　6.胚根

(F)偏基型　玉米　1.果皮及种皮　2.花柱遗迹　3.角质胚乳　4.粉质胚乳　5.子叶　6.芽鞘　7.胚芽　8.胚根　9.根鞘　10.黑色层

3. 胚乳

胚乳有两种不同的来源：一是由受精极核发育而来的叫内胚乳。如禾本科、茄科、伞形科等作物种子；二是由珠心层直接发育形成的叫外胚乳。除藜科的甜菜、菠菜及石竹科等少数种子外胚乳发达外，大多数作物种子外胚乳只有 1～2 层细胞或仅有 1 层薄膜，不易区分，常被划为种皮构造。有的种子(如豆科、菊科等)在发育过程中将胚乳消耗殆尽，因此称为无胚乳种子。这类种子的养料主要贮藏在胚内，以子叶内最多。

主要农作物种子的形态构造见图 2-3。

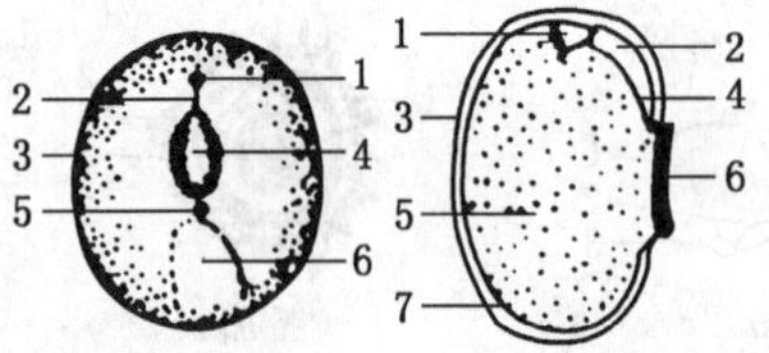

A　　B

大豆

A. 种子外形　1. 内脐　2. 脐条　3. 种皮
4. 种脐　5. 发芽口　6. 胚根所在部位
B. 种子纵剖面　1. 胚芽　2. 胚轴　3. 种皮
4. 胚根　5. 子叶　6. 种脐　7. 胚乳遗迹

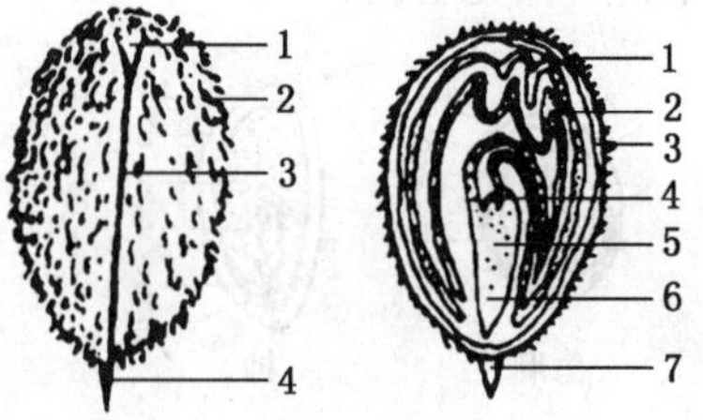

A　　B

棉花

A. 种子外形　1. 内脐　2. 短绒　3. 脐条
4. 种柄
B. 种子纵剖面　1. 种皮　2. 子叶　3. 胚乳遗迹　4. 胚芽　5. 胚轴　6. 胚根　7. 种柄

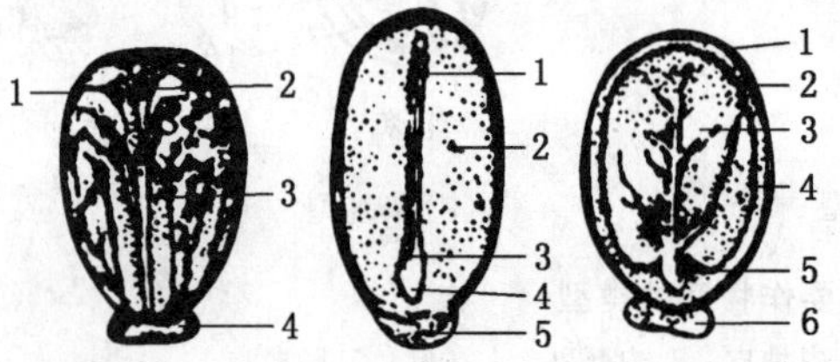

A　　B　　C

蓖麻

A. 种子外形　1. 外种皮　2. 内脐　3. 脐条　4. 种阜
B. 与宽面垂直的纵切面　1. 子叶　2. 胚乳
3. 胚芽　4. 胚根　5. 种阜
C. 与宽面平行的纵剖面　1. 外种皮　2. 内种皮
3. 子叶　4. 胚乳　5. 胚根　6. 种阜

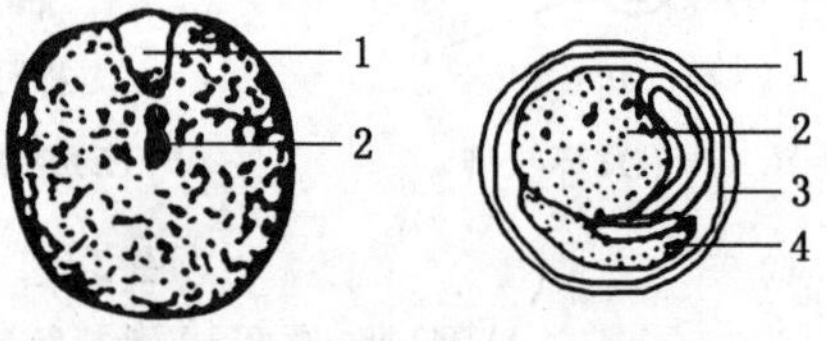

A　　B

油菜

A. 种子外形　1. 胚根所在部位　2. 种脐
B. 种子纵剖面　1. 种皮　2. 胚乳遗迹
3. 子叶　4. 胚根

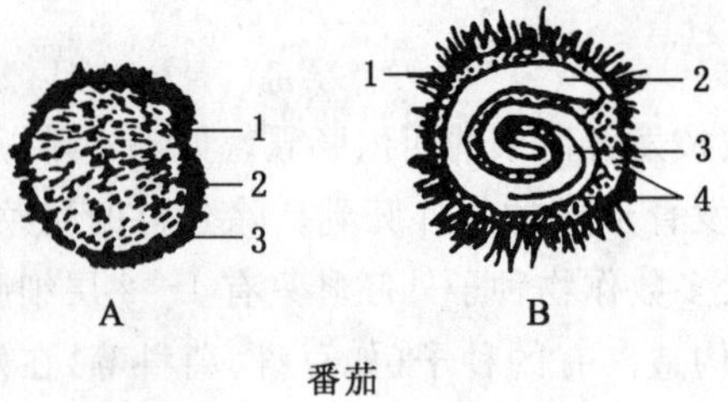

A　　B

番茄

A. 种子外形　1. 种胚　2. 种皮　3. 种毛
B. 种子纵剖面　1. 种皮　2. 胚根　3. 子叶　4. 胚乳

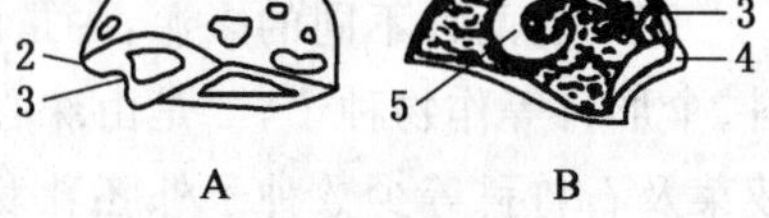

A　　B

大蒜

A. 种子外形　1. 种皮　2. 发芽口　3. 种脐
B. 种子纵剖面　1. 种皮　2. 胚乳
3. 胚根　4. 发芽口　5. 子叶

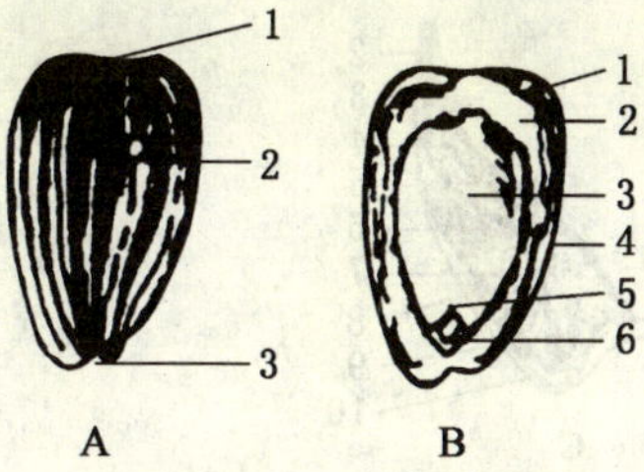

A. 子实外形　1. 花柱遗迹　2. 果皮　3. 发芽口（果脐）

B. 子实纵剖面　1. 果皮　2. 子房腔　3. 子叶　4. 种皮　5. 胚芽　6. 胚根

向日葵

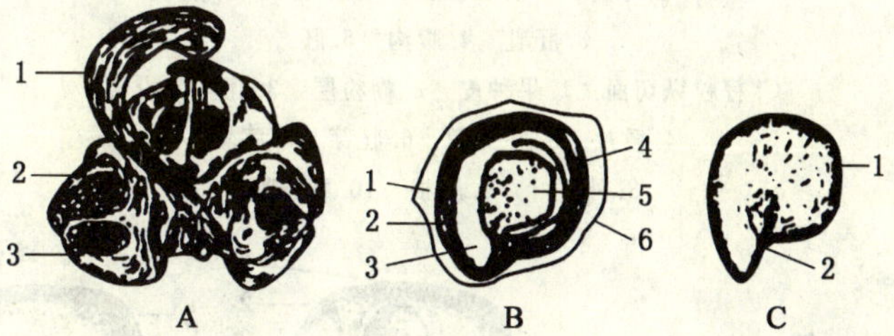

甜菜

A. 果球外形　1. 苞叶　2. 花萼　3. 果实

B. 坚果纵剖面　1. 花萼　2. 果皮　3. 胚根　4. 种皮　5. 外胚乳　6. 子叶

C. 种子外形　1. 种皮　2. 种脐

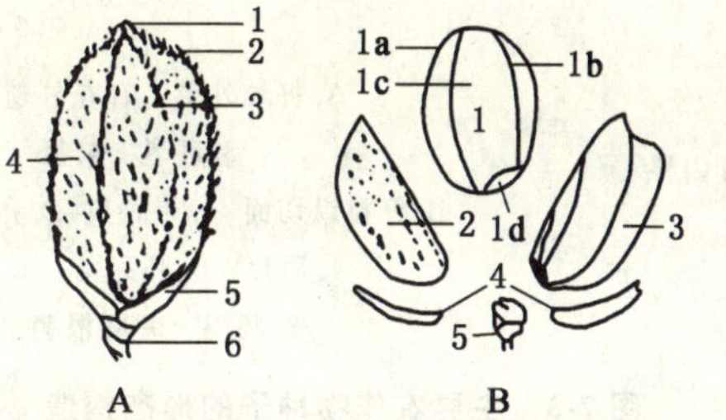

水稻

A. 籽粒外形　1. 稃尖　2. 稃毛　3. 外稃　4. 内稃　5. 护颖　6. 小穗柄

B. 籽粒构造　1. 米粒（颖果）　1a. 果种皮　1b. 纵沟　1c. 胚乳　1d. 胚　2. 内稃　3. 外稃　4. 护颖　5. 小穗柄

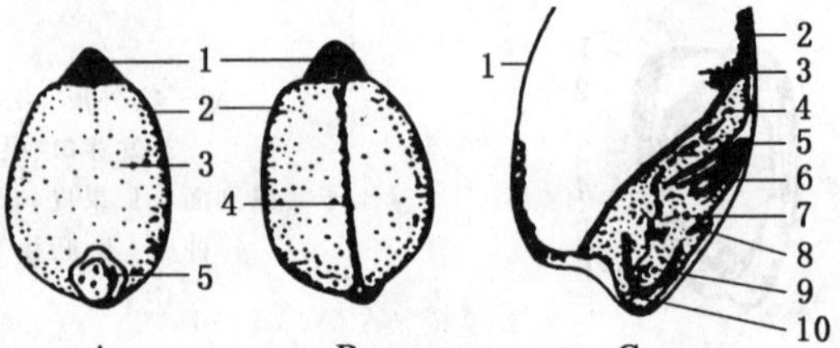

A　B　C

小麦

A. 籽粒背面　B. 籽粒腹面　1. 茸毛　2. 果种皮

3. 胚乳　4. 腹沟　5. 胚

C. 籽粒纵切面　1. 果种皮　2. 糊粉层　3. 胚乳淀粉层

4. 盾片　5. 胚芽鞘　6. 胚芽　7. 胚轴

8. 外胚叶　9. 胚根　10. 胚根鞘

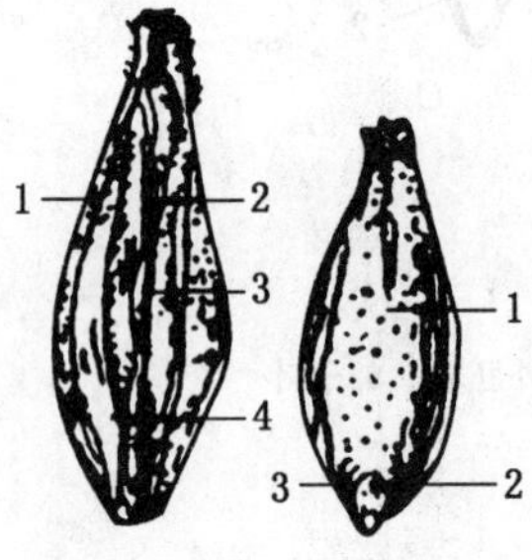

A　B

大麦

A. 籽粒腹面　1. 外稃　2. 内稃

3. 腹沟　4. 小基刺

B. 籽粒背面　1. 胚乳

2. 胚　3. 浆片

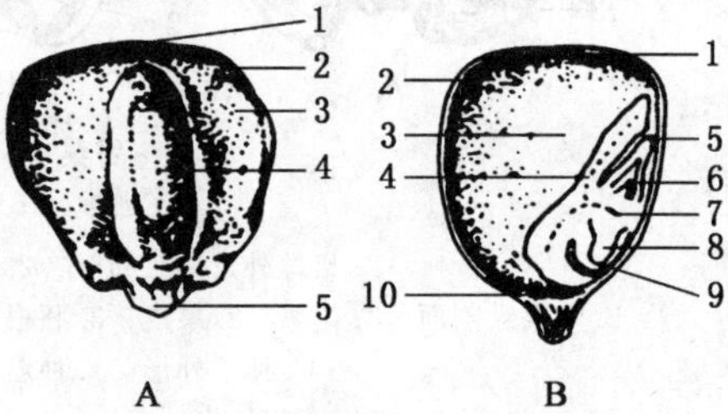

A　B

玉米

A. 籽粒外形　1. 花柱遗迹　2. 果种皮

3. 胚乳　4. 胚　5 果柄

B. 籽粒纵切面　1. 果种皮　2. 角质胚乳　3. 粉质胚乳

4. 盾片　5. 胚芽鞘　6. 胚芽　7. 胚轴

8. 胚根　9. 胚根鞘　10. 黑色层

图 2-3　主要农作物种子的形态构造

第二节　种子的化学成分

一、种子的主要化学成分

种子的化学成分包括许多种类，但因类型、作物和品种的不同，化学成分存在明显差异。种子中化学成分的种类、含量及分布情况，不仅影响种子的安全贮藏、加工品质、生理特性、营养价值，而且也影响到种子播种后幼苗的健壮程度。

种子的化学成分，按其营养成分及用途，可以分为：粉质种子，如水稻、小麦、高粱、玉米等；蛋白质种子，如豆类作物；油质种子，如花生、油菜、芝麻等。

种子的化学成分包括许多种类，除了水分和主要营养成分蛋白质、淀粉和脂肪以外，还含有少量的矿物质、维生素、酶及色素等物质。

种子化学成分的复杂性，不仅表现种类繁多，而更重要的还在于各种不同成分的含量受气候、土壤、栽培条件的影响而有很大变动。但在正常稳定的情况下，同一品种的化学成分变动幅度较小。

各种农作物种子的化学成分见表 2-1。

表 2-1　各种农作物种子的化学成分(%)

作物种子 \ 含量 \ 化学成分		水分	蛋白质	糖类	脂肪	纤维素	灰分
谷类作物	水稻	13.0	8.0	68.2	1.4	6.7	2.7
	玉米	15.0	9.9	67.2	4.4	2.2	1.3
	小麦	15.0	11.0	68.5	1.9	1.9	1.7
	大麦	15.0	9.5	67.0	2.1	4.0	2.5
	燕麦	8.9	9.6	62.2	7.2	8.7	3.4
	黑麦	10.0	12.3	71.7	1.7	2.3	2.0
	高粱	10.9	10.2	10.8	3.0	3.4	1.7
	黍	9.3	11.7	64.2	3.3	8.1	3.4
	荞麦	9.6	11.9	63.8	2.4	10.3	2.0
豆类作物	大豆	10.0	36.0	26.0	17.5	4.5	5.5
	蚕豆	11.8	25.0	53.0	1.6	3.0	7.4
	豌豆	11.8	25.0	53.6	1.6	7.4	3.0
	菜豆	10.2	30.0	50.0	1.8	3.8	3.2
油料作物	花生	8.0	26.0	22.0	39.2	2.0	2.5
	芝麻	5.4	20.3	12.4	53.6	3.3	5.0
	向日葵(仁)	5.6	30.4	12.6	44.7	2.7	4.4
	亚麻	6.2	24.0	24.0	35.9	6.3	3.6
	大麻	8.0	24.0	20.0	30.0	15.0	3.5
	棉籽(仁)	6.4	39.0	14.8	33.2	2.2	4.4
	油菜	—	23.0	25.0	48.0	—	2.0
	蓖麻	—	19.0	27.0	51.0	—	—

二、种子的化学成分分布

农作物种子的各种化学成分分布不平衡，在不同的部位含量差异很大，这种分布的不平衡性和含量的差异决定了种子各部分的生物化学特性和生理机能。

胚在整个种子中所占的比重很小，但却含有大量的蛋白质、脂肪、糖分、矿物质、维生素。如小麦胚部不含淀粉，而蔗糖含量占胚部干物质总重量的20%～24%，胚部所含的矿物质以磷酸盐较多，主要存在于细胞核和原生质里的复合蛋白质中，此外，钾盐 、镁盐的含量也不少，因此胚的营养价值很高，但由于其中糖分、脂肪、水分含量较高，在贮藏过程中就比其他部分特别容易发生霉变，所以在粮食加工中常被除去。

胚乳是养料的贮藏器官，种子的全部淀粉和大部分蛋白质都集中在胚乳中。但可溶性糖、脂肪、纤维素、灰分的含量很低，所以胚乳是种子营养物质的贮藏库，是粮食加工的主要部分。

皮层和糊粉层是种子保护组织，在种子中所占比例较小，但含有非常丰富的蛋白质、脂肪、矿物质和维生素。其化学成分的特点与胚部大致相同。

三、种子主要化学成分的性质

(一)水分

水分在种子中占有极其重要的地位，可使有机物质溶解、膨胀，产生胶体溶液，将电解质解离成离子，使酶的活性加强，水分可以维持种子的生命活性，水分的多少直接影响种子的各种生理过程。水分既是种子内部新陈代谢作用的介质，又是各种生理生化变化的参与者。种子的物理性质和生化过程都与水分的状态和含量有密切关系。

种子中存在的水分有两种状态：自由水和束缚水。前者是指不被种子中胶体所吸附而能自由流动的水，具普通水的性质，可作为溶剂，在0℃能结冰，易从种子中蒸发出去；后者是指被紧紧吸附在种子胶体表面，不能自由流动的水，不具普通水性质，不结冰，不作溶剂且不易蒸发。值得注意的是：种子内的一系列生命活动，只有在游离水存在的条件下才能进行，酶才能由不活动状态转变为活动状态。

种子的安全水分：种子内部一系列生命活动只有在自由水存在下才能进行。当种子只含束缚水时，种子内的酶，首先是水解酶就成为不活动状态，种子的新陈代谢降到很弱的状态，当自由水出现，种子酶类开始活化，这个转折点，即自由水刚出现时的种子含水量称为临界水分。为了使种子安全贮藏，种子水分必须控制在临界水分以下。因此,通常把低于临界水分能安全贮藏种子的含水量,称为安全水分。种子贮藏的安全水分因作物种类不同而不同,一般禾谷类种子在12%~14%;油料作物因含油量不同而差异很大,安全水分一般为8%~10%,甚至更低。安全水分同时也受温度的影响。各地标准有不同,安全水分北方高于南方。

(二)糖类

糖类是种子中最重要的贮藏物质之一,也是最主要的呼吸基质。糖在种子中存在的形式,按其水中溶解度分为可溶性糖和不溶性糖两大类。可溶性糖主要有葡萄糖、果糖、麦芽糖和蔗糖;不溶性糖主要有淀粉、纤维素、半纤维素、果胶等。

1. 可溶性糖

存在于充分成熟种子中,但几乎完全不含还原糖,主要以蔗糖的状态存在。在未成熟种子或发芽种子中,可溶性糖含量很高,且含大量还原糖。所以未成熟种子可溶性糖分较多,随着种子成熟度的提高,淀粉、纤维素、半纤维素增加,可溶性糖分逐渐减少,到种子完全成熟几乎没有单糖,而以极少量的蔗糖形式存在,因此未成熟种子或吸水发芽的种子中,可溶性糖分增多,能被微生物直接利用,使种子发生霉变,所以贮藏过程中可溶性糖含量增高,是种子衰老的象征和贮藏条件不良的结果。

2. 不溶性糖

主要是多糖类,其中淀粉是最主要的贮藏形式。淀粉以淀粉粒形式存在于胚乳或无胚乳种子的子叶中,胚和皮层部分一般不含。不同作物种子中淀粉粒的形状、大小、结构等都有一定的差异,可以作为识别淀粉种类的手段之一。

淀粉由两种物理性质和化学性质不同的多糖,即直链淀粉和支链淀粉所组成,两种淀粉的比例不同,其理化性质差异很大。

直链淀粉(20%~25%)呈直线连接,溶液稳定性低,黏稠性较低,品质差,易溶于热水,能被纤维素全部吸收,遇碘液产生蓝色反应。

支链淀粉呈分枝状连接,溶液具高度稳定性,黏稠性较高,品质好,只有在加温加压时才能溶解于水,不被纤维素所吸收,遇碘液产生红棕色反应。

种子中的淀粉以支链淀粉为主。凡是淀粉含量高的种子,同时又在水分较高的情况下,在机械干燥时,如升温过快,受热时间过长,就易引起淀粉吸水膨胀破裂而产生糊化。糊化以后的淀粉,在种子播种后就不能被水解酶水解成可溶性糖分,幼苗因缺少养分而生长弱小或饥饿死亡。而淀粉在常温高湿时,因水解酶的作用而产生可溶性糖,在种子贮藏期间,淀粉含量迅速降低,可溶性糖分不断上升时,说明种子吸湿回潮,贮藏条件已恶化,必须采取紧急措施,否则就会造成损失。

(三)脂类

种子中脂类主要是脂肪和磷脂,不溶于水,在种子中以乳浊液状态存在。脂肪是种子三大营养物质之一,脂肪是由脂肪酸和甘油结合而成的,是重要的高能贮藏物质,作物品种不同,含量不同。油料作物在贮藏中易发热霉变。当贮藏条件差,管理不当时,脂肪水解过程加快,脂肪酸含量迅速增高破坏酶的生理系统,可使种子生活力下降;另一方面脂肪氧化产生醇、醛、酮等物质,使种子产生苦味。因此种子在贮藏中常用测定脂肪酸值来作为种子安全贮藏的指标之一。

磷脂结构与脂肪相似,区别在于含有磷酸及与磷酸结合的含 N 碱。磷脂主要累积在原生质表面,是生物膜的主要组成部分。它的存在,可以限制种子的透水性,并有良好的阻氧化作用。

(四)蛋白质

蛋白质是种子重要的贮藏物质之一,是生命活动的基质,构成种子生命活动的主体,构成细胞质、细胞核、质体等基础物质。蛋白质种类多、结构复杂,是高分子化合物。

种子蛋白质可分为简单蛋白质和复合蛋白质两大类:简单蛋白质是由许多不同的氨基酸组成的,数量较大,以贮藏的形式存在于种子的胚乳或子叶中,是发芽时不可缺少的养分。而复合蛋白质是由简单蛋白质与其他物质结合而成的(如核蛋白类、脂蛋白类),数量极少,主要存于胚中,成为胚的组分,是生命活动的物质基础。

蛋白质含量的多少是衡量种子营养价值高低的标准之一,一般种子透明度越大,蛋白质含量越高,营养价值也越高。蛋白质的理化性质是遇酸、遇碱、受热就凝固变性,变性后的蛋白质不仅可溶性降低,而且会导致发芽率降低以致丧失。种子蛋白质变性快慢与种子本身含水量、温度、受热时间有关,凡是种子本身含水量大,烘干时温度高,受热时间长,蛋白质变性就快。

注意:高分子种子贮藏要注意适当通风,防止发热造成蛋白质凝固变质的不良后果。种子在贮藏中若管理不当,种子吸湿回潮后,蛋白质就会水解成游离氨基酸。因此,游离氨基酸的含量高低可作为衡量种子质量变化的标志。

(五)灰分

种子灰分的主要成分是矿物质,矿物质种类很多,含量较多的有 P、K、Mg、Ca、S、Na、Fe、Si、Cl 等和微量元素 Mn、Zn、Mo、Cu、B 等。种子中矿物质含量一般为 1.5%~3.0%,主要分布在胚和皮层中。

【知识延伸】

查阅有关资料，了解种子毒物的生理作用及与人畜、生产上的关系。

【课后作业】

1. 结合企业调查谈一谈种子中化学成分的差异、分布与种子的品质改良的综合利用。

2. 影响种子化学成分的因素及其调控措施有哪些？

第三章　农作物种子的形成和发育

第一节　种子形成发育的一般过程

种子的形成和发育过程，是指从卵细胞受精成为合子开始直到种子完全成熟所经历的一系列变化过程。合子形成后，通过短期休眠，进行细胞分裂与分化，在形态上和生理上发生一系列错综复杂的变化，才发育成为种子。这一阶段发育的好坏，不仅与种子本身的播种品质有关，而且也可影响下一代的生长和发育，同时可能使种性也发生不同程度的改变。在农业生产上，在种子的形成和发育时期，保证作物得到良好的生长发育条件，是获得本季作物高额丰产的最后关键，并且还能为下季作物继续丰产、优质打下良好的基础。

（一）胚的发育

胚的发育是从合子开始的，经过原胚和胚分化阶段，贮藏物质积累阶段和成熟期，最后达到成熟。合子经过短期休眠，使极性加强，细胞质和细胞核集中在合点一极，形态发生显著变化。单子叶与双子叶胚的主要区别在于子叶数目不同。

（二）胚乳的发育

胚乳的发育是从初生胚乳核开始的。初生胚乳核无“休眠期”，所以一般先于合子而分裂。根据胚乳的发育特征，可分为核型、细胞型和沼生目型三种。胚乳是种子营养的重要贮藏组织，在发育中逐渐贮藏营养，但有些植物在发育中胚乳被胚吸收形成肥大子叶，成为无胚乳种子。有些植物种子在生长发育过程中胚乳被部分吸收，形成胚乳。胚乳最外一层是糊粉层，糊粉层不但贮藏营养，而且能分泌酶，使胚乳中物质变为可溶性以供胚利用。

（三）种皮的发育

种皮由胚珠的珠被发育形成的。种皮发育到后期，其原生质消失，有的在细胞壁中积累大量纤维素、木质素，还有的形成角质层，有较强的保护性能。

（四）花粉的生活力和贮存

研究花粉的生活力与植物育种和栽培的关系很大。在利用远距离和不同开花期的亲本间杂交时，不得不利用贮藏的花粉。因此，研究花粉的生活力和贮藏条件，在育种工作中是很重要的。

多数禾本科作物的花粉生活力，不超过 1 d，水稻花粉在田间条件下经过 3 min 就有 50%失去生活力，5 min 后几乎全部丧失生活力，10～15 min 后授粉完全不能结实。不过也有例外的，如狼尾草的花粉在干燥条件下可生活 186 d。棉花花粉采下来后在 24 h 之内，存活的只有 65%，超过 24 h 存活的就很少了。

花粉贮藏的条件和期限：花粉的生活力与温度、相对湿度、光、开花时间有关。其中以温度、相对湿度关系最大。

一般测定花粉生活力的方法有以下三种。

(1)授粉法　用贮藏了不同时间的花粉给本种或本品种的不同个体授粉，用以上结实率来表示花粉的生活力。此法的优点是结果可靠，缺点是田间工作量大。

(2)人工萌发法　将不同处理的花粉播种在人工培养基上，过一定时间，观察统计萌发花粉占花粉总数的百分数，以表示花粉的生活力，也可将花粉授到柱头上，过一定时间统计萌发的个数。

(3)间接法　用三苯基四氮唑测定琥珀酸脱氢酶的活性等，来表示花粉的生活力。但必须注意，用此法测定的结果，一般比实际情况要高一点。因为用此法测定的活花粉实际上并不一定萌发。

第二节　种子发育的异常现象

(一)种子发育中的异常现象

在种子植物中，每个胚珠通过受精作用而发育成为 1 粒具有胚的完整种子，这是一般正常现象。但有些植物在种子发育初期由于内因的作用和外因的干扰，往往发生各种异常现象，如多胚、无胚和无性种子等。种子发育中的异常现象有：

1. 多胚现象

在 1 粒种子中有两个或两个以上的胚，称为多胚现象。根据多胚是否产生在同一个胚囊中，又可分为真多胚(产生在同一个胚囊中)和假多胚(产生在同一胚珠的不同胚囊)两种。真多胚在多胚现象中占主要地位，假多胚较少见。

2. 无胚现象

只有胚乳而没有胚的种子称为无胚现象。无胚现象在植物界分布很广。在禾本科作物中如水稻、小麦及其他科属的种子中偶有发生，而在伞形科植物中却很常见，如萝卜、芹菜等。无胚种子是不能长成幼苗的，因而没有种用价值，而在遗传上也不可能传递给后代。一般作物无胚种子率很低，所以对生产无大影响。

3. 无性种子

凡是通过无融合生殖所产生的种子均为无性种子。无性种子在形态上与有性种子差异不大，看不出明显差别，但在遗传物质上却大相径庭。它或是母本的遗传物质，或是父本的遗传物质，长出的幼苗也只能保持父母本一方的特性，这在果树良种繁育上提供了有利条件，但在杂交育种上却是不利的。

(二)种子的败育

胚珠能顺利通过双受精过程，但却不能发育成具有发芽能力的正常种子，这种现象称为种子的败育。

种子的败育是一个很普遍的现象，在许多种子生产中都能发生。如果种子败育现象严重会给种子生产和作物产量带来损失。引起种子败育的原因很多，可以归纳为以下几种：

1. 生理不调

杂交不亲合引起的生理不调有三种情况，一是胚与胚乳发育都不正常使种子中途夭折；二是胚发育不正常，胚乳发育正常，形成无胚种子；三是胚发育正常，胚乳发育不正常而使胚得不到营养供应而停止发育。

2. 受病虫为害

在种子发育过程中遭受病虫为害，直接损伤种子的主要部分或分泌物使胚中毒死亡。

3. 营养缺乏

种子在发育过程中，由于自然条件和栽培条件不良造成种子营养缺乏或运转受阻而导致种子败育。

4. 恶劣的环境条件

有些极为恶劣的环境条件如冰冻、高温、有毒药剂等能直接使发育中的种子受伤致死。

防止种子败育的主要途径：采用育种手段从遗传性上选择败育轻、抗逆性强的品种；改善栽培技术，为种子发育创造良好条件。

第三节　种子发育过程中种子外形、发芽力的变化

(一)种子外形的变化

胚珠从受精到发育成为成熟的种子，其外形的变化极为明显。从大小看，种子从小到大一般体积要增加几百倍至几千倍。但是体积最大期却大都不在完熟期。如小麦在乳熟期体积最大，豆类和十字花科作物种子等在绿熟期体积最大。种子鲜重的变化和体积的变化趋势是一致的。禾谷类作物种子乳熟期最高，豆类作物

绿熟期最高。种子成熟后其鲜重降低，但干重的变化是比较有规律的，到完熟期达最高峰。种子的比重变化比干重有规律，到完熟期最大，但油料作物除外。种子生长一般先长长度，再长宽度，最后长厚度，所以幼小的种子干燥多呈线状或扁平的片状。随着种子的发育才逐渐变圆或变厚，最后达到本种类、本品种种子的固有形状。种子生长初期多为白色或绿色，随光合作用由弱转强，色素物质在种子表面的积累，种子开始呈现黄、红、黑等固有的颜色。完熟期种子最鲜艳最有光泽。

(二)种子发芽力的变化

在种子发育过程中，发芽力的变化分为三种情况：一是发芽力随种子的发育而提高，即愈成熟的种子发芽势育强，发芽力愈高，如小麦、玉米、水稻、大豆等作物；二是种子在整个母株上的生长阶段都不具发芽力甚至到成熟收获后也不能发芽。因为收获时胚未发育成熟，经过一定时间胚发育完全才能发芽，如银杏、人参、兰花等种子；三是在种子发育过程中发芽力也随成熟而提高，但其最高的时期却不是完熟期而是在此以前，发芽力呈现由低到高，再由高到低的趋势，如水稻、小麦、大麦等的某些品种。

第四节　种子成熟的概念及特点

(一)种子成熟的概念

种子发育到一定时期便达到成熟。真正成熟的种子应包括两方面意义：即形态上成熟和生理上的成熟。只具备其中一个条件时就不能称为种子真正的成熟。有些作物种子如大麦、燕麦、高粱等，在形态上达到成熟却没有发芽能力。

(二)种子完全成熟的特点

(1)颜色的变化　整个植株由绿变黄，种子呈现固有的颜色，种子变硬，种皮坚韧。

(2)含水量下降　种子发育阶段含水量高达60%～80%，成熟期含水量明显下降，玉米为25%～40%，麦类、高粱、大豆等降至20%～30%。

(3)种子干重最大　养料运输和积累停止，种子干重不再增加，千粒重达最高值。

(4)发芽率和活力最高　休眠种子以破除休眠后的发芽率为依据。

(5)生理生化指标　发育中的种子酶活性很高，成熟时酶活性明显下降，呼吸作用、各种生化作用明显减弱。

(6)形成黑帽层　如玉米、高粱成熟时在种子基部形成黑层。

(三)环境条件对种子产量和成熟期影响

一般情况,天气晴朗、空气湿度较低、温度适当高、光合作用强度大,有利于养分的合成和运输,对提高种子产量和正常早熟都是有利的。如果种子发育期间尤其是灌浆期阴雨连绵,空气湿度大,温度偏低,蒸腾作用缓慢,水分向外扩散受阻会影响种子中物质的合成,光合强度小,干物质来源不足会使种子延迟成熟并减产。当然大气的湿度也不能过低,如果过低则土壤干旱,使种子过早成熟,导致籽粒瘦小,产量降低。种子成熟期间温度过高也会降低种子产量。如干热风造成的小麦种子减产。不良土壤条件,种植密度过大,由于营养缺乏会使植株营养短缺而早衰,种子虽可提前成熟,但籽粒瘦小且品质不好。相反,如果氮素过多,茎叶徒长,营养生长和生殖生长失调,种子晚熟不饱满,降低产量。

【知识延伸】

查阅有关资料,了解主要作物种子发育过程的生化变化。

【课后作业】

1. 生态条件对种子发育有哪些影响?
2. 玉米种子成熟的标志有哪些?
3. 种子发育有哪些异常现象?

第四章　种子休眠生理

第一节　休眠的概念与意义

(一)休眠的概念

凡具有生活力的种子,在适宜萌发的条件下不能萌发的现象称为休眠。这就是说,凡处在不能萌发状态的有生活力的种子,称为休眠种子。广义的种子休眠包括两种情况:一是种子本身未完全通过生理成熟过程或存在着发芽的障碍,给予适当的发芽条件也不能萌发;二是种子已具有发芽能力但由于不具备所必需的基本条件,种子被迫处于静止状态。许多科学家把前一种情况叫休眠种子,后一种叫静止种子。

(二)休眠的意义

1. 在生物学上的意义

种子休眠是植物在长期发育过程中形成的抵抗不良环境条件的一种适应性,是调节种子萌发的最佳时间和空间分布的有效方法,具有普遍的生态意义。由于休眠深度或种子所处的条件不同,这就使得不同个体种子能在不同时间萌发,增加了物种生存和分布的可能性。

2. 农业生产上的意义

种子休眠在农业生产上既有利,又有害。有利方面首先是可以防止穗发芽。作物抗穗发芽性的强弱,与品种的休眠期长短有关。一般来说,休眠的品种,抗穗发芽性较强;其次是便于贮藏。处于休眠状态的种子,在贮藏期不发芽,可以较长时间安全贮藏。不利方面首先是降低种用价值。如果播种处于休眠状态的种子,则因出苗率低而造成缺苗减产,就需要采取播前处理,打破休眠,然后播种;其次是不能根除杂草。田间杂草种子同样具有复杂的休眠特性,在土壤中会陆续出苗,造成根除杂草的困难。

(三)休眠的类型

种子休眠的类型和原因多种多样。Roberts(1972)根据休眠出现时期,将种子休眠分为三大类型:

(1)初生休眠　即先天性的休眠,在种子形成后即进入休眠,是由于种子内部生理抑制所引起，又称生理休眠(休眠是在母体植株上形成)。

(2)次生休眠　指原来没有休眠或已经解除休眠的种子，在适宜的条件下能够萌发，但遇到了不良的环境因素，或在某种因素诱导下，重新进入休眠状态，这时，即使再给予适宜条件也不能萌发的现象。也称二次休眠或再度休眠(休眠发生在种子贮藏期间)。

(3)被迫休眠　指种子虽具有萌发的内在能力，但缺少萌发所必需的环境条件，而被迫处于不能萌发状态。最常见的是处于静止状态贮藏于仓库中的干种子。也称强迫休眠。这实质上是由于环境条件不适宜使种子代谢受阻，生长中止的现象，并不是给予种子适宜萌发的条件，而不能萌发的现象。所以这一类不是真正的休眠。

第二节　种子的休眠期和休眠的原因

一、种子的休眠期

就是指种子从收获那天起至发芽率达到80%时所经时间。休眠期的有无或长短，因植物种类、休眠原因不同而异。

种子的休眠期与遗传因素及环境因素有关，且与种子采收的时期和母株的生理因素亦有一定关系，后者影响到植株不同部位的种子休眠存在某些差异。现将休眠期的主要影响因素分述如下。

(一)遗传因素

禾谷类种子休眠的现象是普遍的，但不同作物种子休眠的深度不相一致。一般而言，在主要作物中以麦类尤其大麦的休眠最为明显，水稻和玉米休眠较浅。同一作物不同类型和品种的休眠期也相差悬殊，有的没有休眠期，收获后经过干燥的种子就能达到80%以上的发芽率，而另一些品种的休眠期却长达数月。如皮大麦种子的休眠期常长于裸大麦；粳稻品种常有休眠期，而籼稻则以原产热带地区的品种(如国际稻系统及非洲稻)及其杂交后代为明显，我国栽培的一般品种通常不存在休眠期，在高温高湿条件下容易发生穗发芽现象。小麦品种的种皮颜色和休眠期长短存在密切关系，赵同芳等(1956)曾用我国的380个小麦品种测定，证明红皮小麦品种的休眠期一般较白皮品种为长。这种差异主要是由于红皮小麦种皮内存在色素物质，种皮较厚而透性较差的缘故。

根据对水稻、大麦、小麦等多种作物的研究，确定禾谷类种子的休眠特性是多基因决定的。

(二)生理因素

不同成熟度的禾谷类种子休眠期存在显著差异,一般从乳熟期起,成熟度愈高,休眠期愈短。例如小麦乳熟期采收的种子,休眠期比完熟期采收的延长一个月以上(戴心维等,1976)。又如我国的籼稻种子一般不存在休眠期,但采收较早、成熟度较差的种子,也可以观察到明显的休眠现象(毕辛华等,1978),在一年多次繁育时常会遇到困难。种子着生的部位不同,其成熟度和生理状态有别,休眠深度也有差别。

(三)环境因素

环境因素可以在不同时期影响种子的休眠。成熟期间的环境条件可以决定种子休眠的深度;而贮藏期间的环境条件可以影响种子休眠解除的速率。种子成熟期间影响休眠期长短的最主要的环境因素是温度。据 Belderok(1961)测定认为小麦蜡熟期间的温度是决定休眠深浅的重要因素,温度愈高,休眠期愈短,因此可以根据温度来预测各品种种子在该年份的休眠深度。事实上有些品种的种子虽具深休眠的遗传特性,但在某些气候反常的年份里因受高温影响,也可使休眠变浅甚至不存在休眠期,如果成熟后期多雨,就会发生严重的穗发芽现象。种子休眠期长短和成熟期间的气候条件有密切关系。

在种子贮藏过程中,由于温湿度不同,对种子休眠期的长短有很大影响,高温能加速种子休眠的解除,而低温条件则起相反的作用。种子贮藏期间湿度很高,一般认为会影响休眠期的长短,并可能导致二次休眠的产生,但与温度相比,湿度的影响较为次要。

在含氧量高的大气中,种子的休眠解除较快,如水稻种子在100%的氧中贮藏,可较在普通大气中贮藏的种子休眠解除速率提高1倍,可见休眠解除的过程是需氧代谢。

二、休眠的原因

引起种子休眠的原因多种多样,既有结构方面的原因,又有代谢方面的原因;既决定种子本身,又受环境条件的影响。现将各种休眠原因简述如下。

(一)胚休眠

有两种不同的类型,一种是种胚尚未成熟,另一种是种子尚未完成后熟。

有些植物的种子从外表上看,各部分组织均已充分成熟并已脱离母株,但内部的种胚尚未成熟。不成熟的胚相对较小,某些情况下几乎没有分化,需从胚乳或其他组织中吸收养料,进行细胞组织的分化或继续生长,直到完成生理成熟。

有些植物种子的种胚虽已充分发育,种子各器官在形态上已达完备,但由于子叶和胚轴中存在发芽的抑制物质而使胚的生理状态不适于发芽，即使发芽条件具备也不萌发，只有经过一定时期的后熟，才具备发芽能力。许多果树种子(如桃、苹果、梨等)、三叶草以及某些杂草种子属于这一休眠类型。

这类种子休眠解除过程中的变化并不存在统一的模式，有的甚至观测不到休眠解除前后存在任何明显的差异，只是发芽率确实显著增高。

(二)种皮的障碍

有些种子的种皮是种子萌发的障碍，即使外界环境适于种子萌发，这些条件亦不能被种子利用，可以说是种皮迫使种子处于休眠状态。一旦种皮的性质发生改变，种子就能获得发芽能力。种皮对发芽和休眠的影响主要表现在以下几方面：

1.种皮不透水

种皮非常坚韧致密，其中存在疏水性物质，阻碍水分透入种子。如豆科植物的硬实就是常见的例子。

2.种皮不透气

有些种子的种皮能够透入水分，但由于透氧性不良，种子仍然得不到充分的萌发条件而被迫处于休眠状态，如禾谷类、棉花等。尤其在含水量较高的情况下，种皮更成为气体通透的障碍，因为水分子堵塞了种皮上的空隙，阻止了气体的扩散。

种皮的性质除了影响氧供应以外，还可以导致二氧化碳在种子中的积聚。当种子水分较高时，呼吸作用旺盛，消耗氧气而放出二氧化碳，种皮的物理障碍使二氧化碳难以排出，累积过多影响了胚细胞的生长和正常生理过程。

由于种皮的影响，缺乏萌发时所需的氧气，在许多情况下与种皮中存在某些化学物质有关，如酚类物质和过氧化物酶等。酚类物质在酶的作用下很容易氧化成醌，在其氧化过程中大量氧气被拦截，种胚就无法得到萌发所需的足够氧气，因而处于休眠状态。醌类物质很易和蛋白质结合，形成有色的沉淀物，该沉淀物有时是不透水的。

以上情况解释了为什么色泽深的品种常比色泽浅的品种休眠较深，这在小麦、油菜(白菜型)以及一些豆类种子中是比较普遍的现象。据研究，种子中酚类物质的累积发生在种子成熟过程的某一阶段，而且集中于种皮，子叶中很少。这显然是防止种子刚成熟就发芽的一种机制。

3.种皮的机械约束作用

有些种子的种皮具有机械约束力，使胚不能向外伸展，即使在氧气和水分能得到满足的条件下，给予适宜的发芽温度，种子仍长期处于吸胀饱和状态，无力突破种皮。直至种皮得到干燥机会，或者随着时间的延长，细胞壁的胶体性质发生变化，种皮的约束力逐渐减弱，种子才能萌发。

4. 种皮阻止抑制物质逸出

种子内部组织及外部覆被物含有萌发抑制剂。可以设想，种皮是通过两方面的作用来阻碍抑制剂逸出的，可能因为它是完全不透性屏障，也可能因为它能减少抑制剂向外扩散。在这样的状态下，胚含有较高浓度的抑制剂，因此处于休眠状态。将离体胚放水中能促进抑制剂的流失，因而促进萌发。

由于白光中的红光和远红光成分的联合作用，是胚内光敏素的活化型与钝化型达到一定比例时，需光的完整种子便能萌发（即休眠被打破）。不同植物要求的比例各不相同。由于光能够穿透胚的包围结构，所以胚的包围结构的作用可以看作是滤光器，它能改变到达敏感胚部的红光和远红光的比例，所以这种植物胚的休眠不仅仍受种皮强迫休眠的约束，而且还会因种皮能有效改变光的比例而受到影响。

三、抑制物质的存在

种子中存在抑制物质的情况在自然界相当普遍，抑制物质可以存在于种子的不同部位——种被、胚部或者胚乳中。例如白芥等一些十字花科种子成熟后，残留在果壳内的种子不能发芽或发芽率和发芽速率较低；在小麦中亦曾发现稃壳中的抑制物质会使小麦的田间萌发率降低，直到抑制物质因雨水淋洗而淋失，或降低浓度后才能萌发。番茄、黄瓜等新鲜果实含有抑制自身种子萌发的物质（种子尚包在果实内时）。向日葵、莴苣、甜菜等作物的种被也都含有抑制物质，使这类作物的新鲜种子不能发芽。

抑制物质的种类众多，难以进行合理的分类。作物种子中最重要的抑制物质是 ABA（脱落酸）和酚类物质，如甜菜、油菜、莴苣种子中都曾测得酚类化合物，禾谷类种子中除酚类物质外，也曾测得 ABA。大麦种子中 3～12 碳的直链脂肪酸（尤其是 9 碳的壬酸）也具抑制效应。

值得注意的是：种子中含有抑制物质并不意味着种子一定不能发芽。种子发芽是否受到抑制决定于所含抑制物质的浓度、种胚对抑制物质的敏感性以及种子中可能存在的拮抗性物质。

抑制物质的生化作用不很明确，ABA 可能抑制 RNA 和蛋白质合成，各种酶类物质可能抑制细胞伸长，另外的作用是消耗氧限制种胚的氧供应等。因此抑制物质导致的休眠与其他类型的休眠存在密切的关系。

抑制物质的作用没有专一性，含有抑制物质的种子不仅影响本身的正常发芽，而且对其他种子也能发生抑制作用。如将不含抑制物质的种子与这种种子混合贮藏或放置在一起发芽时，就有可能受到抑制作用。例如将小麦和堇菜籽放在一起，小麦就不会发芽；又如马铃薯和大蒜放在一起贮藏，马铃薯发芽也会受到抑制。

四、光照的影响

大部分农作物种子发芽时对光并不存在严格的要求，无论在光下或暗处都能萌发，但也有一些作物的新收获种子需要光或暗的发芽条件，否则就停留在休眠状态。如芥菜、莴苣、烟草、芹菜等。

关于自然光（白光）中不同波长的光对种子休眠和发芽的影响，早在1940年就已得到明确。红光（波长660 nm附近）促进发芽；远红光（730 nm）和蓝光（440 nm和480 nm附近）则起抑制作用。田间荫蔽程度不同，各种波长光的比例改变，如远红光增加而增强对种子发芽的抑制作用。光对发芽发生作用的时间，因植物种类和品种特性而有差异，根据光敏感性（light sensitivity）的状况，可以将种子分为以下三类：

(1)白光可以结束种子休眠，如苋属、芥菜、藜莴苣、烟草、芹菜等。

(2)白光抑制发芽（可使种子进入二次休眠），如门氏喜林草、黍、落芒草等多种非休眠种子均可受抑制而不发芽。

(3)一般对白光不敏感，但存在光敏素系统，对光有否反应取决于温度，因此仅在某些条件下有所表现。如黄瓜、莴苣、番茄的某些品种和萝卜。

自然条件下，种子在母株上成熟，干燥以及在土壤表面的种子，均能发生光敏素的转变。光促进或抑制发芽的照射时间，不仅因作物、品种而不同，还取决于光照的强度。弱光虽然有效，但需延长光照时间。

种子的光敏感性不是绝对的，而是随其他条件（如温度、氧分压、发芽床等）而变化，其中最重要的影响因素是温度。在一定温度下光照才发芽的种子，往往在高于或低于这一温度时（因种类而不同），在暗处亦能萌发。另外，种子的光反应与种皮的完整性有关，剥去或弄破种皮，光敏感性可随之降低或消失。

五、不良条件的影响

不良条件的影响可以使种子产生二次休眠（亦称次生休眠、诱发休眠），即原来不休眠的种子发生休眠或部分休眠的种子加深休眠，即使再将种子移置正常条件，种子仍然不能萌发。已发现二次休眠可以有许多诱导因素，如光或暗、高温或低温、水分过多或过于干燥、氧气缺乏、高渗压溶液和某些抑制物质等。这些因素在大部分情况下作为不良的萌发条件诱导休眠，在某些情况下也可使干燥种子发生休眠，如加温干燥的温度较高或时间过长，可使某些豆类和大麦、高粱种子进入二次休眠；贮藏湿度很高，也可导致大小麦（新通过休眠）产生这种现象。

二次休眠的产生是由于不良条件使种子的代谢作用改变,影响到种皮或胚的特性。休眠解除的时间与休眠深度有关,休眠解除的条件在大部分情况下与一次休眠(亦称原生休眠,即种子在植株上即已产生的休眠)是一致的。

六、综合休眠

种子休眠由多种因素共同作用造成称为综合休眠。综合休眠的实例不少,如一种野生稻在自然条件下种子落入水中需一年才能发芽,这种种子至少存在以下三种休眠原因:①内外稃中存在萌发抑制物质。②果种皮透气性差。③缺乏萌发所需的激素。因此只有去除内外稃,刺破果种皮,再施加赤霉素和细胞激动素,发芽率才能达到最大值。

第三节　豆类种子的休眠(硬实)

(一)硬实的概念和意义

自然界具有许多种皮不透水而不能吸胀发芽的种子称为硬实(hard seed)。硬实这种休眠形式对植物界种的延续和传播极为有利,它不仅能在较长的时期内保持种子的生活力,而且能在种子成熟、收获以后的不同时期内,由于环境条件的作用改变种皮透性,使不同的个体先后获得发芽能力。同一批种子掉落土中,由于种皮透性的差异,能在不同的年份或同一年份中陆续出苗,因而增加其延续种族的可能性。研究种子的硬实问题在农业生产中对控制种子的休眠萌发和延长种子寿命均具重要的指导意义。

硬实在植物界是常见的现象,是一种特殊的休眠形式。它广泛分布于豆科、藜科、茄科、旋花科、锦葵科、美人蕉科、苋科、椴树科等栽培作物及杂草种子中。农作物中最常见的是豆科作物的硬实,小粒豆科种子的硬实率很高,如紫云英、苕子、苜蓿、草木樨、田菁、三叶草等。未经处理的种子经常发生严重缺苗现象。

农业生产上为了解种子的播种品质,需要测知种子所含硬实百分率,可靠的方法还需经过浸种,检查其中不能吸胀的种子数。硬实的顽固程度不同,有的在浸种的数天内可以吸胀发芽,有的(如某些紫云英种子)甚至在水中浸泡 10 年以上,仍未能改变其不透水性,但大部分个体的种皮获得透水性的时间比较接近。因此测定这类种子的生活力,非经过特殊处理不可。

(二)硬实的影响因素

影响种子形成硬实的因素是很复杂的。主要是硬实和植物的遗传性有密切关系;其次,硬实的形成和种子本身的成熟度有关,未充分成熟的种子不会发生硬实,种子愈老熟，则硬实发生的百分率愈高。花期较长的作物，不同部位所着生的种子因成熟度不同，硬实百分率也有差异。例如紫云英按植株不同结实部位分别检查其中硬实率，结果植株上部种子的硬实率最低，中部次之，基部最高。田菁延迟到成熟后期收获，硬实率显著增加，收获后经太阳晒干，硬实率更为提高，可见成熟度及收获后的干燥条件都是影响硬实形成的因素(表 4-1)。

表 4-1 不同收获期对田菁硬实的影响

(徐学林、熊振民，1956)

项目 时期	阴干 7 d			阴干后再晒 6 h		
	千粒重 (g)	硬实率 (%)	发芽率 (%)	千粒重 (g)	硬实率 (%)	发芽率 (%)
绿熟期	26.5	0	3	12.3	0	30
黄熟前期	29.0	0	6	14.5	0	62
黄熟后期	20.0	0	68	14.3	25	62
枯熟期	16.5	33	62	13.5	81	3

环境条件对硬实的形成有很大影响。同一品种在不同年份收获的种子，含有不同的硬实百分率。在同一年中，作物因生长期不同，所含硬实率亦有显著差异。如秋大豆所含硬实一般比夏大豆多，主要由于秋大豆的成熟期正值干燥季节，对种皮硬化有一定作用。在低温多湿条件下成熟的种子，含硬实很少或较少。

植株生长环境中缺少某些营养，可能与未熟种子的情况类似，会导致硬实率的降低。

成熟收获后原非硬实的种子，在贮藏过程中受到环境条件的影响，也有可能造成二次休眠。在某些地区，紫苜蓿贮藏期间的硬实率发生周期性的变化。这些情况在生产上并不罕见。

硬实的解除和环境条件同样存在密切的关系。一般认为温度的变化、干湿交替和微生物的作用，都是影响硬实解除的因素，前者起着尤为重要的作用，而后者在温度较高的土壤条件下也有一定影响。如紫云英种子收获后 2～3 个月内，硬实率一般达 80%以上，在这段时间内变化很小，直到 9 月中旬，接近播种期，硬实率随当时气温的急剧变化而显著下降；但在一些气候反常的年份中，到播种时硬实率还很高，若用未经处理的种子播种，将会造成严重缺苗现象。

第四节　主要农作物种子的休眠

(一)麦类作物种子的休眠

麦类种子普遍存在休眠现象,休眠期比较明显。一般来说,小麦、大麦较长,燕麦次之,黑麦休眠期较短。同一作物在类型、品种间也有差异。例如,小麦中一般红皮小麦长于白皮小麦,春小麦长于冬小麦,大麦中皮大麦长于裸大麦。

1.影响因素

(1)同一品种因成熟度不同,休眠期也不同　通常从乳熟开始,随成熟度提高,休眠期缩短。

(2)成熟期间的环境条件也影响休眠期的长短　试验表明,成熟时温度愈高,休眠期愈短,反之则长。在小麦蜡熟期,分别用高温(25℃)与变温(12～18℃)处理6 d,高温处理的休眠期缩短了25～58 d。

(3)贮藏期间的温、湿度也影响休眠期　一般是温度高、湿度低,有利于缩短休眠期;种子含水量高,会延长休眠期。所以,高温干燥是打破麦类种子休眠的有效方法。

2.休眠的原因

(1)主要是皮层不透气,使胚部的氧气供应受到阻碍。

(2)稃壳中存在抑制物质,如皮大麦。

3.破除休眠的方法

采取剥去稃壳、划破皮层、播前处理、低温湿处理及干藏后熟等措施,都能改变皮层透性,使胚部获氧气,解除休眠,促进萌发。

(二)水稻种子的休眠

水稻种子休眠期,在不同类型间差异明显。一般来说,早粳稻休眠期较长,可长达数月;晚粳稻次之;籼稻通常不存在休眠期,收获干燥后就可萌发。但从菲律宾、斯里兰卡、越南、泰国、印度等东南亚国家引进的籼稻,却有明显的休眠期,这与原产地气候条件有关。为防止成熟期穗发芽,经人工选择保留了休眠品种。

1.影响因素

水稻种子休眠也受成熟度、光、温、气、湿等生态条件的影响。据观察,同一个品种在不同年份、季节之间栽培,休眠期长短不同。

2.休眠的原因

水稻种子休眠主要是种皮透气性不良所致。毕辛华等(1981)用科福早与IR24等休眠期明显的品种试验,经去壳(伤皮)处理,均明显提高发芽势与发芽率。

也有人认为稻壳中存在抑制物质导致种子休眠。但是，Rrberts 的实验结果否定了这种看法。他用稻壳浸出液(用水或乙醚提取)来处理种子，结果无抑制作用。当在稻壳不同部位打孔时，可提高发芽率，而且打孔愈靠近胚部，发芽率愈高，说明种子休眠是稻壳使胚部的氧气供应受阻所致。所以，在贮藏环境中，增加氧分压可以解除休眠或缩短休眠期。

3.破除休眠的方法

干热处理解除休眠。吉田(1981)在其《稻作科学基础》一书中指出，干热法是解除稻种休眠最简便的方法。即在通气条件下，种子经 50℃烘干 4～5 d，一般可解除休眠，个别休眠性强的品种（如 Seroup27)需要增加干热处理天数。

(三)棉花种子的休眠

1.影响因素

棉花种子一般也有休眠期，其长短在类型与品种之间存在很大差异。陆地棉较明显，而海岛棉、欧洲棉、非洲棉几乎没有休眠。

受种子成熟度与贮藏条件的影响。一般是成熟度低的种子比成熟度高的休眠期长；未开铃的种子比已开铃的长。但贮藏期间的高温干燥可显著缩短休眠期。

2.休眠的原因

(1)主要原因是种皮障碍

①种皮的不透气性。一般陆地棉新收获的种子种皮透气性较差，通常种子吸水后或在潮湿环境中，种皮的透气性更差。

②种皮的不透水性。使部分棉籽形成硬实，而且种子的内脐(合点)组织细胞排列特别紧密，细胞中蜡质较多，阻止水分进入。

(2)种皮的机械约束作用　抑制一些野生棉籽的生长而导致休眠。

3.破除休眠的方法

剥去或切破种皮，用 80℃热水浸种处理，或用 45℃烘干法打破硬实(使合点部位的种皮裂开)。

(四)玉米、高粱种子的休眠

玉米的休眠期较短，除少数晚熟品种可达 1 个月之外，多数在 7～15 d。玉米种子休眠原因研究较少。M.T 高立克的研究表明，新收获的玉米种子继续进行着生物化学变化，淀粉含量仍逐渐增加，可溶性糖总量下降。在生产实践中常常看到，玉米种胚已生长伸长，有时胚芽已呈现绿色，但革质的外皮紧紧禁锢着，限制幼芽的进一步生长，说明皮层的障碍也是玉米休眠原因之一。

第五节　种子休眠的控制和打破种子休眠的方法

种子休眠的控制在不同的情况下可以根据需要进行调控，包括休眠期的延长和缩短两个方面，即加深休眠防止发芽；或破除休眠，促进种子萌发。处理的方法和途径很多，这里主要介绍一些对农业生产和种子工作适用的方法。

(一)延长种子休眠期

1.选种

选种简单彻底，种子的休眠是有遗传特性的，因此是控制休眠的根本措施。在成熟后期多雨的产区，可以选育休眠期较长的品种。如：小麦通过选种以获得抗穗发芽的品种，一般红皮品种比白皮品种休眠期长，可以从一些优良的白皮品种中选出红皮的变种，经过繁殖固定之后，就可得到休眠期较长的新品种，这是改变种子休眠特性最经济有效的办法。

杂交育种法选择休眠期长的新品种，也是切实可行的一项措施。一般杂种的休眠期介乎二亲本之间，杂种第二代的休眠期发生分离，通过选育，可望得到合乎理想的品种。

2.田间喷药

在作物成熟期间，田间喷洒某些化学药剂可有效地促进种子成熟或延长休眠期。如休眠期短的小麦在高温阴雨天收获，常发生穗发芽。为避开阴雨天气，可用1%的催熟剂促麦黄，在完熟期前10 d喷射，每667 m^2喷50 kg药液，可提早成熟3～5 d，提早收获。马铃薯在收获前两周，用0.25%的青鲜素喷洒，可延迟薯块休眠期。

3.贮藏与预措

处于休眠的禾谷类种子在贮藏期间若温度高，通风条件好，促进其干燥便可缩短休眠期。因此，低温贮藏可大大延长种子的休眠期，长期保持种子的旺盛生命力。但是，豆科作物种子高温干燥有利于硬实的形成，使硬实率大大提高，而加深休眠。预措是播前解除种子休眠的措施。在播种季节或做发芽试验时，处于休眠状态的种子不能萌发，或发芽、出苗率很低，就会造成很大的损失。

(二)缩短种子休眠期

种子到了播种季节，若种子仍未通过休眠期，在田间就会出现出苗率低，出苗时间长的现象。另外在做发芽试验时，处于休眠状态的种子就不能萌发，所以就不能对种子进行准确评价。因此就需对种子进行打破休眠的处理，常用方法有：

1. 机械处理

机械处理可以改变种被结构和消除种被对萌发的抑制作用。此法简单有效，常用于少量种子处理。如硬实种子切破种皮，油菜种子挑破种皮，水稻、棉花去壳，小麦、大麦种子针刺胚轴，三倍体西瓜咬破种皮，马铃薯切块等，都能使休眠种子立即萌发。

2. 温度处理

可根据需要进行高温、低温(冷处理)及变温处理，前者有广泛的实用价值。如水稻种子在45℃干藏7～10 d，发芽率提高到80%以上；紫云英种子播种前摊在室外日晒夜露3～4 d，在自然变温的作用下，可促使休眠解除。日晒夜露时温差大效果显著。

晒种子或人工加温干燥实际上是一种温度处理方式，在农业生产上常用于因种皮透气性差和含有抑制物质而导致休眠的种子。

3. 药剂处理

采用双氧水、硝酸等处理透气性差的休眠种子，可收到很好的效果，双氧水是最常用的一种氧化剂。根据不同作物种子种皮及透性的差异，应分别选用适宜浓度的药液。小麦可用25%以上的双氧水原液浸渍5 min，或用0.5%～1%的稀释液浸24 h；大麦用1.5%稀释液浸24 h；水稻用3%稀释液浸23 h，或用0.1 mol/L的硝酸浸16～24 h，均能在很大程度上促进发芽。硝酸等含氮化合物对破除水稻种子的休眠很有效，在某些情况下很有利用价值，此法易掌握，可使休眠的种子立即萌发而且不伤种胚，因此常用于测定休眠种子的生活力。

4. 改变发芽条件

许多作物的休眠种子并非不能发芽，而是其发芽温度不同于非休眠种子，而且发芽的温度范围比较窄。若将他们置于一定的温度条件下，可以提高发芽率或使之发芽良好。如玉米用35℃高温处理，油菜用15～30℃变温处理等都可使种子萌发。低温预措常能使休眠种子发芽完全或接近完全，所以可作为解除种子休眠的常规方法。有些作物种子需要光照才能发芽，应当注意给予一定时间的光照和适当光照强度。

【知识延伸】

查阅有关资料了解种子休眠机理。

【课后作业】

1. 什么叫休眠、休眠期？休眠的类型有哪些？

2. 休眠有何意义？请举例说明。

3. 种子休眠的原因有哪些？破除休眠的常用方法有哪些？

4. 种子的硬实只在豆类作物中有吗？硬实率的高低与种子大小有关吗？为什么？

第五章　种子萌发生理

第一节 种子萌发的过程

一、种子萌发的含义

种子萌发是指种胚从休眠状态恢复到生理代谢旺盛的生长发育阶段。从形态上讲，则指种胚开始生长，胚根胚芽突破种皮向外伸长的现象。

二、种子萌发的过程

种子萌发涉及一系列的生理生化和形态上的变化，并受到周围环境条件的影响。根据一般规律，种子萌发过程可以分为四个阶段。

(一)吸胀

吸胀即吸水膨胀，是种子萌发的起始阶段。种子吸胀直到吸水饱和，此时体积达最大。种子吸胀作用并非活细胞的一种生理现象，而是胶体吸水使体积膨大的物理作用。不论是死种子或是活种子均能吸胀。死种子吸胀时常伴有水肿现象和假发芽现象。但在一些情况下，活种子因种皮不透水而不能吸水膨胀。所以，种子能否吸胀不能指示种子有无生活力，不能作为开始萌发的标志。

种子吸胀能力的强弱，主要决定于种子的化学成分。高蛋白种子的吸胀能力远比高淀粉含量的种子强。油料种子主要决定于含油量的多少，在其他化学成分相似时，油分愈多，吸水力愈弱。

种子吸胀过速，影响膜的修复，导致内溶物外渗，致使发芽不好或苗弱，称为快速吸胀伤害。因此，播种的种子一般不要浸种，最好进行渗透调节处理，超干种子则应缓湿后播种。

(二)萌动

萌动是种子萌发的第二阶段，种子内部的生理生化变化开始加强。这一时期，种胚细胞恢复生长，胚根胚芽向外生长突破种皮。在农业生产上俗称“露白”。胚的生长随水分供应情况不同而不同，当水分较少时，胚根先出；当水分多氧气少时，胚芽先出。这是因为胚芽对不良条件的反应比胚根敏感性差，缺氧条件下根的生长受到严重抑制。

种子在开始萌动时,对外界环境条件的敏感性显著增强,如果受到异常环境条件及各种化学、物理因素的刺激,就会引起生长发育的异常,生活力下降,甚至死亡。

(三)发芽

种子萌动后,种胚细胞开始分裂和分化,胚根胚芽迅速生长,当胚根、胚芽伸长达一定长度时,称为发芽。在传统习惯上把胚根与种子等长,胚芽为种子一半时作为发芽的标准。国际种子检验协会认为当种子发育长成具备正常构造的幼苗称为发芽(ISTA,1985)。

(四)种子萌发期间对水分需求规律

种子萌发期间的吸水呈现快→慢→快的 S 形曲线,由此将吸水分为三个阶段(图 5-1):

第Ⅰ阶段:吸胀期间的快速吸水期,靠亲水胶体对水的吸附力吸水,非生命现象,吸水量与化学成分有关而与温度高低无关;

第Ⅱ阶段:萌动期间吸水,为吸水滞缓期;

第Ⅲ阶段:发芽期间的快速吸水期,靠幼苗生长力吸水,死种子无此期吸水。

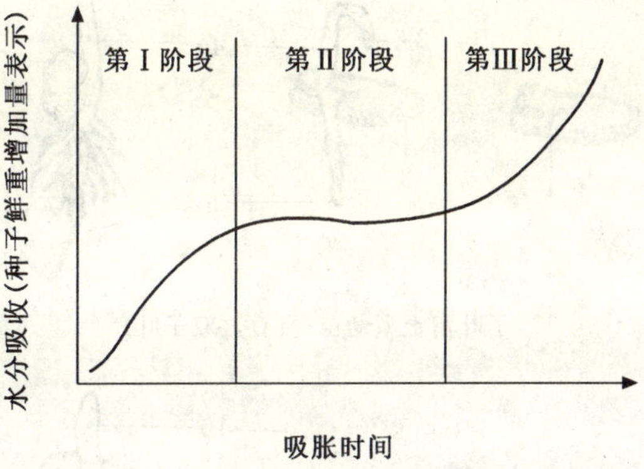

图 5-1 种子萌发过程中水分吸收的典型模式

(五)幼苗的形态建成

种子发芽后,进入幼苗形态建成阶段。依据子叶出土的状况,可分为两种类型的幼苗(图 5-2)。

1. 子叶留土型

种子发芽时,上胚轴伸长露出土面,随即长出真叶而成幼苗,子叶仍留在土中与种皮不脱离,直至内部贮藏养料消耗殆尽,才萎缩和解体。大部分单子叶植物种子和小部分双子叶植物种子(具肥厚的子叶)为子叶留土型。如蚕豆、豌豆、茶等。子叶留土使幼苗顶土力强,易出苗,可较子叶出土型深播。

2.子叶出土型

种子发芽时,下胚轴伸长,初期弯成拱形,顶出土面后在光照诱导下,生长素分布相应变化,使下胚轴逐渐伸直,生长的胚与种皮脱离,子叶迅速展开,见光后逐渐转绿,开始营光合作用,以后从两子叶间的胚芽长出真叶和主茎。大部分双子叶植物种子和小部分单子叶植物种子为子叶出土型。如棉花、油菜、大豆、向日葵等作物。子叶出土能保护幼芽、进行光合作用,但顶土力弱,子叶受损影响幼苗生长甚至开花结实。如棉花的子叶受到损害时,会减少结铃;丝瓜的子叶受到损伤后,子房发育会受到抑制。所以间苗时,必须注意不要使子叶受到损伤。

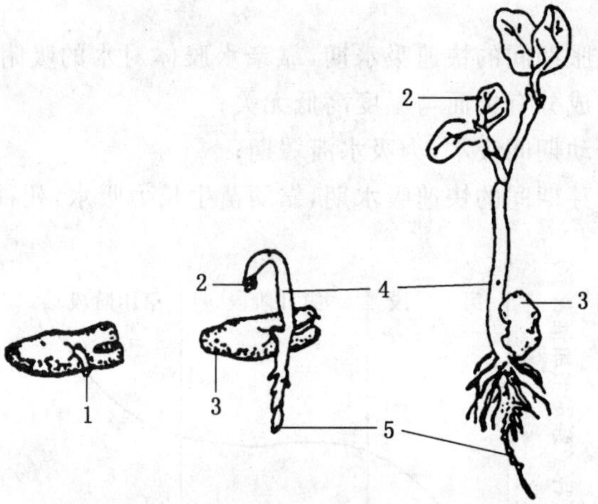

子叶留土型幼苗(蚕豆, 双子叶)

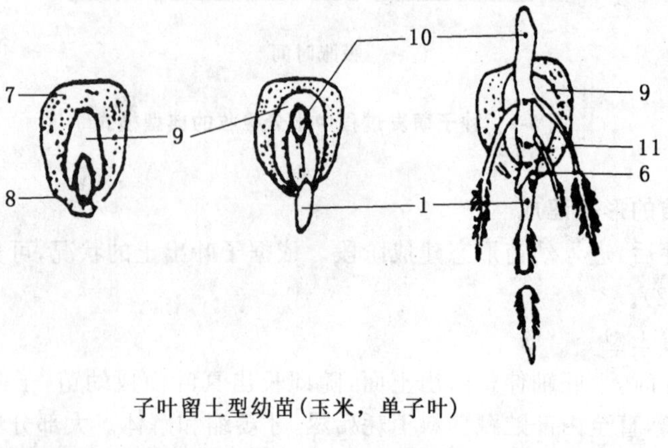

子叶留土型幼苗(玉米, 单子叶)

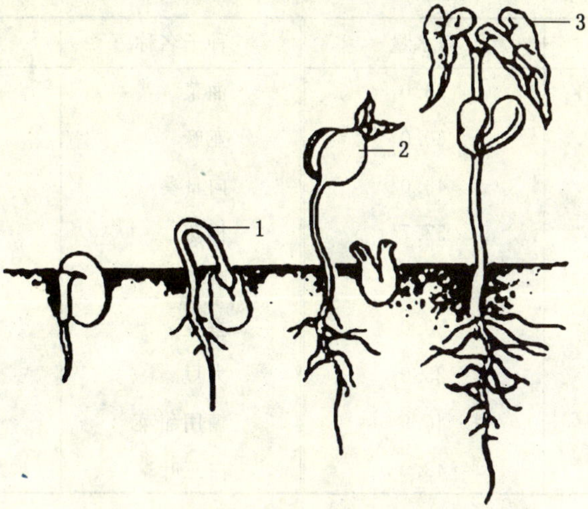

子叶出土型幼苗(菜豆，双子叶)

图 5-2　发芽种子长成的幼苗类型

1.胚根　2.第一真叶　3.子叶　4.上胚轴　5.初生根　6.下胚轴

7.胚乳　8.胚根鞘　9.盾片　10.胚芽鞘　11.不定根

第二节　种子萌发的条件

渡过休眠期成熟的具有生活力的种子，除了具备萌发的内在条件外，还必须在适宜的环境条件下才能萌发。种子萌发所需的主要环境条件是足够的水分、适宜的温度和充足的氧气。有些种子还需要光暗条件。

一、水分

在一般情况下，水分是控制种子萌发与否的最重要因素。

(一)发芽最低需水量

发芽最低需水量是指刚刚能使种子萌发时的吸水量，常用吸水率表示，即萌发时吸水量占种子重量的百分率，种皮露出种皮 1 mm 时的种子含水量。几种有代表性的作物种子发芽需水情况见表 5-1。只有满足种子最低需水量，种子才可以萌发。

表 5-1 几种作物种子发芽时的最低需水量(%)

种子名称	需水量	种子名称	需水量
水稻	26.0	油菜	48.0
小麦	60.0	亚麻	60.0
大麦	48.0	向日葵	57.0
黑麦	57.7	棉花	75.0
燕麦	57.7	豌豆	186.0
玉米	30.0	蚕豆	157.0
粟	25.0	大豆	107.0
荞麦	46.9	糖用甜菜	167.0
大麻	43.9	白三叶草	160.0

吸水的最低限度因作物种类而不同,含淀粉较多的种子其最低需水量较含蛋白质较多的种子低。因此,禾谷类作物种子在萌发前所吸取的水分,一般远较豆类作物种子为少。发芽势低的种子,萌发所需的最低水量较大。

由于种子萌发必须有充足的水分,在播种前对土壤保墒或灌足底墒水是十分必要的措施。但是如果土壤水分过多,会妨碍种子的萌发,甚至会使种子腐烂,一般当土壤水分接近田间持水量时,较有利于种子萌发。

(二)影响水分吸收的因素

种子吸水率主要受化学成分、种被透性、外界水分状况和温度的影响。

1.种皮中的化学成分

种皮中化学成分的不同,如单宁、胶质、脂类物质,对水分吸收的阻力存在很大的差异。一般蛋白质种子>粉质种子、油质种子。

2.种子的不同部位、成熟度

谷粒胚部吸水量约为胚乳的两倍。乳熟期收获的玉米,比蜡熟期收获的吸水量大,而蜡熟期收获的较完熟期收获的为强。这是由于未熟种子的胚乳呈粉质结构,以后随成熟度的提高,逐渐变成角质,而角质结构的胚乳致密而少孔隙,吸水量比粉质结构的要低。

3.温度

温度增高,不仅吸水快,而且吸水总量增大。一般环境温度每提高10℃,水分吸收速率增加50%～80%。

吸胀损伤:种子吸胀速率过快,细胞膜就无法修复而且出现更多的损伤,物质外渗加剧,种子发芽成苗能力下降。如大豆、菜豆,本身种皮较薄,蛋白质含量高,吸收力强,易发生吸胀损伤。所以种子播种前不宜浸种,种皮不完整的种子尤为如此。

吸胀冷害:有些作物干种子短时间在0℃以上低温吸水,种胚就会受到伤害,再转移到正常条件下也无法正常发芽成苗。吸胀冷害温度界限为15℃或10℃以下,因此低温下播种之前,预先用温水浸种,对克服吸胀冷害有一定的效果。

二、温度

(一)种子萌发的温度三基点

种子萌发所需要的温度有最低、最适和最高温度,称为种子萌发的温度三基点。在最低温度时,种子才开始萌发;高于最适温度,虽然萌发速率较快,但发芽率低;在最适温度下,种子萌发速率最快,且发芽率也最高,低于最低温度或高于最高温度时,种子就不能萌发。

一般冬作物种子萌发的温度三基点较低,分别是0～4℃,20～25℃和40℃;而夏作物种子萌发的温度三基点较高,分别是6～12℃,30～35℃和40℃。几种作物种子萌发时,对温度的要求见表5-2。

表5-2 几种有代表性作物种子萌发的温度三基点要求(℃)

作物种类	最低	最适	最高
水稻	8～14	30～35	38～42
麦类	0～4	20～28	38～40
玉米	5～10	32～35	40～45
棉花	10～12	25～32	40
大豆	6～8	25～30	39～40
蚕豆	3～4	25	30
豌豆	1～2	25～30	35～37
向日葵	5～7	30～31	37～40
油菜	0～3	15～35	40～41
西瓜	20	30～35	45
甜瓜	16～19	30～35	45
番茄	12～15	25～30	35

(二)变温对种子发芽的影响

试验证明,变温条件下更有利于种子萌发,特别是对一些难萌发的种子如芹菜、烟草、蓖麻、薄荷及一些树木种子,在变温条件下可促进其萌发。有的休眠种子在变温条件下变为不休眠的种子。目前发芽试验常采用的变温为20℃和30℃或15℃和30℃,在低温下的时间是16 h,高温下的时间是8 h,1 d为1个变温周期。变温使种子萌发的原因主要有:①低温时氧气在水中的溶解度增大。②变温使种皮胀缩受伤,有利于水分和氧气进入种子。③变温促进酶的活动,因不同的酶对温度有不同的要求和反应。④种子置于变温条件下,内部温度和外部温度不同,可促进种子内外气体交换,使呼吸旺盛,发芽良好。⑤定温发芽时,贮藏物质大部分用于呼吸作用而少量用于胚的发育,但如在变温下发芽时一个时期置高温下,生化过程与呼吸作用都旺盛,贮藏物大量转化为可溶性物质,而在另一个时期移置于低温,则呼吸作用减退,可溶性物质主要用于胚的生长。

三、氧气

绝大多数植物种子萌发需要氧气。因在发芽时,呼吸作用特别旺盛,酶的活动,某些生化过程的进行,激素的合成和变化等都需要氧。若氧气低于一定程度,种子在缺氧或无氧条件下萌发时,胚乳贮藏物质的转化受阻,使胚陷于饥饿状态,胚根的生长受到强烈抑制,种子的物质转化效率降低,并产生大量有害的中间产物(二氧化碳、乙醇),种子便不能萌发。发芽或播种,应尽量保持空气流通,保证有充足的氧气供应。如果播种过深,或土壤板结,土壤水分过多,使土壤中氧气不足,种子就进行无氧呼吸,容易使种子中毒,或造成烂种。

作物种子发芽需氧的多少因作物而异,油质种子需氧多,水生植物种子需氧少。

四、光照

大多数植物种子萌发不受光的影响。但有些植物种子的萌发需要光,这类种子称为喜光种子,如烟草、莴苣、胡萝卜等。而另一类种子萌发受光的抑制,在黑暗下易萌发,称为喜暗种子,如瓜类、茄子、番茄、洋葱、苋菜等。

光照可促进喜光种子的萌发,可促进酶、激素的增加,破坏抑制萌发物质。

光对种子萌发的作用取决于光的波长。白光、红黄光促进喜光种子萌发,且要达到一定光量。远红光,绿、青、紫光抑制喜光种子萌发。

【知识延伸】

查阅有关资料，了解种子萌发过程中的代谢作用。

【课后作业】

1. 什么叫发芽率、发芽势？

2. 种子萌发的条件有哪些？

第六章 种子活力、劣变及寿命

第一节 种子活力的概念和作用

(一)种子活力的概念

长期以来,人们多用发芽率来衡量种子的播种品质,但生产中常遇到发芽率与田间出苗率不相符的情况,便试图寻找一种能准确预测种子田间出苗情况的指标,种子活力应这种生产需要被提出。尽管标准发芽试验存在不足之处,但发芽率仍然是种子品质的重要指标,因为发芽试验控制在规定的适宜条件下进行,所以具有高度的重演性和可靠性,即同一样品在不同实验室可以获得比较一致的结果。发芽力对种子交换、收购、销售时的种子品质评定和分级,依旧是非常重要的不可缺少的项目。因此要正确处理发芽试验和活力测定的关系两者不可偏废,也就是说既要重视种子活力的测定,同时不要忽视发芽试验。

Perry(1972)指出:种子活力是一种为基因所决定而为环境因子所改变的生理特性,它决定着种子在土壤中产生幼苗的能力,以及种子适应环境因子范围的水平。因此,活力不仅影响发芽力,而且也可以通过植株的生长而影响到生产潜力。

简单概括地说,种子活力就是种子的健壮度(郑光华,1980),健壮的种子(高活力种子)发芽、出苗整齐迅速,对不良环境抵抗能力强;健壮度差的种子(低活力种子)在适宜条件下虽能发芽,但发芽缓慢,在不良环境条件下出苗不整齐,甚至不出苗。

种子活力、种子生活力和发芽力是种子质量中三个既有区别又互相联系的概念:

1. 种子生活力(viability)

种子生活力是指种子发芽的潜在能力或种胚具有的生命力,亦指一批种子中具有生命力(即活的)种子数占种子总数的百分率。广义的包括发芽力,狭义的指应用 TTC 法鉴别。

2. 种子发芽力(germinating ability)

种子发芽力是指种子在实验室条件下(适宜)发芽并长成正常幼苗的能力,通常以发芽势、发芽率表示。

通常田间条件是不适宜的，即使温度、水分和通气是适宜的，还有土层覆盖的机械压力、土壤微生物和各种动物的干扰。因此田间出苗率常常低于发芽率。

3. 种子活力(vigor)

种子活力是指决定种子和种子批在发芽和出苗期间活性强度及该种子特征的综合表现，在广泛的田间条件下，影响种子快速整齐出苗及长成正常幼苗的全部潜在能力特性总称。

种子活力各方面特性的表现包括：①发芽期间的一系列生物化学变化如酶的反应和呼吸强度。②种子发芽和幼苗生长的速度和整齐度。③田间出苗和生长的速度和整齐度。④在不良的环境条件下种子的出苗能力。活力强度可持续影响植株的生长、作物的整齐度及产量。

高活力的种子一定具有高的发芽力和生活力，高生活力和发芽力的种子，活力有可能很低；具有生活力的种子不一定都具发芽力，能发芽的种子活力也不一定高。

尽管标准发芽试验存在不足之处，但发芽率仍然是种子品质的重要指标，因为发芽试验控制在规定的适宜条件下进行，所以具有高度的重演性和可靠性，即同一样品在不同实验室可以获得比较一致的结果。发芽力对种子交换、收购、销售时的种子品质评定和分级，依旧是非常重要的不可缺少的项目。因此要正确处理发芽试验和活力测定的关系两者不可偏废，也就是说既要重视种子活力的测定，同时不要忽视发芽试验。

(二)种子活力的重要意义

1. 高活力种子具有明显优越性

种子活力是种子重要的品质，高活力种子具有明显的生长优势和生产潜力，选用高活力种子对农业生产有一定的意义。

(1)提高田间出苗率　高活力种子播到田间后出苗迅速、均匀一致，保证全苗壮苗和作物的田间密度，为增产打下良好的基础。因此在农业生产中要选用高活力种子。

(2)抵御不良环境条件　高活力种子由于有较强的生命力。对田间逆境具有较强的抵抗能力。如在干旱地区，高活力种子可适当深播，以便吸收足够的水分而萌动发芽，并有足够能量顶出土面。而低活力种子则在深播情况下无力顶出土面。又如在多雨或土壤黏重的地区，土壤容易板结，高活力种子有足够力量顶出土面，而低活力种子则不能抵抗不良条件而不能出苗。

(3)增强对病虫杂草竞争能力　高活力种子由于发芽迅速、出苗整齐，可以逃避和抵抗病虫为害。同时由于幼苗健壮、生长旺盛，具有和杂草竞争能力。

(4)抗寒力强,适于早播　某些作物生长季节较短,要求提早播种才能保证一定的产量。通常高活力种子对早春低温条件具有抵抗能力,故可适当提早播种。一般在早播条件下可以适当早收和提高产量。对于蔬菜来说早收则可提早上市,并能明显提高市场价格和经济收益。对某些经济作物如烟草等,早收可以提高烟叶质量和等级。

(5)节约播种费用　高活力种子成苗率高。因此可比低活力种子减少播种量。更重要的是低活力种子田间出苗率低,往往播种后缺苗断垄,必须重播,不仅增加种子费用,如果采用机械播种费用更要增加,而且重播还会延误农时而降低产量。高活力种子播后一次全苗,省工省时,节约人力物力。

(6)增加作物产量　高活力种子不仅可以全苗壮苗,且可提早和增加分蘖及分枝,增加有效穗数和果枝,因而可以明显增产。但是产量问题比较复杂,不仅受苗期生长势及植株密度的影响,还受许多其他因素的影响,如栽培条件、气候条件等,因此高活力种子有时未必带来高产。

(7)提高种子耐藏性　高活力种子可以抵御各种贮藏逆境,如高温、高湿等不良环境。因此当需要较长时间贮藏或是作为种质资源保留的种子,最好选用高活力种子。

2.活力测定的必要性

(1)种子活力测定是保证田间出苗率和生产潜力的必要手段　在播种之前,种子使用者不仅要知道种子发芽率,更关心田间出苗率。因为有些劣变种子的发芽力尚未表现降低,但活力却表现降低,影响田间出苗率,往往两批发芽率相同或相近的种子,其田间出苗率有较大的差异。这种情况下对种子活力进行测定,选用高活力的种子对农业生产是非常必要的。

(2)种子活力测定是种子产业中不可缺少的环节　种子入库前,要进行干燥、清选、加工、贮藏处理等环节。如果某些条件不合适,就会使种子变质、机械损伤等,就会降低种子活力,因此,对种子进行活力测定可以及时调节、改善种子干燥、加工处理条件,保持和提高种子活力。

(3)种子活力测定是育种工作者必须采用的手段　育种工作者在育新品种选用亲本时,对亲本的抗逆性,丰产性等综合特性都要进行活力测定,因为作物品种的这些特征特性与种子的活力密切相关,因此要进行活力测定。

(4)种子活力测定是种子生理工作者研究种子劣变生理的必要手段　种子从形成发育到成熟收获直到下一季播种,无时无刻不在发生着变化,生理工作者采用生理生化及细胞学等方面的种子活力测定方法,研究种子劣变机理及改善和提高活力的方法。

第二节 种子活力下降和劣变发生

(一)种子劣变的含义

种子劣变是指种子活力在达到真正成熟时最高，然后便进入活力下降的不可逆变化，这些不可逆变化的综合效应便称为种子劣变。

种子活力下降的速度主要决定于种子收获时期、干燥情况、加工质量及种子的贮藏条件。

(二)种子劣变的形态特征

从外观看劣变具有一定的形态特征，种皮的颜色变深变暗，油质种子走油；种子胚干湿，失去光泽；细胞核异常、染色质结块、细胞器解体、脂质团形成、畸形苗多、苗期延长、整齐度下降。

(三)种子活力与劣变的关系

种子老化变质在于细胞结构与生理功能上的一系列错综复杂的变化，既有物理的又有生理生化的变化，一种变化和另一种变化可能是互为因果的，也可能是齐头并进的。种子在自然老化尤其在高温、高湿或缺氧情况下，细胞代谢失调，受破坏以致有毒物质占主导地位。种子达到生理成熟时就具有最高的生活力和活力，由于种子本身的遗传特性和环境条件的不同，种子活力的降低和劣变程度的增加就会发生明显差异。

(1)活力和劣变是相互作用的两个方面，活力下降，劣变增强。

(2)种子劣变是不可避免的，它从生理成熟就开始，最终达到死亡，活力下降因环境条件而异。

(3)种子劣变是逐渐的、连续的作用，活组织逐渐的、连续的受到损伤直到完全失去恢复生长的能力。

(4)种子的基本变质是细胞膜、细胞器和细胞核内物质作用能力的改变。

(5)种子劣变程度较低时，即在失去发芽力之前，表现发芽速率和生长速率及一致性、健壮度均逐渐下降，且出苗是对环境条件的敏感性增加，即抵抗逆境能力降低。当劣变程度较低时，对种子生活力和发芽力影响不大，而对生活力有影响，因此可用活力测定方法了解变质的程度。

(6)种子劣变结果表现在生产能力降低，最大的危害是种子失去发芽能力，从种子检验的角度看是失去长成正常幼苗的能力，无种用价值。

第三节 种子寿命的含义及种子寿命的差异性

(一)种子寿命的含义

种子寿命指种子在一定环境条件下所能保持生活力的期限。

种子寿命亦为群体概念,指一批种子从收获到发芽率降到50%时所经历的天(月、年)数,又称为半活期,为平均寿命。

半活期是一批种子的死亡高峰期。实质上每个种子都有它一定的生存期限,但是不可能对每个种子进行测定,只能用取样的方法测定种子寿命,是从收获开始,每隔一定时间从种子群体中取出具有代表性的一小部分测一次发芽率。

(二)种子寿命的差异性

植物种子寿命差异极大,因作物的种类不同,从几天到几十年几百年甚至上千年不等。短的数小时,长的上万年。目前发现的最长命的种子是在我国辽东半岛南部一个干涸湖底挖掘出一千多年前的古莲子;北极冻土地带旅鼠洞中发现的羽扇豆,据测定寿命达1万年以上。

种子寿命的差异性由植物本身的遗传特性所决定,如禾谷类种子一般寿命较短,葫芦科种子寿命较长。这种差异还受环境的影响(母株上的生态条件、收获、加工、贮藏、运输中所受的影响),因此同一作物甚至同一品种的种子,由于产地不同,收获及贮藏方法不同,环境因素发生改变,种子的寿命也会随之改变。

(三)种子寿命的影响因素

种子寿命的差异性,归根结底是由种子本身个体发育的状况,如籽粒的大小、饱满度、成熟度及化学组成等,还有其所处的环境造成。若种子贮藏在不良的条件下,很快就丧失生活力。

1.种皮结构

种皮是空气、水分、营养物质进出种子的必然通道,也是微生物侵入种子的天然屏障。凡是种皮致密、色深的种子,其活力保持的时间较长,硬实种子不但种皮致密而且具有不透水性,因而为长命种子。反之,种皮薄、结构疏松、外无保护结构和组织的种子,其寿命较短。禾谷类种子中,有皮大麦比小麦和裸大麦寿命长;豆类作物种子中,花生种子种皮脆而薄,易受损伤,寿命短,劣变快。种子收获、加工、干燥、运输过程中遭受机械损伤严重,其寿命明显下降。种皮的颜色影响到种皮的致密程度和保护性能,深色种皮较浅色品种长。

2. 化学成分

蛋白质、脂肪和糖类是种子三大类贮藏物质，一般含油量高的种子比粉质种子和蛋白质种子难贮藏，劣变速度快，因脂肪较易氧化和水解。凡是种子中脂肪含量高，因其易氧化、酸败，活力降低快，寿命就短，但任何因素都不是绝对的，孤立存在的，若种皮致密，即使脂肪含量高，劣变程度也慢，如芝麻、烟草。

3. 种子的生理状态

生理状态主要包括种子的成熟度及受潮受冻情况。凡是未成熟的种子、受潮受冻的种子，尤其是处于萌动状态的种子，或是发芽后又重新干燥的种子，都是由于旺盛的呼吸作用而寿命缩短，劣变加快。只有当种子在生理上和形态上都达到成熟时，才能达到活力的高峰。受潮受冻的种子可溶性养分增加，水解酶活性增强，新陈代谢加快，活力下降。

4. 种子的大小、饱满度和完整性

同一作物品种的种子，因籽粒的大小、饱满度和完整性不同，其活力和寿命有明显差异。一般凡是小粒、不饱满、破损种子，呼吸强度高于大粒、饱满和完整的种子，其活力保持的时间较短。吸湿性强的种子，含水量和微生物较多，容易引起种子劣变。因此在种子入库前进行种子干燥和清选加工，是保证种子安全贮藏，延长种子寿命的有效方法之一。

5. 胚的性状

在相同条件下，一般大胚种子或胚占整个籽粒比例较大的种子，其寿命较短。因胚部含有大量可溶性营养物质、水分、酸和维生素，是种子呼吸的主要部位。玉米胚较大，是禾谷类种子中难于贮藏的作物。

6. 湿度

种子与周围环境的湿度产生交流而达到自动平衡。如果环境湿度较高，种子将会吸湿而使水分增加，而种子水分是影响贮藏种子寿命的最关键因素。种子水分和种子呼吸强度关系最为密切。当种子出现自由水，呼吸强度激增，种子中的酶活化，使生理过程尤其是物质分解过程加速进行，这样种子难以安全贮藏。因此，种子水分越高种子的寿命越短，种子水分超过安全贮藏水分时，种子寿命大幅度下降。种子水分在5%～14%范围内，每降低1%，种子寿命延长1倍。对许多植物种子来说，最适宜于延长种子寿命的种子水分为1.5%～4%。

7. 温度

贮藏温度是种子寿命的另一关键因素。在水分得到控制的情况下，贮藏温度越低种子的寿命就越长。高温不利于种子安全贮藏，因随温度上升，呼吸强度增加，仓虫和微生物活动及蜡质的氧化和变质加速，种子蛋白质变性，胶体凝聚。若种子水分偏高又处于高温条件下，种子会很快死亡。我国南方种子难以度过夏天就是这个原因。贮藏温度在0～50℃内，每降低5℃，种子寿命也延长1倍。最有利于延长一般作物种子寿命的贮藏温度为－20～－10℃。

8.气体

氧气的存在促使种子呼吸作用和物质的氧化分解加速进行，不利于种子安全贮藏。对于大多数种子来说，采用干燥、低温和密闭的方法可以大大延长种子寿命。但当种子水分和贮藏温度较高的情况下，采用密闭的方法会使处于旺盛呼吸的种子被迫转入缺氧呼吸，产生大量二氧化碳和酒精，使种子很快窒息死亡；顽拗型种子在此条件下也会很快死亡，必须在较高的水分、较高的温度和充足的氧气下可延长种子寿命。

第四节　陈种子的利用

贮藏1年以上的种子常谓之陈种子。陈种子细胞中可能发生各种质的变化，即使仍具发芽力，但活力不强，长出的幼芽往往是畸形，且易死亡，所以在农业生产上，尽可能避免使用陈种子作为播种材料。但据许多报道，关于陈种子的利用价值结论不一，一般作物利用陈种子播种，能使成熟期提高，萝卜用陈种子播种，能抑制地上部徒长而促使地下部发达；蚕豆用陈种子播种，可使植株矮壮，节间缩短，结荚数及荚粒数增加；绿豆和棉花用陈种子播种也发现有增产效果；并认为胡萝卜和瓜类用陈种子播种，不仅能够提高产量，还有利于品质的改善，如胡萝卜色素含量较高，瓜类果实较大而甜等。

陈种子能否在生产上利用？要根据种子的发芽力或是生活力高低来确定。

(1)活力高的陈种子完全可以用，有的能缩短生育期，提高经济产量。

(2)虽为新种子但若活力严重降低，也不能用。

(3)发芽力没有明显降低的种子，即使已经久藏，仍可以在生产上利用。

(4)贮藏不好，生活力和发芽力下降的陈种子不能用。

(5)当种子的发芽率显著下降，特别是下降到50％时，就表明该批种子已经劣变，就不易做种用，更不能作为育种材料和种质资源来保存。因为超过这一界限，种子的自然突变量增加，植株畸形，产量下降。

所以，种子新陈不是能否作种用的指标，唯一可靠的是生活力高低。利用陈种子要进行生活力测定。

【知识延伸】

1. 查阅有关资料，了解种子衰老的机制与进程。

2. 查阅有关资料，了解改善种子活力的措施。调查分析在农业生产中乙烯利对棉花种子活力的影响，撰写一份调查报告。

【课后作业】

1. 什么叫种子活力、生活力、发芽力？

2. 举例说明种子活力在农业生产中的重要意义。

3. 种子寿命的主要影响因素有哪些？

4. 什么叫种子劣变？种子劣变与活力的关系如何？

第七章　种子的物理性质

第一节　种子的物理性在农业实践上的意义

农作物种子的物理性包括两类:一类根据单粒种子进行测定,求其平均值。如硬度、比重、透明度和籽粒的大小等。另一类根据一个种子群体进行测定(种子堆)。如容重、密度、孔隙度及散落性等。种子的物理性在农业生产实践上有它的重要意义。种子的物理性和种子的形态特征及生理生化特性一样,主要决定于作物品种的遗传特性,但在一定程度上受环境条件的影响。如外界环境条件对种子发育的影响,可以从种子的物理性反映出来。又如作物在生育期间遭受干旱和病虫的侵害,则种子内部细胞不致密,有机养料积累不充分,结果种皮发皱,而密度、比重、硬度及散落性降低。反之,作物在适宜的环境条件下生长,则种子籽粒饱满,容重和比重加大,密度和散落性也随之提高。因此,种子物理性的变异情况,可视为外界环境条件综合影响的结果。

种子的物理性和种子的化学成分存在着密切的相关性。例如小麦种子含蛋白质越高,其硬度与透明度加大,油料作物种子含油分愈多,则其比重愈小。一般种子水分愈低则比重愈大,散落性也愈大。

从种子加工和贮藏的角度来看,种子的物理性和清选分级、干燥、运输以及贮藏保管等生产环节都有密切关系。机械化大型仓库中,关于仓库的建筑设计,种子的进出仓及人工加温等,都必须周密考虑种子的物理性,订出具体的计划和技术操作规程,提高效率,保持种子的播种品质。种子的每一个物理特性,并不对工作完全有利。例如散落性大的种子,在实行机械化的清选和运输过程中,非常便利,可以节约很多人力、物力和时间,而对仓库的建筑,就要求有较高的坚固度,才能达到一定的安全标准。又如密度大的种子,可以节约仓库,而对通风换气则不利。又如导热性快的种子,对冷却过程是有利的,而在高温季节,易受环境的影响而发热变质,就变为不利因素。同时种子的物理性还与混杂物的多少有密切的关系。

因此,在农业生产上如何发挥种子的每一种物理性的优点克服在另一方面的缺点,是值得我们深入研究的问题。因此深入了解各种农作物种子的物理性,对做好种子加工贮藏等工作,具有一定的指导意义。

第二节　种子的容重和比重

(一)容重

容重是指单位容积内种子的绝对重量,以克/升(g/L)为单位。种子容重的大小受多种因素的影响,如种子大小、形状、整齐度、种子表面光滑度、内部结构的松紧、含水量高低、含杂质多少以及化学组成的不同而发生变化。凡籽粒细小、参差不齐、外形圆滑、内部充实、组织结构致密、水分含量低、淀粉和蛋白质含量高,并混有沉重杂质时,容重较大,反之较小。

种子容重与水分之间的关系是当水分增高时,种子体积膨大、丰满、摩擦系数增大,容重较小。

容重虽然可作种子品质的数量指标,但由于它所牵涉到的因素较为复杂,测定时必须作全面的考虑,否则可能有时引起误解,而得出与实际情况相反的评定。例如种子收获后由于清理工作做得不够细致,原来品质优良的种子,可能因混有许多轻浮杂质而降低容重,瘦小皱瘪的种子,可能因水分较高而容重反而增大(这一点和饱满充实的种子不同);油料作物种子,可能因脂肪含量特别高,而容重反而较低;水稻种子由于带稃壳,而稃壳表面又往往被盖茸毛,品质优良的水稻种子不一定能从容重反映出来。诸如此类的特殊情况,都应在测定时特别留心,在应用这一结果进行科学分析,以免造成错误结论。过去,种子容重曾列为种子检测的主要项目之一,国标《农作物种子检验规程》已删去这一指标,容重仅在种子重量和体积换算时采用。

(二)比重

种子比重为一定的绝对体积的种子重量和同体积的水的重量之比,换句话说,即种子绝对重量和它的绝对体积之比,就不同作物或不同品种而言,种子比重因形态构造(有无附属物)、细胞组织的致密程度和化学成分有很大差异,就同一品种而言,种子比重则以成熟度和充实饱满度为转移,大多数作物随种子成熟愈充分,内部积累的营物质愈多,则籽粒愈充实,比重就愈大。而油料作物种子恰好相反,种子发育条件愈好,成熟度愈高,则比重愈小,因种子所含油脂随成熟度和饱满度而增加。因此,种子比重不仅是一个衡量种子品质的指标,同时也可在某种情况下作为种子成熟度的间接指标。

种子比重在长期贮藏过程中,尤其在高温高湿条件下,由于连续不断的呼吸作用消耗掉一部分有机养料,结果使比重下降而影响到种用价值。

种子比重可用几种不同的方法测定,其中最简易的一种方法是用有精细刻度的小量筒，内装水约 1/3，记下水面所达到的刻度，然后称 100 g 净种子样品小心放入量筒内，观察水面上升的刻度，即为种子的体积，再代入下式：

$$种子比重=\frac{种子重量(100\ g)}{种子体积(mL)}$$

种子的比重与种子加工贮藏有着密切的关系。如在种子加工贮藏中可以利用种子的比重进行清选分级，利用种子比重与容重的关系，计算种子堆的密度。

第三节 种子堆的密度和孔隙度

种子堆密度是指种粒和固体杂质的体积占种子堆总体积的百分数。种子孔隙度是指种子堆空隙体积占种子堆总体积的百分数。即

$$种子堆密度=\frac{种粒和固体杂质的实际体积}{种子堆总体积}\times 100\%$$

$$种子堆孔隙度=\frac{种子堆总体积-种粒和固体杂质的实际体积}{种子堆总体积}\times 100\%$$

种子堆密度与种子空隙度是两个互为消长的物理特性。一批种子具有较大的密度，其孔隙度就相应小一些。

各种作物种子的密度和孔隙度相差悬殊，品种间差异亦很大。这主要决定于种子颗粒的大小均匀度、种子形状、种皮松紧程度、是否带壳或其他附属物、表面光滑度和内部细胞结构及化学组成。此外还和种子水分、入仓条件及堆积厚度等有关。一般凡带有稃壳和果皮的种子，如稻谷、大麦、燕麦、黍稷、向日葵等其密度都比较小，而孔隙度则相应比较大。种子堆孔隙度与种子加工贮藏的关系主要表现在：种子堆的孔隙度是保证种子堆内气体与外界气体交换的必要条件，是维持种子正常生命活动所必需的内在环境，孔隙度大有利于种子堆内温湿的散发，种子耐贮藏；种子干燥时，可根据种子堆内孔隙度的大小，计算机械干燥种子时的通风量和气体的交换次数，以保证通风干燥效果；在种子贮藏期间，可根据孔隙度大小和所含空气量，计算种子在孔隙中获取氧气的保证率；孔隙度大的种子堆，有助于药剂熏杀仓虫，毒气进出种堆容易，杀虫效果好。

第四节 种子堆的散落性和自动分级

(一)种子堆的散落性

种子堆的散落性是指种子从高处自由落下或向低处移动时，向四周流散的性

能。当种子从一定高度自然落在一个平面上，达到相当数量时，就会形成一个圆锥体，由于各种作物种子的散落性大小不一致，其形成的圆锥体亦有差别。

圆锥体的斜面与底部直径所成之角可作为衡量种子散落性大小的指标，这个角即称为种子的静止角或自流角。种子静止角是指种粒在不受任何限制和帮助下，由高点自然落到水平面上所形成的圆锥体的斜面与锥底平面构成的夹角。自流角是指种子在一斜面上开始滚动直到绝大多数种子滚完为止时的两个斜面和其底部平面所构成的夹角。

种子静止角和自流角的大小，在一定程度上反映了种子的散落情况。静止角大时，种子的散落性小，静止角小时，种子的散落性大，不同作物种子的静止角有差异。

种子散落性的大小和种子的形态特征、混杂物、水分含量、收获后的处理和贮藏条件等有密切关系。凡种子颗粒比较大，形状近球形而表面光滑，则散落性较大，如豌豆、油菜籽等。

种子可由于收获方法不妥善，或清选手续太粗放而混有各种轻浮的夹杂物。如破碎叶片、秆屑、稃壳、断芒、虫尸等，或因操作过程中用力过猛而致种子发生损伤脱皮，压扁碎裂等情况，则散落性大为降低，为贮藏运输及人工干燥等生产环节造成许多困难。

种子的水分含量较多，则颗粒间的摩擦力愈大，而散落性则相应减小；若用静止角表明这一关系，则呈正相关的趋势。

种子在贮藏过程中，散落性也会逐渐发生变化。例如贮藏条件不适当，以致种子回潮、发热、发酵、发霉或发生大量仓虫，则散落性会显著下降，尤其经过发热、发酵、发霉的种子，严重时成团结块，有时使整个种子堆形成直壁，完全失去散落性。所以种子在贮藏过程中，如定期进行检查散落性变化情况，则可大致预测种子贮藏的稳定性，以便必要时采取有效措施，避免拖延误时，造成意外损失。

(二)种子堆的自动分级

种子堆的自动分级是指种子堆在移动或震动时，各个组成部分受到外力和本身物理特性的综合作用，发生相对位移而从新分配，即性质相近似的组成部分，趋向聚集于相同部位，而失去它们整个种子堆里原来的均衡性，结果使不同部位的种子在品质上和成分上增加了差异程度。自动分级对种子检验的扦样技术上造成一定困难，大大影响检验结果的准确性。

种子堆在入、出库和运输时，都会发生自动分级现象，种子堆中央部分比较饱满充实的种子首先出来，而靠近仓壁的瘦小种子和轻浮杂质后出来，结果使种子品质因出仓先后不同而发生很大差异。发生的程度主要与种子堆的移动方式、距离、落点高低、流动速度有关。一般种子堆愈大、移动距离愈远、落点愈高、流动速度愈快，则自动分级愈严重。在用汽车、火车进行长距离运输时，种子在不断振动的影响下，也会发生自动分级。饱满度差、带稃壳和虫蛀的种子以及轻浮夹杂物多聚集在种子表面，好种子则在底部。

自动分级对种子加工贮藏的影响主要表现在：使种子堆各个组成部分的均衡性降低，某些部位积聚过多的杂草种子、瘪粒、破碎粒和各种杂质，吸湿性增强，引起回潮发热以及仓虫和微生物的活动，妨碍种子的安全贮藏；同时也在很大程度上影响种子取样的代表性和检验结果的正确性。另外，在自动分级严重的情况下，还会使种堆的孔隙度大小不一，影响药剂熏蒸效果。但在生产实践中，有许多清选工具和方法是利用种子自动分级这一特性设计的。例如利用簸箕颠除种子中所混杂的空瘪种子、轻浮细小杂质，利用筛子的旋转或前后摇摆运动将比重不同的种子和杂质分离等。

种子堆由于发生自动分级的结果而增高异质性，在很大程度上影响种子检验的正确性，必须改进取样技术，以免从中抽得完全缺乏代表性的样品。在操作时，应严格遵守技术规程，选择适当部位，增加点数，分层取样，使种子堆各个组成部分有同等被抽得的机会。而检验结果能反映出种子品质的真实情况。

总之，在生产上要彻底防止由于种子自动分级所造成的各种不利因素，首先必须从提高进仓清选工作的技术水平、除尽杂质、淘汰不饱满或不完整的籽粒着手，使种群基本上达到纯净和整齐一致，以杜绝自动分级发生的可能性。

第五节　种子的导热性和热容量

(一)种子堆的导热性

种子堆是不良导体，因为种子的籽粒本身是浓缩的胶体，具有一定的导热性能。种子堆的导热性就是指种子堆传递热量的性能。热能在种子堆内的传导方式，主要有两种：一种是靠籽粒间彼此直接接触的相互影响而使热能逐渐转移，进行速度是非常缓慢的，另一种是靠籽粒的间隙，虽然气体的流动使热能转移，这在一般情况下，由于种子堆内的阻力很大，气体流动不可能很快，因此热能的传导也受到很大限制。但在某些情况下，如种子通过烘干机械或进行热通风时，空气在种堆里可以高速度连续对流，则热能的传导过程发生剧烈变化，热传导速度显著加快。

种子的导热性的强弱通常用热导率来表示。种子的热导率是指单位时间内通过单位面积静止种子堆的热量。在一定时间内，通过种子堆的热量是随着种堆表层与深层的温差不同而有所不同，种层之间温差愈大，则通过种子堆的热量愈多，热导率也愈高。热导率的大小还决定于种子的导热系数。种子的导热系数是指 1 m 厚的种堆，当表层和底层的种子温差为 1℃时，在每小时内通过该种子堆每平方米表层面积的热量，其单位是 kJ/(h·m·℃)。

作物种子的导热系数一般都比较小，多在 0.418～0.836 kJ/(h·m·℃)之间，并随种温和水分变化而有增减。在相同的温度条件下，水的导热系数较大，空气的导热系数较小。如在 20℃时，水的导热系数为 2.13 kJ/(h·m·℃)，空气则为 0.091 kJ/(h·m·℃)，而一般作物种子的导热系数则介于二者之间。由此可以推知在密闭条件下贮藏种子，含水量愈高，其导热系数愈大，热导率愈高，传导速度也愈快。此外，种子堆的热传导还与种堆的孔隙度有关，孔隙度大的，热传导慢，即干燥而疏松的种堆不易受外界高温的影响，种温比较稳定；反之，孔隙度小、紧密而潮湿的种堆则容易受外界环境温度变化的影响，种温波动较大。这种现象在春、夏季种子贮藏中表现尤其明显。

导热性和贮藏有着密切关系。种子是热的不良导体，导热性差，在贮藏期间可利用这一特性，为安全贮藏服务，如在春暖气温回升时，将仓库密闭起来，种子则可以利用冬季低温安全度夏；在大型仓库中要注意入库种温保持基本一致，以防由于种堆内温度不一致，产生局部高温而引起水分转移，使局部种子吸湿回潮，发热霉变。

(二)种子的热容量

种子的热容量是指 1 kg 种子升高 1℃或降低 1℃时所需的热量，单位是 kJ/(kg·℃)。种子热容量的大小决定于种子的化学成分(包括水分在内)及各种成分的比率。相关资料表明：水的热容量高出干物质的热容量的 1 倍以上，所以种子的水分越高，其热容量愈大。

热容量的计算方法　种子的热容量是种子干物质的热容量和水分热容量之和，因此计算公式为：

$$C=\frac{C_0(100-V)+V}{100}$$

式中：C 为含有一定水分的种子热容量；C_0 为种子绝对干燥时的热容量；V 为种子含水量(%)。

了解种子的热容量，可以计算出一定量的种子在秋冬季贮藏期间放出的热量，并可根据热容量、热导率和当地的月平均温度来预测种子的冷却速度。通常一个能容 50 万 kg 种子的中型仓库，种温从进仓时 20℃以上降到冬季 10℃以下，要放出许多热量。同样,在春夏季种温随气温的上升,也要吸收大量的热量。因此,在前一种情况下应装置通风设备以加速降温,在后一种情况下密闭仓库以减缓升温,这样才能使种子长期处在较低的温度条件下,进行缓慢的生理活动,提高其耐贮性。新收获的种子水分较高,热容量较大,应避免直接进行烘干,最好先在田间或晒场上进行预干燥后再加温干燥。

第六节 种子的吸附性和吸湿性

(一)种子的吸附性

种子的吸附性是指种子吸附各种气体、异味或水蒸气的性能。种子是含有多孔性毛细管结构的生物胶体,具有吸附其他物质气体分子的能力,当它们与挥发性农药、化肥、汽油、樟脑等物质贮藏在一起时,种子的表面和内部将逐渐吸附此类物质的气体分子,且气体的浓度愈高、贮藏的时间愈长,吸附量愈大。种子吸附气体或水蒸气能力的大小叫"吸附容量"。单位时间内吸附气体水蒸气的数量叫做"吸附速度"。种子的吸附作用通常按吸附深度的不同划分为三种形式,即吸附、吸收和毛细管凝结(化学吸附)。当一种物质的气体分子凝结在种子胶体的表面叫吸附(吸着);此后气体分子进一步扩散到种粒内部,被毛细管表面所吸附称为吸收(吸入);当被吸入的气体分子在种粒毛细管中逐渐增多达到饱和状态并开始凝结为液态的现象称为毛细管凝结。这部分进入毛细管内部的气体分子,渗透到细胞内部与亲水胶体微粒密切结合,进而与种子内的有机物质起化学反应,形成一种不可逆的新相,故也称为化学吸附。

在生产实践中,就种子来说这几种吸附形式几乎同时存在,很难严格地加以区分,因此常把这些过程总称为"吸附作用"。相反,在一定条件下被吸附的气体或水蒸气,又能部分或全部散发到大气中去,这一过程是吸附作用的逆转,称为解吸作用。一个种子堆在整个贮藏过程中,所有的种粒对周围环境中各种气体不断地进行着吸附与解吸作用。如果环境条件固定不变,这两个相反的作用就可达到动态平衡状态,即在单位时间内吸附和解吸的气体数量恰好相等。

种子吸附能力的大小,主要与种子的形态、结构、吸附表面积、气体浓度和温度等因素有关,一般种皮表面粗糙、皱缩、组织结构疏松、含蛋白质多、胚部较大或表面露出较多的种子,其吸附表面积较大,吸附能力较强;相反则较弱。在种粒吸附能力相同的情况下,其吸附量则主要受气体浓度和吸附温度的影响。在温度不变的条件下,种子的吸附量随气体浓度的增加而增加,但当浓度增至一定数值时,种子的吸附量逐渐减少,以致不再改变;在气体浓度不变的条件下,种子吸附量随温度下降而增加，随温度上升而减少接触，如二氧化碳、水蒸气和有关杀虫剂等，对这些气体的吸附，应通过贮藏技术加以控制和调节。对其他一些有毒的气体和物质，如汽油、煤油、毒物等气体的吸附应绝对禁止，因为这些气体的吸附，轻则使种子发芽力下降，重则造成种子死亡。总之，种子仓库中要严禁存放易挥发的有毒物质。在种子贮运过程中，也要对贮藏环境和运输工具进行检查、清洗、隔离以及采取其他措施，避免种子污染。

(二)种子的吸湿性

种子的吸湿性是指种子对水汽的吸附和解吸的性能。它是吸附性的一种具体表现。种子吸湿性的强弱主要与种子的化学成分和细胞结构有关。种子含亲水胶体较多，其吸湿性较强；含油脂较多，其吸湿性较弱。此外禾谷类作物种子的胚部因含有较多的亲水胶体物质，其吸湿性大于胚乳部分。

贮藏中的种子时刻都在进行着水汽的吸附和解吸作用，随时影响着种子水分的稳定性。因此了解种子的吸湿性对指导种子安全贮藏有着重要的意义。如在潮湿多雨的季节，种子吸湿剧烈，体内自由水分增多，细胞体积增大，籽粒内部生理生化过程趋向旺盛，往往会引起种子发热变质，特别是禾谷类作物种子的胚部，更易吸湿回潮产生霉变，所以此时应严格控制种子的吸湿，防止发热霉变；反之，在高温干燥的季节里，种子会失水干燥，此时对高水分的种子进行晾晒或通风，则能起到降水干燥的作用。

【知识延伸】

上网查阅，了解种子贮藏期间化学成分的变化。

【课后作业】

1. 种子的物理性在农业生产实践中的有何意义？

2. 根据种子堆物理性质，可以采取哪些措施减少种子自动分级，保证种子批质量均匀一致。

第八章 种子检验技术基本知识

第一节 种子检验的意义

随着农业生产的发展，种子在农业增产增收中所起的作用越来越重要，种子质量对农业生产和整个国民经济的影响也日益增大。我国把实施“种子工程”作为“九五”期间乃至2010年种子工作的中心任务，使传统的种子业向生产专业化、经营集团化、管理规范化、“育繁推销”一体化、生产用种商品化转变。为了实现种子质量标准化，确保种子质量，必须在生产时，进行严格的田间检测，贮藏时进行出入库检测，销售或播种时也要进行检测。因而种子检测贯穿种子产业的全过程，是确保种子质量的重要环节。其意义可归纳为以下几点。

1.保证种子质量，提高作物产量

通过检验，了解种子质量优劣，从而防止劣种播种，播种优质种子，才能确保全苗、壮苗、优质、高产。

2.贯彻优质优价政策，促进种子质量的不断提高

通过种子检验，对种子质量作出正确的评价，才能按国家种子分级标准，按质论价，对质量欠佳的种子提出处理意见，改善和提高种子质量。

3.保证种子贮藏运输的安全

通过种子检验，掌握种子的水分、杂质和病虫害等情况后，根据贮藏和仓库条件，或根据运输沿途与目的地的气候条件等因素，按照科学的安全贮藏运输要求结合检验结果采取相应的贮藏或运输措施。防止在运输过程中种子发热、霉变、生虫、降低种子质量，造成损失。

4.防止病虫杂草种子的传播蔓延

通过检验如发现有检疫性病、虫、草害（如毒麦、水稻细菌性条斑病等）的种子应立即停止使用和调运，并就地处理，防止病、虫、草害的蔓延。对非检疫对象的病虫、杂草种子，如含量超过标准规定，应提出处理意见，处理合格后可调运销售。

5.有利于贯彻种子法，防止伪劣种子流通，保护农业生产安全和农民的利益

通过种子检验，限制不合格种子的销售，防止伪劣种子在市场上流通，防止农业生产大面积受害，确保农业生产安全和农民的利益。

6. 推行种子标准化和实施种子法的保证

建立健全种子检验体系和种子质量管理法规，通过种子检验工作，加强监控体系建设，顺利推行种子质量标准化，确保《种子法》的实施。

可见，种子从生产到销售的任何环节都离不开检验工作。检验工作始终贯穿于种子工作的全过程，与种子生产、加工、贮藏、经营等各项工作相互制约、相互促进、相互配合。

第二节 种子检验的含义和内容

(一)种子检验的含义

种子检验是指采用科学的技术和方法，按照一定标准，运用一定的仪器设备，对种子样品质量进行分析测定，判断其优劣，评定其种用价值的过程。也是判断种子品质优劣的一门科学技术。

农业生产中最大的威胁就是播下的种子没有生产潜力，开展种子检验工作就是为了播种前评定种子质量，使这种威胁降到最低限度，确定种子在生产上的使用价值。种子检验是保证农作物种子具有优良品质的必要手段和实现种子标准化的根本措施。种子检验对象是农作物种子，主要包括植物学上的种子和果实。其目的在于通过对品种的真实性(或典型性)和纯度、净度、水分、发芽率、生活力、千粒重、容重及健康状况等项目进行测定，评定种子的使用价值，为贮藏、运输、加工、推广、销售、引种、商品交换提供科学依据。开展种子检验的最终目的就是选用高质量的种子播种，杜绝或减少因种子质量的原因造成的缺苗、减产的风险，减少盲目性和冒险性，充分发挥品种的优良特性，保证农业生产安全。

(二)种子检验内容

种子检验的内容包括品种品质和播种品质两个方面。品种品质是评定种子品质优劣的标准之一。指作物种子与遗传特性有关的品质(即种子的内在品质)，可用真、纯两个字概括。在净度、发芽率、病虫害、含水量、千粒重和容重等方面的质量。播种品质的优劣会影响出苗率及幼苗的健壮程度，是指种子播种后与田间出苗有关的品质(也即种子的外在品质)，可用净、壮、饱、健、干 5 个字概括。播种品质高的种子，应发芽率高，无病虫害，含水量、千粒重和容量等符合规定标准。

真：是指种子的真实可靠的程度，可用真实性表示，如果种子失去真实性，不具备原来种子的优良特性，危害小则不能丰产，重则颗粒无收。

纯：是指品种典型一致的程度，可用品种纯度表示。品种纯度高的种子具有该品种的优良特性而获得丰产。若品种纯度低的种子由于其混杂退化而明显减产。

净:是指种子的清洁干净的程度。可用净度表示。种子净度高表明种子杂质含量少,净种子含量多。净度是计算种子用价的指标之一。

壮:是指种子发芽出苗齐壮的程度,可用发芽力、生活力、活力表示。生活力、发芽力高的种子发芽出苗整齐,活力高的种子则田间出苗率高,幼苗健壮,同时可减少播种量。发芽率也是种子用价的指标之一。

饱:是指种子充实饱满的程度,可用千粒重表示。种子充实饱满表明种子中贮藏物质丰富,有利于种子发芽和幼苗生长。种子千粒重也是种子活力指标之一。

健:是指种子的健全完善的程度,通常用病虫感染率表示。种子病虫害直接影响种子发芽力和田间出苗率,并影响种子的生长发育和产量。

干:是指种子干燥耐藏的程度。可用种子水分百分率表示。种子含水量低,有利于种子安全贮藏和保持种子的发芽力和活力。因此,种子含水量与播种品质密切相关。

综上所述,种子检验的内容包括种子真实性、品种纯度、净度、发芽力(生活力)、活力、千粒重、容重、种子水分和种子健康状况等。实际上,种子检验就其内容而言,可分为扦样、检测和结果报告三部分,扦样是种子检验的第一步,由于种子检验是破坏性检验,不可能将整批种子全部进行检验,只能从种子批中随机抽取一小部分相当数量的有代表性的供检测用的样品。检测就是从具有代表性的供检样品中分取试样,按照规定的程序对包括水分、净度、发芽率、品种纯度等种子质量特性进行测定。结果报告是将已检测质量特性的测定结果汇总、填报和签发。

(三)种子检验的分类

种子检验从职能上分为内部检验、监督检验、仲裁检验和委托检验。内部检验又称为自检,是种子的生产单位、经营单位或使用单位,对所生产和经营的种子进行检验,以了解其种子质量的高低。监督检验是依据国家有关质量的法律,政府有关质量的法规、规章,国民经济计划,对种子生产企业的质量从程序、方法、条件、产品过程和服务进行连续评价,并按规定标准进行检测、鉴定、分析,也叫质量监督检验。仲裁检验是指经省级以上质量技术监督部门或者授权的部门考核合格的质量检验机构,在考核部门授权其检验的产品范围内,根据申请人的委托要求,对质量争议的种子进行检验,出具仲裁检验报告的过程。以上三者虽然检验的目的不同,但都发挥着一个共同的作用,即控制和保证种子的质量。委托检验,一是对需要进行种子质量检验的单位或个人,因自己不具备检测条件而将检验样品或受检批次委托有检测条件或上一级检验机构进行质量检验;二是对有质量争议的种子由种子管理部门、司法机关、工商局、消协对授理有质量争议的案件,委托法定的检测机构进行检验和鉴定。

种子检验从检测时期上分为田间检验、室内检验和小区种植鉴定。田间检验是在作物生长期间，根据植株的特征、特性，对田间的纯度进行测定，同时对异品种、异作物、杂草、病虫感染、生育情况、倒伏程度等项目进行调查。室内检验是种子收获以后到收购现场或仓库扦取种子样品进行检验。室内检验的内容较多，包括种子真实性、品种纯度、净度、发芽率、生活力、活力、千粒重、水分及病虫害等。小区种植鉴定是将种子样品播到田间小区中，以标准品种为对照，根据生长期间表现的特征、特性，对种子真实性和品种纯度进行鉴定，这是纯度鉴定最为可靠的方法。从总体来看，田间检验是种子田生产过程的检验，室内检验、田间小区种植鉴定是从种子到种子全过程的检验。

国家标准《农作物种子检验规程》规定，种子的真实性和纯度、净度、发芽率、水分含量为种子质量的必检指标。这些指标是判定种子合格与否的关键，必须是所有指标合格的种子才能判定为合格种子，一项指标不合格的种子即为不合格种子。同时还要进行种子的健康测定。

(四)种子检验的作用

种子质量的宏观控制由种子检验、种子认证和种子法规三大部分组成，种子检验是种子质量控制的手段之一。具体说种子检验有以下作用：

1. 把关作用

通过种子质量检验，杜绝或尽可能减少伪劣种子用于生产，保证繁种材料的质量，防止病、虫、杂草的传播蔓延。充分发挥栽培品种的丰产特性，选用高质量的、符合质量标准的种子播种，确保农业生产安全，避免不符合要求的种子流向市场，用于生产。

2. 预防作用

通过对种子生产过程中原材料(如亲本)的过程控制、购入种子的复检以及种子贮藏、运输过程中的检测等，可以防止不合格种子进入下一过程，保证实现种子质量标准化。保证种子加工、贮藏运输的安全，在运输过程中防止不合格种子流向下一过程。

3. 监督作用

检验经营贸易中的种子质量，贯彻优种优价政策，通过对种子的监督抽查、质量评价等形式实现行政监督的目的，监督种子生产、流通领域的种子质量状况，打击假劣种子的生产经营行为，促进种子质量的不断提高，把假劣种子给农业生产带来的损失降低到最低程度。

4. 检验结果的报告作用

是调节种子纠纷的重要依据。法定的检验机构出具的检测结果报告是判定种子质量优劣的依据，对及时调节种子纠纷有重要作用。同时对生产、销售低劣种子的企业进行整改，提高重视种子质量的意识。

第三节 种子质量分级

我国现行的《农作物种子分级标准》中规定，种子质量分级标准以纯度、净度、水分、发芽率四项指标为主，其中，品种纯度是划分种子级别的重要依据，作为种子收购、经营分级定价的依据。

(一)常规种

品种纯度达不到原种指标的降为良种，达不到良种指标的为不合格种子。净度、水分、发芽率其中一项不达标即为不合格种子。

(二)杂交种

品种纯度达不到一级良种指标的降为二级，达不到二级良种指标的为不合格种子。净度、水分、发芽率其中一项不达标即为不合格种子。

(三)种子质量分级标准

主要作物种子质量指标见表 8-1。

表 8-1 主要作物种子质量指标(%)

名称	项目	级别	纯度 不低于	净度 不低于	发芽率 不低于	水分 不高于
水稻	常规种	原种	99.9	98.0	85	13.0(籼) 14.5(粳)
		良种	98.0			
	不育系、保持系、恢复系	原种	98.9	98.0	80	13.0
		良种	99.0			
小麦		原种	99.9	98.0	85	13.0
		良种	99.0			
大麦	皮大麦 裸大麦	原种	99.9	98.0	85	13.0
		良种	99.0			
玉米	单交种	一级	98.0	98.0	85	13.0
		二级	96.0			
	双交、三交种	一级	97.0	98.0	85	13.0
		二级	95.0			
	自交系	原种	99.9	98.0	85	13.0
		良种	99.0			
	常规种	原种	99.9	98.0	85	13.0
		良种	97.0			

续表 8-1

名称	项目	级别	纯度不低于	净度不低于	发芽率不低于	水分不高于
高粱	不育系、保持系、恢复系	原种	99.9	98.0	75	13.0
		良种	99.0			
豆类	大豆	原种	99.9	98.0	85	12.0
		良种	98.0			
	蚕豆	原种	99.9	98.0	90	12.0
		良种	97.0			
棉花	毛籽	原种	99.0	97.0	70	12.0
		良种	95.0			
	光籽	原种	99.0	99.0	80	12.0
		良种	95.0			
麻类	黄麻	原种	99.5	98.0	90	12.0
		良种	96.0			
	红麻	原种	99.0	98.0	80	12.0
		良种	97.0			
	亚麻	原种	99.0	96.0	85	9.0
		良种	97.0			
油料作物	油菜 亲本	原种	99.0	97.0	80	9.0
		良种	97.0			
	油菜 杂交种	一级	90.0	97.0	80	9.0
		二级	83.0			
	油菜 常规种	原种	99.0	98.0	90	9.0
		良种	95.0			
	芝麻	原种	99.0	97.0	85	12.0
		良种	97.0			
	花生	原种	99.0	98.0	75	10.0
		良种	96.0			
	向日葵	原种	99.0	97.0	85	12.0
		良种	96.0			
瓜菜类	西瓜 杂交种	一级	98.0	99.0	90	8.0
		二级	95.0			
	西瓜 亲本	原种	99.7	99.0	90	8.0
		良种	99.0			
	冬瓜	原种	98.0	99.0	70	9.0
		良种	96.0		60	

注：长城以北和高寒地区的稻、高粱、玉米水分允许高于13%，但低于16%。调往长城以南的种子(除高寒地区外)水分不高于13%。

第四节 容许误差

种子检验是通过抽样检验的，无法通过检测群体来判定种子批的质量，因此，扦取代表性的样品来估测种子批的质量状况。这就涉及到利用样本来推测总体的过程，即存在容许误差问题。

(一)容许误差及相关的概念

GB/T 3543.1—1995 规定的容许误差表比较全面，这些表格都有其适用的条件，如果不严格按照规程规定的条件进行操作，这些表格就不再适用。

(1)容许误差　两值之间所能容许不显著的最大差异，两值可以是两个估测值或一个规定值和一个估测值。

(2)估测值　检测种子样品所获得的某一质量特性(如发芽率、纯度、净度等指标)的测定值。

(3)规定值　在法律、条例、标准或合同中规定的种子质量指标所能容许的最低值（如发芽率)或最高值。

(4)一尾测定　用来确定一个“估测值”是否显著低于“规定值”，也可以用来确定“第二个估测值”(通常是买方或官方验证的值)是否显著低于“第一个估测值”(通常由卖方标明或测定的值)。这种先固定一个参数，用另一个参数与之相比，确定有无显著差异的测定就是一尾测定。

(5)两尾测定　用来确定一个值是否显著高于还是低于另一个值，或反过来确定两个估测值是否相一致。这种两个参数间相互比较，确定两个参数间有无显著差异的测定就是两尾测定。

(二)检验数据表示的含义

种子检测结果主要用于两个方面，这两个方面表示的含义有所不同。

1.估测种子批质量

用于估测种子批质量一般采用置信区间表示，若某一种子批采用 400 粒试样进行发芽试验，平均结果是 90%，其检测报告可以这样表述:“测定 400 粒种子，发芽率为 90%，因扦样差异，该批种子的发芽率在 99%，置信区间表明可能低至 85%或高达 93%”;净度分析时，若在 50 g 试验样品中发现 6 粒某一种类的杂草种子，其概率是 95%的置信区间为 2.20～13.06 粒种子，检测报告可这样表述:“在 50 g 样品中发现 6 粒某一种类杂草，但是在种子批中，每 50 g 平均数目可高达 13 粒”。一个最典型的例子是，在测定危害性杂草种子时，有时样品检测结果为零，这时绝不能推断种子批的结果为零，只能表述为在种子检验样品检测时未检测到该危害性杂草种子，否则，检测机构可能会遇到麻烦，容易被上告。

2. 估测值判别或比较

通过二尾或一尾测定来判别检测后的估测值是否与规定值或另一个估测值相一致。

(三)检验数据差异的来源

种子检验的检测数据受到多方面影响，存在较大的差异。主要差异来源来自下列几个方面：

1. 扦样所引起的差异

种子批若是均匀的，并且是按检验规程进行扦样的，那么这种差异就是随机扦样差异。随机扦样差异是由从种子批中扦取初次样品、送验样品制备以及试验样品制备过程中所引起的差异。

2. 种子批质量不同所引起的差异

种子批质量的越低，异质性越大，随机扦样差异的机会越多，如发芽率为95%，标准差是2.1这时扦样差异的范围就是±6.5。

3. 检测样品大小所引起的差异

种子样品大小增加，差异减少，结果就越可靠。样品从100粒增加到400粒，误差减少一半；从200粒增加至800粒，误差又减少一半。检验规程规定的发芽试验试样为400粒，兼顾了相对较低误差和较低费用。

4. 检验员水平差异以及不一致评价引起的差异

检验员水平高低和认真、敬业程度不同，不同检验员对同一种子批得出不一致的评价所造成的差异。

5. 试验条件和试验方法引起的差异

种子批若是均匀一致的，而且是按现行规程所规定的方法进行扦样和分样的，那么前三者的差异主要是随机扦样差异，这种差异可以用数理统计模式进行估算，后两者由检验员和试验条件所引起的差异可以凭经验进行修正。

以上五方面差异可以采取一些措施对误差加以控制，如严格控制试验条件；对检验方法和样品大小标准化；采用准确的扦样程序；提高种子检验员水平。即使这样，仍然存在着差异。这主要是由于随机扦样误差，检测中未考虑的一些未知因素，以及样品内的生物差异等。所以，检验员应该知道哪些差异是可以接受的，哪些试验或重复间的显著差异是不能接受的。

(四)GB/T 3543.1—1995 中规定的四种容许误差及其用法

1.同一检验室同一送验样品重复间的容许误差

GB/T 3543.1 —1995 中 6.1 条所规范的容许误差属于两尾测定,适用于同一检验室同一送验样品重复间的检验,检查其差异是否显著时应注意,若遇到这样的情况:发芽试验的四个重复为 83、88、87 和 64,按照 GB/T 3543.4 进行计算,就超过了容许误差。而在试验期间发现第四个重复有误(如发芽床很干),在这种情况下,可以把第四个重复去掉。这样三个重复的平均值为 86%,这时容许误差须查 GB/T 3543.7—1995《农作物种子检验规程其他项目检验》中的表 2,查"3 次重复"栏,得其容许误差为 13,所以这三个重复是在容许范围内。

2.从同一种子批扦取同一或不同送验样品,经同一或另一个检验机构检验,比较两次结果是否一致

GB/T 3543.1—1995 中 6.2 条所规范的容许误差属于两尾测定,即比较两个估测值是否一致。在种子检验中经常使用,特别是下列两种情况:一是适用于重新试验。如发芽试验第一次试验结果超过容许误差,重做第二次试验结果要与第一次试验结果进行比较,若是一致的,最后的填报结果为两者的平均值;二是适用于核对检查。在日常种子检测工作中应用广泛,如为了保证检测结果的准确性,一位检验员分析后,另一位检验员进行核对检查,这种核对检查广泛用于认可扦样员、检验员的资格和能力,认可的扦样员或检验员对一批种子扦样或检验后,官方扦样员或检验员对同一种子批再进行扦样或检验,以核查认可的扦样员或检验员所掌握的扦样、检验技术能力和工作的独立性,这在国际种子质量认证中已得到广泛应用。

3.从同一种子批中扦取的第二个送验样品,经同一或另一个检验机构检验,所得结果较第一次差

GB/T 3543.1—1995 中 6.3 条所规范的容许误差属于一尾测定,一般第一个估测值是卖者测定或是在标签、发票、国际证书上所标明的值,第二个估测值是第二个送验样品的检测值,一般第一个估测值测定在第二个估测值之前。这种情况用于对种子质量有争议、检测等级是否符合要求等方面经常使用,重新扦样、检测,确认是否存在显著差异。

4.抽检、统检、仲裁检验、定期检验等与种子质量标准、合同、标签等规定值比较

GB/T 3543.1—1995 中 6.4 条所规范的容许误差属于一尾测定。种子批的一个估测值得出后,与规定值比较,验证是否符合标准要求。看上去这种情况比较

容易理解，但实际上涉及两类错误问题。

从总体到样本的方向，即抽样分布问题；而从样本到总体的方向，就是要从一个样本或一系列样本所得结果去推断其总体结果，即统计推断问题。统计推断包括参数估计和统计假设测验两个项目。从一个样本或一系列样本所得结果去推断其总体结果，由于作出判断的依据是一个样本，也就是由部分来推断整体，因而假设检验不可能绝对准确，它可能要犯错误。其可能性大小，也是以统计规律性为依据的，所可能犯的错误有两类：

第一类错误是：原假设 Ho 符合实际情况，而检验结果把它否定了，这类错误称为弃真错误。

第二类错误是：原假设 Ho 不符合实际情况，而检验结果把它肯定下来了，这类错误称为取伪错误。

每张容许误差表都规定了显著水平，它是指犯第一种错误的概率，也就是拒绝好种子批的风险。显著水平高比显著水平低意味着更严格的要求，因为它规定两值比较的容许误差值更小。

第五节　检验报告填写要求

一、检验报告的格式

种子检验报告单是指按照 GB/T 3543.1—3543.7 进行扦样与检测而获得检验结果的一种证书表格。

报告编号：________

报告总页数：4

检验报告

产品名称：________

受检单位：________

委托单位：________

检验类别：委托检验

检验机构全称

注 意 事 项

1.报告无“检验报告专用章”或单位公章无效。

2.复制报告未加盖“检验报告专用章”无效。

3.报告无批准、审核、制表签章无效。

4.报告检验数据及结论涂改无效。

5.委托检验非本中心抽样,仅对来样负责;由本中心抽样,仅对该批产品质量负责。

6.收到检验报告之日起一年之内不领取的样品按弃样处理。

7.对检验报告若有抱怨,请于收到报告之日起十五日内向本中心提出。

地　　址:检验机构地址
电　　话:×××××××
邮政编码:××××××

农作物种子检验报告

产品名称		型号规格	
		商　　标	
受检单位		检验类别	
生产单位		样品等级	
抽样地点		抽到样日期	
样品数量		抽样者	
抽样基数(或面积)		原编号或生产日期	
种子批号		样品状态	

检验依据		检验项目	
检验结论	(检验报告专用章) 签发日期:年 月 日		
备注			

批准: 审核人: 主检:

检验结果报告单

工作令号:CCYY—MM—DD

报告内容					
检验项目	计量单位	标准要求(数值)	实测结果(数据)	单项判定	备注
品种纯度	%				
净 度	%				
发芽率	%				
水 分	%				
重量测定	g				

二、签发检验结果报告单的条件

1. 签发检验报告的机构是目前从事检测工作并且是考核合格的机构

签发检验报告的机构必须有专门从事种子检验的工作人员和检验仪器设备、场所,目前从事种子检测工作,并通过能力考核合格的种子检验机构。

2. 被检种属于检验规程中所列举的一个种

本条规定了检测能力的产品范围。明确规定如要出具农作物种子检验报告,其种子只能属于 GB/T 3543.2—1995 表 1 中所列举的 124 个种类中的一种，不能签发未列入检验规程的种或检验规程中列入种的混合种的检验报告。

3. 检验必须是按 GB/T 3543.2—1995 规程规定方法进行的

4. 种子批与规程规定的要求相符合

种子批的每个容器必须封口，并有批号。这样检验报告才能与种子批联系起来，实现可追溯性。

5. 送验样品是按规程要求扦取和处理

报告上的检测项目所报告的结果只能从同一种子批同一送验样品所获取，供水分测定的样品需要防湿包装。

三、检验报告单内容和要求

1. 检验报告内容

(1)标题

(2)检测机构的名称和地址

(3)用户名称和地址

(4)扦样及封缄单位的名称

(5)报告的唯一识别编号

(6)种子批号及印章

(7)来样数量、代表数量

(8)扦样时期

(9)检测机构接收样品时间

(10)样品编号

(11)检验时间

(12)检测项目及结果

(13)有关检验方法说明(附加程序或差异的地方)

(14)对检验结论说明

(15)签发人

2. 检验报告要求

检验报告应符合以下要求：①报告内容中的文字和数据填报，最好采用电脑打印而不用手写。②报告不能有添加、修改、替换或涂改的迹象。③在同一时间内，有效报告只能是一份(检验报告一式两份，一份给予委托方，另一份与原始记录一同存档)。④检验结果报告要为用户保密，并作为档案保存 6 年。⑤检验报告的印刷质量要好。

检测结果要按照规程规定的计算、表示和报告要求进行填报，如果某些项目没有测定而结果报告单上是空白的，那么应在这些空格内填上“—N—”表示“未检验”。

若在检验结束前急需了解某一测定项目的结果，可签发临时结果报告单，即在结果报告单上附有“最后结果报告单将在检验结束时签发”的说明。

四、检验报告的填写

(一)表头信息的填写

(1)签发检验报告的单位名称和地址应写全称，不能用简称。

(2)日期按照国际标准化组织(ISO)规定的格式填写：CCYY—MM—DD，如：2007—08—01。

(3)种的学名与 GB/T 3543.2—1995 中的表 1 一致，不能确定种名的，可用属名。

(二)检测内容的填写

1.净度分析

(1)净度分析检测结果内容的填写要求　①以净种子、杂质和其他植物种子三种成分的重量百分率表示。结果保留 1 位小数，三种成分之和必须为 100%。②成分小于 0.05%的填报为“微量”。③如果一种成分的结果为零，须填“—0.0—”或“NIL”。④其他植物种子的学名以及杂质种类必须在报告上填报。⑤当某一杂质种类或某一种其他植物种子的重量百分率达到或超过 0.1%时，该种类应在结果报告单上填报。⑥其他植物种子也可按其他作物种子和杂草种子分列。

(2)其他植物种子数目检测结果内容填写要求　①除检测种以外，应报告在规定重量中所发现的所有每一种类的数目。②标明检测方法：完全检验、有限检验、简化检验。③结果用每千克(kg)的种子数或单位重量的种子数表示。④种名采用学名。

2.发芽试验

发芽试验检测结果内容填写要求：①试验结果以粒数的百分率表示，不正常幼苗、硬实、新鲜不发芽种子和死种子的百分率按四次重复平均数计算。平均数百分率修约到最近似的整数填报。②须填报正常幼苗、不正常幼苗、硬实、新鲜不发芽种子和死种子的百分率，且其总和为 100%，假如其中任何一项结果为零，则将符号“—0—”填入该表格中。③须填报采用的发芽床和温度、试验持续时间以及为促进发芽所采用的处理方法。如果发芽试验时间超过规定的时间，在规定栏中填报末次计数的发芽率。超过规定时间以后的正常幼苗数应填报在附加说明中，并采用以下格式："到规定时间____天后，有____%为正常幼苗"。④表格中的附加说明一般包括：发芽床、温度、试验持续时间、发芽试验前的处理和方法。发芽试验采用的方法用规程中的缩写符号注明，如采用纸间在25℃下进行试验，就用"BP，25℃"表示。

3. 水分

水分测定项目应填报至最接近的0.1%。

4. 生活力四唑测定

生活力四唑测定的填报格式："四唑测定：____%有生活力种子"（有硬实也需填报）。

5. 重量测定

重量测定按下列格式填报："重量（千粒）：____ g"。

6. 种子健康测定

健康测定应填报病原菌的学名，以及感染的百分率，同时填报测定方法的信息。如对菜豆样品健康的测定：Ascoehyta Fabae：x%种子感染。

7. 品种纯度鉴定

品种纯度鉴定应填报品种纯度百分率，以及附加信息如检测方法、检测样品数等内容。

8. 包衣种子

包衣种子，要在种名后注明哪一种类的包衣种子，如填"玉米，包膜种子"。净包衣种子、杂质和未包衣种子的百分率必须分别在"净种子"、"杂质"和"其他植物种子"栏中填报。

（三）其他可填报的内容

检验结论：规程规定的检验结果报告允许在报告中注明种子质量真实性说明（如标准、标签、合同等）符合性情况。这种符合性说明在很多场合下称为检验结论。若扦样是另一个检验机构或个人进行的，应在结果报告上注明只对送验样品负责。

（四）有关检测数据的数字修约

1. 种子检验规程规定

（1）称重　所有样品称重，包括净度分析、水分测定、重量测定等，应符合表8-2的要求。

表 8-2　称重与小数位数

试样或半试样及其成分重量(g)	称重至下列小数位数
1.000 以下	4
1.000～9.999	3
10.00～99.99	2
100.0～999.9	1
1 000 或 1 000 以上	0

(2)计算中保留位数　净度分析用全试样分析时，所有成分的重量百分率应保留一位小数，用半试样分析时，各成分重量百分率保留两位小数。

在水分测定时，每一重复用公式计算时保留 1 位小数。在多容器种子批异质性测定中，净度与发芽的平均值 $\overline{X}$ 根据 N 而定，如果 N 小于 10，保留两位小数，N 大于或等于 10，保留 3 位小数；指定种子数的平均值 X 根据 N 而定，若 N 小于 10，保留 1 位小数，N 大于或等于 10，保留两位小数。

(3)修约　在净度分析中，最后结果的各成分之和应为 100.0%，小于 0.05% 的微量成分在计算中除外。如果其和是 99.9%或 100.1%，从最大值(净种子成分)增减 0.1%。在发芽试验中，正常幼苗百分率修约至最接近的整数，规程规定在修约时 0.5 进位。如果正常幼苗为 78.5，应修约为 76，计算其余成分百分率的整数，并获得其总和。如果总和为 100，修约程序到此结束。如果总和不是 100，继续执行以下程序：在不正常幼苗、硬实、新鲜不发芽种子和死种子中，先找出其百分率中小数部分最大值，修约此数至最大整数，并作为最终结果；其次计算其余成分百分率的整数，获得其总和，如果总和为 100，修约程序结束，如果不是 100，需重复此程序；假如小数部分相同，优先次序为不正常幼苗、硬实、新鲜不发芽种子、死种子。

(4)最后结果保留位数　净度分析保留 1 位小数，发芽试验保留整数，水分测定保留 1 位小数，品种纯度鉴定保留 1 位小数，生活力测定保留整数，重量测定保留 GB/T 3543.3—1995 表 1 中所规定的位数等。

2. GB/T 8170—1987《数据修约规则》规定

四舍六入五考虑，五的情况有三种：五后有数要进 1(如 10.502 修约到个位得 11)，五后为零看前位；五后为偶要舍去(如 12.45 修约后得 12.4)；五前为奇则进 1(如 12.35 修约后得 12.4)。

3. 其他方面的规定

(1)几个数字相加的和或相减的差，小数后保留位数与各数中小数位数最少者相同。

(2)几个数字相乘的积或相除的商,小数后保留位数与各数中小数位数最少者相同。

(3)进行开方、平方、立方运算时,计算结果的有效数字位数与原数字相同。

有效数字即是有意义的数字,从非零数字左一位向右数得到的位数(如10 000为5位有效数字,0.001 0为2位有效数字);对其他十进位数,从非零数字最左一位向右数而得到的位数,就是有效位数(如350则为3位有效位数字)。

(4)某些常数、倍数或分数的有效数字位数是无限的,根据需要取其有效数字的位数。

【知识延伸】

1.上网查阅,了解国际农作物种子检验规程各项规定,知道其规定和我国种子检验规程有哪些不同?

2.上网查阅,了解国际种子检验发展史和我国种子检验概况。

【课后作业】

1.到企业搜集部分检验报告单,是否按标准填写,分析总结出自己的看法或想法。

2.什么叫容许差距?容许差距在实际种子检验工作中有何意义?

3.种子检验工作中,检验数据差异的来源有哪些?

第二部分

种子质量检测技术

- 第九章　种子田间检验技术
- 第十章　种子扦样检验技术
- 第十一章　种子室内检验技术
- 第十二章　小区种植鉴定

职业岗位职业工作过程描述

作为种子企业种子田间检验员、扦样检验员和室内检验员在职业岗位主要开展以下职业活动：

1. 在种子田间检验时首先能够识别和区分品种间的特征特性，熟悉种子生产方法和程序；其次能依据不同作物和有关信息策划和实施能覆盖种子生产田的、有代表性的、符合规定要求的取样程序和方法；第三能对品种间相互区别的特征特性进行描述；第四能独立地对田间状况作出评价，出具检验结果报告。准确判断出种子田质量的优劣。

2. 在种子扦样检验时，根据检验任务，起草扦样方案，按照扦样方案，根据GB/T 3543.2—1995《农作物种子检验规程》规定进行扦样、封缄，并履行有关手续按照有关检验任务和检验规定，分取试验样品。

3. 在种子室内检验时，根据GB/T 3543.2—1995《农作物种子检验规程》规范操作各个种子检验项目，特别是国家规定的种子水分测定、种子纯度鉴定、种子净度分析、种子发芽试验四个必检项目能熟练操作。通过对种子质量进行检验、检测、鉴定，准确评定种用价值。能够分析处理种子检验中出现的常见问题。

4. 根据种子实际质量优劣做出正确判断，正确填写各项种子检验报告单。

职业岗位能力要求

从事以上职业活动在掌握种子质量检测基础知识的前提下，还需具备以下职业能力：

1. 掌握完成种子检验员工作任务所要求的基本知识，能够解决在种子各项检验检测项目实际操作中常见问题。

2. 熟练掌握种子田间检验技术、扦样检测技术、室内检测技术国家标准操作规程，有效计划安排检验工作任务，分析解决种子质量检验工作中出现的一般性技术问题。

3. 具备一定的农村工作方法能力，与技术员有效沟通，检查督促技术员加大制种工作力度，保证制种质量。达到合格种子指标要求。

4. 有效收集种子质量检验相关信息，工作结束后按照GB/T 3543.1—3543.7—1995标准完成种子田间检验报告单、扦样检验报告单、室内检验报告单填写。

5. 有科学严谨的态度和良好的职业道德，一丝不苟的工作作风，吃苦耐劳、坚韧不拔的精神。

具备高度的社会责任感和高度的法律意识。诚实守信、不弄虚作假、正确履行检验职能。熟知企业文化、适应企业管理。

第九章 种子田间检验技术

为了使种子繁殖过程中的品种真实性和品种纯度得以保证和保持，必须通过一整套的程序、方法和技术监控种子繁殖过程中的种子质量。田间检验就是其中程序之一，通过检验，以保证残余分离、机械混杂、变异、不适宜花粉和其他不可预见因素等现象，不会严重影响种子质量。为此，特编写农作物田间检验技术，以便能获得具有一定准确度和重演性的，又在资源允许范围内能操作的技术方法。

从图 11-1 中的种子检验程序图可以看出，没有设计到种子田间检验相关的项目，但本课程学习后，可具备获取种子检验员资格证书的能力，因此在本课程学习中田间检验专业技术知识的学习就尤为必要了。

第一节 种子田间检验技术基本知识

(一)田间检验的相关概念

田间检验是指在种子生产过程中，在田间对品种真实性进行验证，对品种纯度进行评估，同时对作物的生长状况、异作物、杂草等进行调查，并确定其与特定要求符合性的活动。

品种是作物在形态特征和生物学遗传、生理、细胞、化学对环境要求等基本一致的栽培植株群体，经过繁殖(有性或无性的)后仍保持其特征、特性，并有一个公认的名称。

变异株是指一个或多个性状(特征特性)与原品种育种者所描述的症状明显不同的植株。

杂株品种纯度鉴定时在本品种内异品种和其他变异植株，杂交作物中包括自交株。

异品种是由机械或人为混杂的品种。

生物学混杂是在种子生产过程中未将不同品种适当隔离发生了天然杂交，降低了品种的一致性和典型性。

品种真实性是田间检验含义中所述的品种真实性，是指供检验的品种与文件记录(如标签、品种描述等)是否相符。

品种纯度是指品种在特征特性方面典型一致的程度。值得注意的是，田间检验所述的品种真实性和品种纯度的检查，实质上是一种过程控制，不是严格意义上的产品检验，对于生产杂交种的种子田而言，尤为如此。

杂草是指在种子收获过程中难以分离的或有害的检疫性植物，例如：小麦种子田中的燕麦草、偃麦苹、毒麦、黑麦状雀麦；杂交高粱种子田中的石茅高粱。

异作物是指不同于本作物的其他作物，如小麦种子田中的大麦；玉米种子田中的高粱；大豆种子田中的绿豆等。

品种的特征特性是指品种的植物学形态特征和生物学特性。品种特征是指某一作物品种在形态性状上区别于其他品种的象征、标识，如植株的高矮、叶色、叶形、花色等；品种特性是某作物品种区别于其他品种的生物学性状，即对作物本身生存和繁殖有利的性状，如作物的生育期、光周期、种子的休眠期、种子的落粒性、抗病、抗旱性等。

杂株率是指检验样区内所有杂株（穗）占检验样区本作物总株（穗）数的百分率。

散粉株率是指检验样区内花药伸出颖壳并正在散粉的植株占供检样区内本作物总株数的百分率。对于玉米种子田，散粉株是指在花丝枯萎以前超过 5 cm 的主轴或分枝花药伸出颖壳并正在散粉的植株。

淘汰值是在充分考虑种子生产者利益和较少可能判定失误的基础上，将样区内观察到的杂株与标准规定值进行比较，作出有风险接受或淘汰种子田决定的数值。

在田间检测时须注意：在检验过程中，需以质量性状（质量性状受环境的影响较小，基因间的相互作用有明显的显性、隐性区别，如小麦籽粒的颜色，豌豆的花色）为主，结合使用数量性状（受环境的影响较大，后代表现不明显的显性和隐性，是多个位点上的基因累加作用的结果，如株高、穗重）。

在田间检验时，要注意区分可遗传变异（基因突变、染色体畸变和重组等）和不遗传变异（环境条件影响引起的变异），特别是数量性状容易受环境条件的影响而发生变化。自然变异是指作物在自然条件下，不加人工控制发生的变异。是引起品种在长期使用过程中纯度降低的原因之一。

（二）田间检验的目的和作用

田间检验的目的是检查田间前茬作物和品种或相近的自生植株；检查田间隔离情况，是否符合要求，是否有外来花粉、串粉污染；检查有无种传病害感染；检查有无有害杂草和异作物混入；检查品种的真实性和测定品种纯度；检查田间生长情况，种子成熟和质量是否正常；计算判定是否符合种子质量标准，能否作为种用种子。因此田间检验是确保生产种子质量的最重要环节。从而根据这些质量信息，采取相应措施，以确保种子收获时符合规定的要求。

在种子生产过程中，田间检验可起到以下作用：一是检查制种田的隔离情况，防止因外来花粉污染而造成的纯度降低。二是检查田间作物生长情况，特别是花期相遇情况。及时提出花期调整措施，防止因花期不育而造成的产量和质量的降低，同时可及清除有害杂草和异作物。三是检查种子生产技术的落实情况，特别是去杂、去雄情况。严格去杂可防止变异株及杂株对生产种子纯度的影响。有人作了假设的推理，虽不一定准确，但比较形象。认为在严格去雄的条件下，杂交种的纯度％＝母本纯度％ × 父本纯度％，即对双交种来讲，生产的种子要满足 96％的纯度，双亲的纯度应高于 98％；生产的种子要满足 98％的纯度，双亲的纯度应高于 99％。严格去雄，防止自交粒的产生。在不考虑亲本纯度的条件下，玉米按照父母本 1∶4 的行比，在 1％去雄不及时，自交率为 3.8％，在 2％去雄不及时，自交率为 7.4％，在 3％去雄不及时，自交率就达 10.7％。因此严格去雄对于保证制种质量具有非常重要的意义。在种子生产过程中，通过田间检验，提出去杂去雄的建议，保证严格按照种子生产的技术标准生产种子。四是检查品种的真实性和鉴定品种纯度，判断种子生产田生产的种子是否符合种子质量要求，对不合格种子生产田要报废，防止低纯度的种子对农业生产的影响。五是通过田间检验，为种子质量认证提供依据。

(三)田间检验员的要求和具备的能力

田间检验的关键技术就是掌握品种的特征特性，这就对检验员提出了严格的要求：每年保持一定的田间检验工作量，掌握良好的技能；熟悉和掌握田间检验方法和田间标准、种子生产的方法和程序等方面的相关知识，对被检作物有丰富的知识，知道被检作物品种的特征特性；具备能依据品种特征特性确认品种真实性，鉴别种子田杂株并使之量化的能力；具备独立地报告种子田状况并作出评价，检验结果对委托检验机构负责的能力。田间检验员在对种子生产田检验时，根据需要，还需检验各方给予以下支持：被检品种有效的品种标准描述；被检种子田的详细信息；小区种植鉴定的前质量结果；检验所必备的其他手段。

总之，作为一个田间检验工作人员应坚持原则：首先能够识别和区分品种间的特征特性，熟悉种子生产方法和程序；其次能依据不同作物和有关信息策划和实施能覆盖种子生产田的、有代表性的、符合规定要求的取样程序和方法；第三能对品种间相互区别的特征特性进行描述；第四能独立地对田间状况作出评价，出具检验结果报告。若在检验过程中对某些植株难以从特征特性加以确认，在得出结论之前需要进行第二次或更多次的检验。以确保检验结果报告的准确性。

第二节 农作物田间纯度品种鉴定的主要技术

在进行田间品种纯度检验时，首先必须了解被鉴定品种的特性特征。一般把品种的性状分为主要性状、次要性状、特殊性状和受环境影响的性状。

在进行田间品种纯度检验时应抓住品种的主要性状和特殊性状，必要时考虑到次要性状和易受环境影响的某些性状。以下介绍几种大田作物田间品种纯度性状。

(一)水稻

1. 植株性状

(1)茎 株高、茎的粗细。

(2)叶

①小叶片：叶片深浅，叶片宽窄、长、短，叶片茸毛多少。

②剑叶：长短、宽窄、剑叶与茎夹角的大小、剑叶与穗的距离。

(3)植株各部的颜色 植株各部一般为绿色、紫色。凡叶鞘表现为紫色的品种，往往其叶茸、叶舌、叶节、穗尖、柱头、护颖也呈现紫色。但紫色深浅因品种而异。

2. 穗部性状

(1)穗形

①穗的着生姿态：分密穗型、疏穗型。

②着粒密度：用单位长度内的粒数表示，每 3.3 cm 大小穗粒数在 18 粒以上为着粒密。

③穗长：分三级，27 cm 以上为长穗；22～27 cm 为中穗；22 cm 以下为短穗。

(2)芒

①芒的有无和长短：分长芒、中芒、无芒等。长芒：全穗谷粒均有芒，且芒长在 3 cm 以上；中芒：部分谷粒有芒，且芒长在 3 cm 以下。

②芒色：分黄、浅红、褐红、紫褐色等。

3. 谷粒性状

(1)谷粒形状 以谷粒的长宽比为衡量标准。

籼稻：分细长粒、中长粒和短粒。细长粒：长为宽的 3 倍以上；中长粒：长为宽的 2～3 倍；短粒：长为宽的 2 倍以下。

粳稻：分大粒、中粒和短圆粒。大粒：长宽比为 1.8 倍以上；中粒：长为宽的 1.8～1.6 倍；短圆粒：长为宽的 1.6 倍以下。

（2）谷粒颜色

①护颖色：分白色、浅黄、红色、紫色、黑褐色等。

②颖壳色：分浅黄、黄色、色斑、赤褐色、褐色、紫黑色等。

（3）护颖长短　护颖长短分长、中、短等。

（4）谷粒大小　以千粒重表示：凡 30 g 以上为最大粒；27～29 g 为大粒；24～26 g 为中粒；21～23 g 为小粒；20 g 以下为最小粒。

（二）小麦

1. 植株性状

（1）茎秆　茎的高度、粗细、颜色、韧性等。

（2）叶片　叶片宽窄、叶色深浅、叶片叶鞘的蜡粉多少、叶片的着生姿态、垂直或披散等。

2. 穗部性状

（1）穗形　分棍棒形、长形、纺锤形、椭圆形等（图 9-1）。

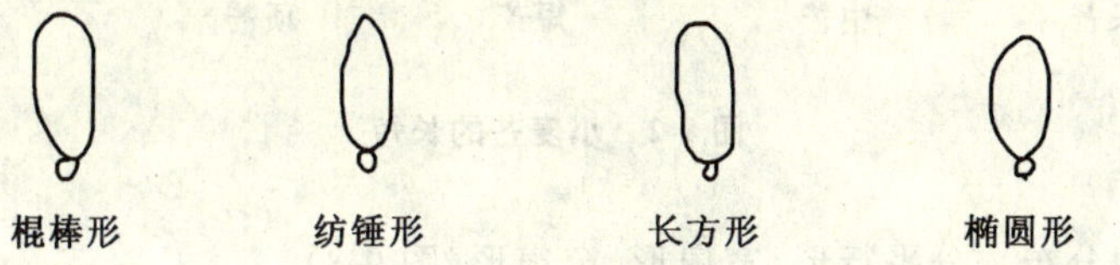

图 9-1　小麦穗形示意图

（2）穗长　分三等，穗长 8.5 cm 以上为长穗；6.5～8.5 cm 为中穗；6.5 cm 以下短穗。

（3）密度　是较为稳定的性状，用 10 cm 穗轴内小穗数表示。

$$\text{密度指数(D)}=\frac{(\text{小穗数}-1)\times 10}{\text{穗轴数(cm)}}$$

密度分四级：①疏：D＜22。②中：D 为 22～28。③密。D 为 28～34。④极密：D 为 34 以上。

（4）穗色　即颖壳色，为较固定的性状，一般分红壳、白壳两大类，而红壳又有深浅之分。

3. 芒的性状

(1)芒长　分以下几种(图 9-2)：

①长芒：芒长于穗长；

②中芒：芒等于或略短于穗长；

③短芒或半芒：芒长显著短于穗长，穗下部具有短芒或芒状体上部为中芒；

④无芒：包括顶芒与无芒，顶芒指芒长与外颖相等或上部小穗芒长 2～3 cm。

图 9-2　小麦芒的长短

(2)芒的分布　分平行形、宽扇形、窄扇形(图 9-3)。

图 9-3　小麦芒的分布

(3)芒色　分红、白、黑等色。

4. 护颖性状

通常用中部小穗的护颖来进行鉴定。

(1)护颖形状　分披针形、椭圆形、卵形、长方形等(图 9-4)。

(2)颖肩形状　有宽窄、明显与否之分。分无肩、斜肩、圆肩、方肩、丘形肩(纯丘、锐丘)等(图 9-5)。

(3)颖咀形状　分钝形、锐形、鸟咀形、外曲形等(图 9-6)。

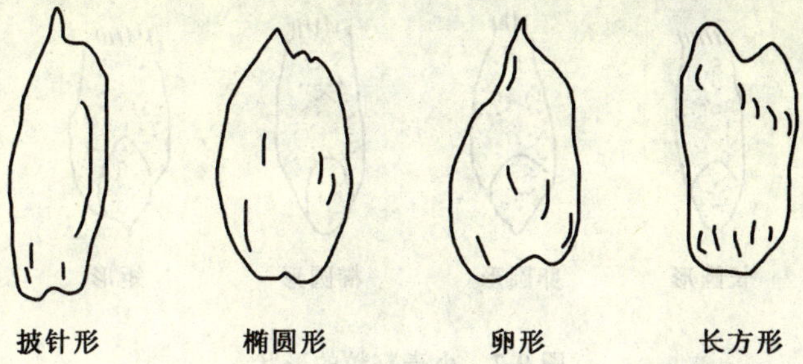

图 9-4　小麦护颖形状

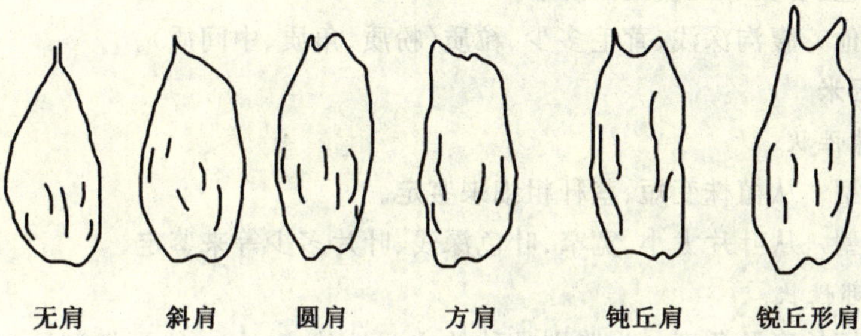

图 9-5　小麦护颖肩的形状

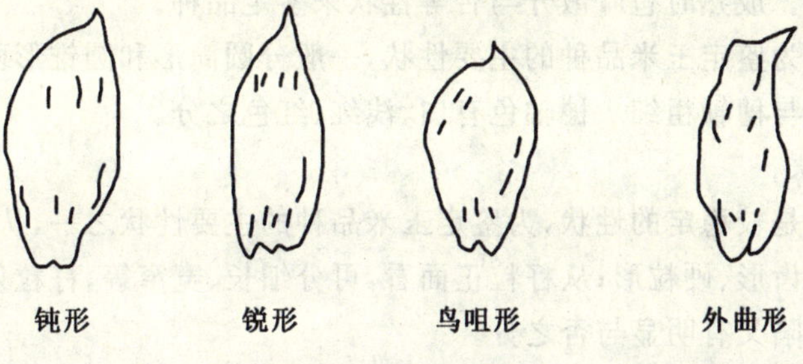

图 9-6　小麦颖咀的形式

颖形长度：短咀：长 0.3～0.5 cm；中咀：长 0.6～1 cm；长咀：长于 1 cm。

5. 籽粒形状

(1)形状　分长圆形、椭圆形、卵圆形、矩形等。

(2)籽粒大小　分大、中、小。

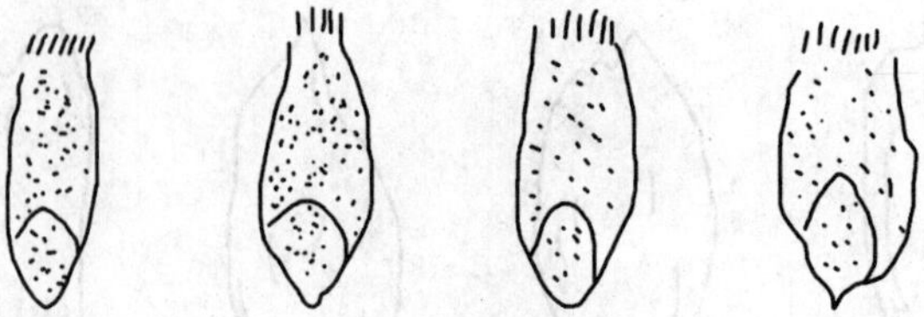

长圆形　卵圆形　椭圆形　矩形

图 9-7　小麦籽粒的形状

(3)籽粒色泽　比较固定的性状分白色(包括粉白、乳白、琥珀白、透明白)和红色(包括黄色、舍黄、红、浅红、深红等)。

(4)其他　腹沟深浅、茸毛多少、粒质(粉质、角质、中间质)。

(三)玉米

1. 植株性状

(1)株型　从植株变短、茎秆粗细来鉴定。

(2)叶型　从叶片大小、宽窄、叶色深浅、叶片多少等来鉴定。

2. 穗部性状

(1)穗柄长度及角度　为鉴别品种的主要性状之一,一般马齿型穗柄长,角度为 45°～90°;硬粒型穗柄角度为 30°～45°。

(2)果穗苞叶　可根据苞叶顶端小叶的有无,苞叶将果穗包裹的程度(全部包好或顶端露出)。成熟时苞叶散开与否等性状来鉴定品种。

(3)穗型　为鉴定玉米品种的主要性状,一般分圆筒形和圆锥形两种。

(4)穗轴色与穗轴粗细　穗轴色有白、浅红、红色之分。

3. 籽粒形状

(1)粒形　是较稳定的性状,为鉴定玉米品种的主要性状之一,从籽粒顶部看,分马齿形、半马齿形、硬粒形;从籽粒正面看,可分细长、宽窄等,籽粒顶端有平圆与尖之分,种胚凹陷又有明显与否之分。

(2)粒色　也是主要性状,分白色(白、乳白)、黄色(淡黄、金黄、橙黄)、红色、紫色等。

(3)化学成分　根据角质多少来区分。

(四)大豆

1. 植株

(1)茎

①茎色:幼苗茎色分青色、紫色。

②茸毛多少:分极多、中等、极少。

③茸毛色泽:分棕、灰及中间类型等。

④株高:株高与生长习性及生育期长短有关。

⑤茎粗:以 20 株主茎中部 20 cm 长的重量为标准。

⑥生长习性与生长姿态:生长习性分完全缠绕匍匐型,即有缠绕匍匐倾向者,半直立性、直立性、树立性等。生长姿态分藤蔓式、丛生式、主扇式、地棒式等。

(2)叶

①单叶形状:幼苗期单叶可分为肥圆形、狭长形等。

②小叶形状:分线形、狭长形、卵圆形、心脏形等。

③叶片大小:通常以中间小叶为标准。

④叶色深浅区分。

(3)花

①花色分白、紫两种,花色与茎色有关,一般青茎的开白花,紫茎的开紫花。

②花簇大小、花序长短。

2. 荚的性状

(1)荚形　分直葫芦形、弯锤形等,其断面可分为半圆与扇平。

(2)荚的大小及每荚粒数

(3)荚色　分枣黄色、灰黄色、淡褐色、深褐色、黑褐色等。

(4)结荚习性　分有限结荚、无限结荚、亚有限结荚等。

3. 籽粒性状

(1)种皮色　分黄、青、褐、黑色及双色等。

(2)脐色　分无色(与种皮相同)、极淡褐、淡褐、褐、深褐、黑色。

(3)脐的形状　大小及胎座疤的有无,脐的形状分长圆形、倒卵形、长方形、圆形、肾形等。

(4)种子形状　分球形、近球形、椭圆形、长扁圆形、扁圆形、长圆形等。

(5)子叶色　分青、黄两种。

(6)种子大小　品种差异明显,但受气候环境条件影响。

(7)其他　种皮光亮度、种皮健全度、种皮上有无沧膜等。

(五)油菜

1. 幼苗性状

(1)幼茎颜色　绿、紫色等。

(2)叶片颜色　深绿、浅绿色。

(3)叶片厚薄

(4)叶柄 有无,长短。

(5)叶脉 粗细、两侧有无突起、叶脉颜色。

(6)叶片形状 裂片有无、深浅,叶缘缺刻深浅,呈波浪状全缘、无缺刻等。

(7)叶片有无蜡粉

(8)叶片有无茸毛 分光滑、稀、密等。

2.植株性状

(1)茎的高度、茎色(绿色、绿中带紫)

(2)分枝多少和分枝部位高低

(3)株型、筒形、锥形、扇形

①丛生形:亦称筒形分枝,第一次分枝部位低,大部分分枝与主茎所成夹角小,枝条上端与主干成平行,果柄与轴的夹角小。

②上升形:亦称锥形分枝,分枝着生部位高,分枝与主茎成18°～20°。其果柄与轴成夹角比第一类型大。

③散生形:亦称扇形分枝,分枝在杆上分布较分散,大部分分枝由茎上叶腋芽长成,分枝与主干可成角度前二者大。

④茎叶形状:分披针形、长披针形等。

⑤茎叶叶柄的有无,叶柄茎部都是不包茎。

3.角果性状

(1)角果长短、粗细

(2)果柄着生在茎上的角度、疏密

(3)裂荚性 分两次检验,第一次检验在成熟期,在10～14时,以敲击法测定植株老熟果角的裂荚性情况。第二次观察在田间保留5株,观察自然裂角情况,以强、中、弱表示。

4.籽粒性状

(1)种子色泽 深黄、浅黄、淡红、金黄、褐色、黑色等。

(2)种子大小 分大、中、小。

(六)棉花

1.株型

(1)茎色 分紫色和绿色。

(2)株型 分塔形、筒形、松散形等。

(3)果枝着生姿态 分果枝平行、上斜、下垂三种。

(4)茎秆 茎秆高矮、粗细及茸毛有无和多少。

2. 叶形

(1)叶片大小　分大、中、小。

(2)叶裂多少及深浅

(3)叶色　叶色深浅,叶面光泽,茸毛多少和长短。

3. 铃形

(1)铃形　分圆形、卵圆形、尖锥形、尖形等(图 9-8)。

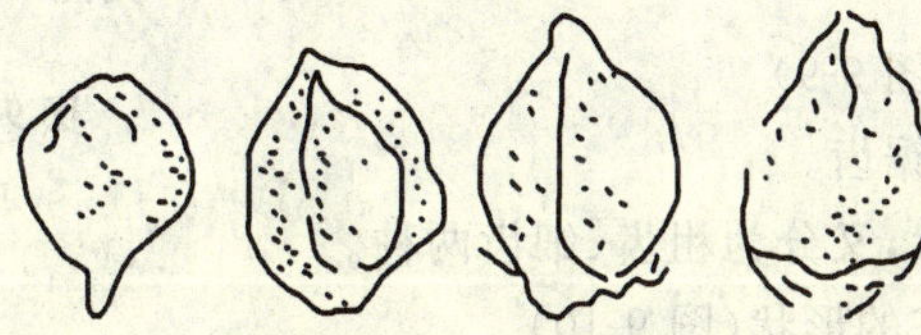

图 9-8　棉铃的形状

(2)铃的大小　分大、中、小。

(3)铃的色泽　每铃室数、铃柄长短、铃面光滑与及凹点深浅。

4. 棉花

(1)纤维平均长度

(2)纤维整齐度

(3)棉籽大小、颜色、形状、短绒多少及有无

(七)大麦

1. 穗部

(1)穗色　有黄色、黄白色、紫红色等。

(2)棱数　分六棱、四棱、二棱等。

(3)穗形　大麦成熟时期穗形分弯穗和直穗两类。这与穗下茎秆粗细有关,一般穗下茎细长成熟时弯头。

(4)测小穗退化程度　二棱大麦根据不结实测小穗退化的程度可分为两类。

①测小穗具有护颖、内外颖,有时还有雄蕊。

②测小穗只有护颖

(5)穗的密度　以穗中部 4 cm 长的穗轴节生数或小穗数来表示可分:

①稀:4 cm 长的有 9～9.9 个穗轴节片。

②中:4 cm 长有 10～10.5 个穗轴节片。

③密:4 cm 长有 11 个以上的穗轴节片。

2.芒的性状

(1)芒的种类　根据芒长比例来确定：

①长芒：超过穗长1.5倍。

②中芒：少许超过穗长。

③短芒：等于或稍短于穗长。

④帽芒：芒为帽状附属物。

⑤无芒。

(2)芒的锯齿性(图9-9)

①光芒：光滑，无锯齿。

②刺芒：芒锯齿状，又分为粗齿、细齿两种。

图9-9　大麦芒的性状

(3)外颖延伸为芒的形状(图9-10)

①尖锐的：芒茎部是细的。

②中间型：芒茎部逐部是细的。

③宽大的：芒茎部宽大的。

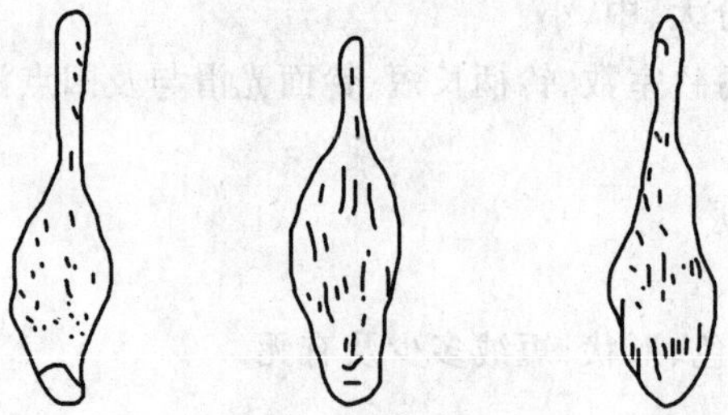

图9-10　大麦外颖延伸为芒的形状

(4)芒的特征

①芒的粗细分：细、中粗。

②芒的韧性：芒柔软或粗硬。

③易折断、不易折断。

3.籽粒性状

(1)籽粒稃壳有无　分裸麦和皮麦。

(2)籽粒颜色　分白、黄、紫、蓝、黑色。

(3)籽粒形状、大小

(4)腹沟展开的程度

(5)腹沟茎部的茎刺　分长茸毛(被绒毛)和短茸毛两种,大多数二棱大麦籽粒的茎刺是茸毛的,大多数四棱和六棱大麦籽粒的茎刺是茸毛的(图 9-11)。

(6)外稃侧背脉纹齿状物(锯齿)　分两种:脉色分黄、紫两种。

(7)鳞被(即浆片,是被壳包围的两个小苞片)　鳞被的形状及茸毛多少也是鉴定大麦品种的一个重要性状,此外,壳皱褶情况及果脐明显与否也可以作为鉴定大麦品种的依据(图 9-12)。

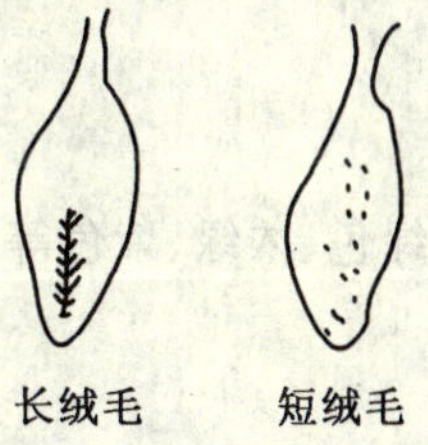

图 9-11　大麦基刺形状

图 9-12　大麦鳞被形状

(八)高粱

1. 幼苗性状

(1)叶色　分暗绿色、鲜绿色、淡绿色等。

(2)叶鞘　茎部色泽分紫红色、淡紫红色、绿色等。

2. 穗型

(1)穗柄与主茎可成角度　分直立、倾斜、弯曲、下垂等。

(2)穗形　分卵形、椭圆形、长圆形、伞形、帚形。

(3)芒的有无　分有芒、无芒。

(4)穗的密度　分下列四种:

①小密穗型:着粒紧密,分枝短而多,穗主轴长,形成紧密的圆锥穗形。

②中穗型:着粒稍稀,分枝稍长。穗主轴亦长,型介于密穗和散穗之间的棒状或筒状穗形。

③散穗形:分枝少而长,着粒稀,穗长 25～30 cm,穗主轴稍短,尖端稍下垂,形成散穗形。

④扫帚形:穗长 30 cm 以上,尖端下垂,分枝少而长,着粒稀,穗主轴短。

3. 护颖

(1)护颖色泽　以黑、红、黄三种色泽最普遍,此外还有褐色、紫色、青黄色、白色等。

(2)护颖形状　分圆形、长圆形、菱形三种。

4. 籽粒形状

(1)粒色　分深褐色、褐色、红色、黄色、白色五种，有时种皮上还带有红色、紫色或褐色斑点。

(2)粒形　分圆形、椭圆形和长椭圆形等，另外还可从籽粒厚度、胚的形状、胚的凹陷程度鉴定品种，除以上性状外还可以根据植株高矮、成熟早晚、叶片多少和护颖大小、茸毛的有无等性状进行鉴定。

(九)谷子

1. 幼苗颜色

刚出土幼苗分绿色、紫色，出土后 20 d 左右为黄绿色、浓绿、紫色等。

穗形分以下几种：

(1)圆锥形　穗上端尖锐、下部较粗。

(2)圆筒形　穗顶部为齐头，穗上、中、下三部分的粗细茎本相近。

(3)龙爪形　穗形稍短，在穗轴上生有若干个小穗而组成一个松散的大穗。

(4)鸭咀形　穗形较大，尖端有 2～3 个分枝呈鸭咀状。

2. 刺毛

(1)刺毛长短　1 cm 以上者为长；0.6～1 cm 者为中；0.6 cm 以下者为短。

(2)刺毛颜色　分白黄、黄、褐、棕色等。

(3)刺毛多少　分多、中、少。

3. 护颖色

分白、黄、赤、褐、黑色等。

4. 籽粒形状

(1)粒形　一般分圆形和长圆形。

(2)粒色　一般分为白黄、淡黄、橙、红、淡红、褐、黑色等。

(3)籽粒大小　千粒重在 2.9 g 以上为大粒种；千粒重在 2.2～2.9 g 者为中粒种；千粒重在 2.1 g 以下者为小粒种。

第三节　种子田间检验工作程序

一、田间检验的项目

田间检验项目因作物种子生产田的种类不同而不同，通常把种子生产田分为常规种子生产田和杂交种子生产田(表 9-1)。

表 9-1 田间检验项目

田间检验项目	检查项目内容	备注
常规种生产田	①前作、隔离条件；②品种真实性；③杂株百分率；④其他植物植株百分率；⑤种子生产田的总体状况（倒伏、健康等情况）	
杂交种生产田	①隔离条件及前作；②雄性不育程度；③串粉程度；④花粉扩散的适宜条件；⑤父母本的真实性、品种纯度；⑥适时先收获父本（或母本）	种子品种纯度只能通过收获后的种子经 GB/T 3543.3—1995 所规定的小区种植后控才能鉴定，可通过对各项目的检查，确保满足规定的要求，可以最大限度地确保杂交品种的品种纯度保持最高的水平

二、田间检验时期

种子田间检验最好在全生育期每个时期观察，才能全面掌握品种的特性，但在实际工作中由于人力、财力等考虑，种子田间检验应在品种特征特性表现最充分、最明显的时期进行，以评价品种真实性和品种纯度。一般在苗期、花期和成熟期。其中常规种至少在成熟期检验一次，杂交水稻、杂交玉米、杂交高粱、杂交油菜等杂交种花期必须检验 2～3 次；蔬菜作物则在商品器官成熟期必须增加一次检验。如：叶菜类在叶球成熟期，果菜类在果实成熟期，根茎类在直根、根茎、块茎、鳞茎成熟期。部分作物田间检验时期参考表 9-2 和表 9-3。

表 9-2 主要大田作物品种纯度田间检验时期

作物种类	检验时期			
	第一期		第二期	第三期
	时期	要求	时期	时期
水稻	苗期	出苗一个月内	抽穗期	蜡熟期
小麦	苗期	拔节前	抽穗期	蜡熟期
玉米	苗期	出苗一个月内	抽穗期	成熟期
花生	苗期		开花期	成熟期
棉花	苗期		现蕾期	结铃盛期
谷子	苗期		穗花期	成熟期
大豆	苗期	2～3 片真叶	开花期	结实期
油菜	苗期		薹花期	成熟期

表 9-3 主要蔬菜作物品种纯度田间检验时期

作物种类	检验时期							
	第一期		第二期		第三期		第四期	
	时间	要求	时间	要求	时间	要求	时间	要求
大白菜	苗期	定苗前后	成株期	收获期	结球期	收获剥除外叶	种株花期	抽薹至开花时期
番茄	苗期	定植前	结果初期	第 1 花序开花至第 1 穗果坐果期	结果中期	在第 1 至第 3 穗果成熟		
黄瓜	苗期	真叶出现至四五片真叶止	成株期	第一次雌花开花	结果期	第 1 至第 3 果商品成熟		
辣(甜)椒	苗期	定植前	开花止坐果期		结果期			
萝卜	苗期	两片子叶张开时	成株期	收获时	种株期	收获后		
甘蓝	苗期	定植前	成株期	收获时	叶球期	收获后	种株期	抽薹开花

三、田间检验工作程序

田间检验工作程序见表 9-4。

表 9-4 田间检验工作程序

工作过程	田间检验工作程序	具体工作项目
咨询、决策与计划	了解、把握田间检验整体工作任务	田间检验对象的特征特性的掌握、田间检验的工作步骤
实 施	步骤一:基本情况调查	1. 了解情况 2. 隔离情况检查 3. 种子生产田生长状况 4. 品种真实性
	步骤二:取样	1. 确定样区的频率 2. 确定样区分布 3. 确定样区大小
	步骤三:检验	1. 检查记载异品种、异作物株(穗)数 2. 检查记载杂草株(穗)数 3. 检查记载病(虫)害感染株(穗)数 若是制种田需检查记载: ①父母本杂株散粉株数。②母本散粉株数

续表 9-4

工作过程	田间检验工作程序	具体工作项目
检　查	结果计算与表示	1. 品种纯度 ①淘汰值。②杂株(穗)率 (杂交制种田,应计算父母本杂株散粉率及母本散粉株) 2. 其他指标 ①异作物。②杂草。③病(虫)感染率 ④母本散粉株率。⑤父(母)本散粉杂株率
评　价	田间检验报告	1. 填写田间检验报告 ①基本情况填写。②检验结果填写。③填写检验意见

种子田间检验工作程序一 基本情况调查

检验员在掌握被检作物品种的特征特性基础上,对种子生产田基本情况进行调查,包括了解情况、隔离情况的检查、品种真实性检查、种子生产田的生长状况的调查等内容。

(一)了解情况和检查标签

田间检验前检验员须熟悉检验品种的特征、特性,同时通过面谈和检查档案,全面了解以下情况:被检单位名称、地址、作物、品种、类别(等级);种子田的位置、编号、面积、制种户姓名、电话、前茬作物情况、播种的种子批号、种子来源、世代;栽培管理情况,并检验品种证明书。要求种子田前作绝对没有或尽可能没有对生产种子产生品种污染的花粉源(同种的其他品种污染、其他类似植物种的污染、杂草种子的严重污染),种子田全部达到适宜的安全生产要求,才能保证生产的种子保持原有的“品种真实性”,就种子安全生产而言,前作不存在污染源。为了证实品种的真实性,有必要检查标签,了解种子来源详情,为此生产者至少应保留种子批的两个标签,一个竖在田间,另一个留用备查。生产杂交种包括父、母本的种子标签和田间分布图。一般水稻、玉米、小麦、棉花、大豆种子田前作不存在自生植株;油菜种子生产时,前作若为十字花科植物,则至少间隔两年;西瓜种子生产时,种子田前作不应有自生植株,不允许重茬栽培。在国外,许多国家种子法规对前作要求作了更为严格的规定。

(二)隔离情况和种子批的总体情况的检查

隔离条件是指种子田与周围附近的田块有足够的距离,不会对生产的种子构成污染的危害。

第一,检查隔离条件,检验员要围绕种子田周围检查隔离情况。对于由昆虫或风传粉杂交的作物种,应检查种子田周边与种子田传粉杂交的规定最小隔离距离内任何作物，如果种子田与花粉污染源的隔离距离达不到要求，检验员必须建议消灭污染源，以使种子田达到合适的隔离距离，或淘汰达不到隔离条件的部分田块。

第二，检查品种真实性，田间检验员绕种子田走一圈，应检查不少于100个穗或株，确保它与供种方描述，给定的品种特征特性一致。

第三，检查种子田状况，对种子田状况进行总体评价，将决定是否有必要进行品种纯度的详细检查。检验员应详细检查田间，特别是四周情况，必须仔细观察种子田是否播有不同的种子或可能已被污染，如田间入口处或边界；对田间播种检查可以发现播种机械在使用前是否清洁；已经严重倒伏长满杂草，由于病虫或其他原因导致生长受阻或生长不良的种子田应该淘汰，不能进行品种纯度的评定。若田间状况处于难以判别的中间状态时，检验员应该使用小区种植鉴定得出的证据作为田间检验的补充信息。

第四，检验员还要检查种子田和相邻的田块中的自生植株或杂草，它们可能是花粉污染源，检查也应该保证种子田与其他已污染源传病害的作物隔离。

第五，检验员对种子田的整体状况检查后，要对种子田进行更详细的检查，尤其是四周的情况必须仔细观察，部分田块可能播有不同的作物有可能成为污染源。

不同作物要求的隔离条件不同，种子生产田与周围附近的田块有足够的距离，不会对生产的种子构成污染的危害。有关隔离条件，有两种情况：①与同种或相近种的其他品种的花粉的隔离；②与同种或相近种的其他品种防止机械收获混杂的隔离。部分作物的隔离条件见表9-5。

表9-5 种子生产田隔离距离要求

作物及类别		空间隔离(m)	依据规定
水稻	常规种 保持系 恢复系	20～50	GB/T 17314—1998
	不育系	500～700	GB/T 17314—1998
	制种田	200(籼稻)500(稻)	GB/T 17314—1998
玉米	自交系	500	GB/T 17315—1998
	制种田	300	GB/T 17315—1998
小麦	常规种	25	GB/T 17315—1998
棉花	常规种	25	
大豆	常规种	2	
西瓜	杂交种	不要求	套袋授粉
油菜	原种	800	中国习惯，OECD种子认证方案要求原种生产100 m
	杂交种		

经济合作发展组织(OECD)、欧盟(EU)和美国采用隔离距离都统一为200 m,2000年英国农业部对有关隔离进行了详细描述,其中对玉米的隔离条件见表9-6。

表9-6 玉米与甜玉米种子生产田的隔离距离

作物	异交所产生的杂株水平		
	1%	0.5%	0.1%
粮用玉米	200 m	300 m	约500 m(目前难以推荐)
饲用玉米	130 m	200 m	420 m

(三)品种真实性检查

首先,检验员在进行四周隔离距离检查时,应根据品种田间的特征特性与品种描述的特征特性,实地检查不少于100个穗或植株,确认其真实性与品种描述中所给定的品种特征特性一致。

其次,制种户需保留亲本(父母本)种子的两个标签,一个在田间,一个自留。以便检验员核实品种的真实性时进行必要的检查。

(四)种子生产田的生长状况

对于倒伏严重、杂草危害或另外一些原因引起的植株生长不良的种子田,不能进行品种纯度的评价,而应该被淘汰。当种子田处于中间状态时,检验员可以使用小区预控制的证据作为田间检验的补充信息,对种子田进行总体评价确定是否有必要进行品种纯度的详细检查。

种子田间检验工作程序二 取样

(一)确定样区的频率

凡同一品种、同一来源、同一繁殖世代和同一栽培条件的相连田块可划分为一个检验区。

田间检验员要制定详细的取样方案,正确评定品种纯度。取样方案应充分考虑样区(取样区域)大小、样区频率和样区分布。并符合$4N$原则。如果规定的杂株标准为$1/N$,总样本大小至少应为$4N$,如杂株率最低标准为0.1%(即1/1 000),其样本大小至少应为4 000株(穗)。样区大小和样区频率应考虑被检作物、地块大小、播种方式,自交或异交等因素(表9-7)。

表 9-7 种子田样区计数最低频率

面积(hm^2)	样区最低频率		
	生产常规种	生产杂交种	
		母本	父本
小于 2	3	5	3
3	7	7	4
4	10	10	5
5	12	12	6
6	14	14	7
7	16	16	8
8	18	18	9
9～10	20	20	10
大于 10	在 20 基础上,每增 1 hm^2 递增 2 个样区	在 20 基础上,每增 1 hm^2 递增 2 个样区	在 10 基础上,每增 1 hm^2 递增 1 个样区

(二)确定样区分布

样区分布要均匀,田块边缘的取样点,离地边至少 5 m。取样样区的位置应覆盖整个种子田,这就要求检验员在取样时要考虑到种子田的形状、大小和被检作物特定的特征,做到随机和广泛性。不能故意选择比一般水平好或坏的样区。在实际过程中,先确定两个样区的距离。再要考虑到播种方向,尽可能使每一样区通过不同条播的种子。再确定两个样区的距离。样区分布常见图 9-13。

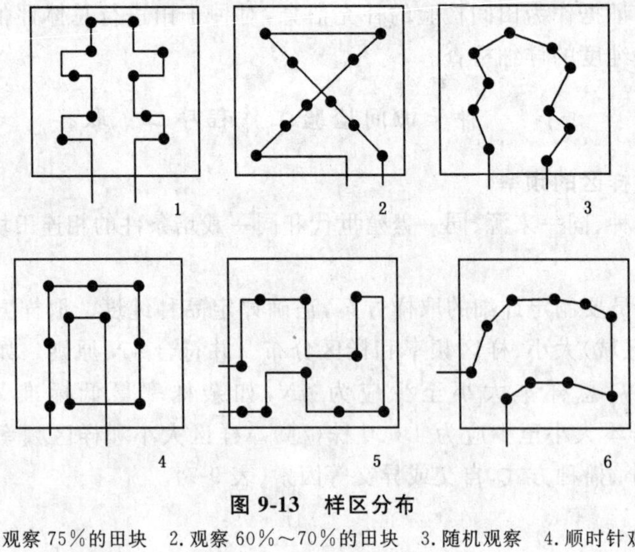

图 9-13 样区分布

1. 观察 75%的田块 2. 观察 60%～70%的田块 3. 随机观察 4. 顺时针观察 5. 观察 85%的田块 6. 观察 60%的田块

(三)确定样区大小

样区大小和模式取决于被检作物种类、田块大小、条播或撒播、自交或杂交及种子田的地理位置等因素。

禾谷类常规种子的种子田检验时，如果种子田面积超过 10 hm^2，样区大小可采用 1 m 宽、20 m 长，面积 20 m^2，每区至少含 500 穗(株)与播种方向成直角的样区。

杂交种子田田间检验时，可将父母本行视为不同的"田块"，由于父母本的品种纯度要求不同，应分别检查，并分别报告母本和父本的检验结果；如果是宽行距种植的种子田如玉米，需通过行或条的样区模式来核查。

水稻、玉米和高粱杂交制种田，其父母本可视为不同田块，父母本分别检查和计数。玉米和高粱杂交制种田样区大小为行内 100 株或相邻两行各 50 株。水稻每样区 500 株。

种子田间检验工作程序三　分析检验

在检验之前，检验员应对供检品种的特征特性有充分的了解，缓慢地沿着样区预定方向前进，边设点边检验，直接在田间进行逐株观察分析鉴定。通常背光行走，以避免在阳光强烈、刮风、大雨的天气进行检查影响视觉。检验时要根据品种的典型性状(主要性状、特殊性状)来判定品种真实性和品种纯度，当主要性状难以得出结论时，可使用次要性状评定。一般田间检验以朝露未干时为好，此时品种性状和色素比较明显。各点依顺序检验时，将每个点分析结果按本品种、异品种、异作物、杂草、感染病虫株(穗)数分别记载。同时观察植株田间生长等是否正常。

杂交作物需检验父、母本杂株率。杂株包括与被检品种特征特性明显不同(如株高、形状、成熟度、颜色)和不明显(如叶型、花、种子)的植株。玉米杂交种子生产田还需检验母本散粉株率；雄性不育系杂交种子田，还需记录检查母本雄性不育的质量。

经验之谈

(1)检验员在进行田间检验时发现种子田有杂株,而小区种植鉴定中没有观察到,如何处理?

检验员必须记录和考虑这些杂株,以决定接受与拒绝该田块田间质量检测。委托检验的机构要对小区前控和田间检测的结果进一步核实。若小区鉴定和田间检验结果有较大的偏离,有必要在小区鉴定和种子田中进行进一步的检查,以获得正相关的结果。

(2)检验员检查时,在一个样区发现杂株而其他样区未发现,怎么处理?

田间检验员在田间检验取样点中未检查到杂株和变异株,而在另一样区外发现杂株和变异性,这表明取样点的程序不是很合适,须重新设点取样进行仔细检查穗(株)后进行评定。

(3)如何处理种子田难以检查的情况?

植株严重倒伏、长满杂草、病虫为害或其他原因导致的作物生长受阻或生长不良的种子田,不能进行品种纯度的评定,检验员可建议淘汰种子田。如果种子田处于难以判别的中间状态时,田间检验员应利用小区种植前控鉴定得出的证据作为田间检验的补充信息,判断是否淘汰。

(4)检查时遇到严重的品种混杂,如何处理?

田间检验员若发现种子田有严重的品种混杂现象,只需检查两个样区,取其平均值,推算群体,查出淘汰值。如果杂株超过淘汰值,应淘汰该种子田并停止检查。如果检测值没有超过淘汰值,继续检查,直至所有的样区。这种情况只适用于检查品种纯度,不适用于其他情况。

种子田间检验工作程序四　结果计算

对于品种纯度高于99.0%或每公顷低于100万株(穗)的种子田,需采用淘汰值。淘汰值是在考虑种子生产者利益和有较少失误的基础上,把在一个样本内观察到的变异株数与标准比较,作出符合要求的种子批或淘汰改种子批的决定。如果变异株大于或等于规定的淘汰值,就应淘汰该种子批。不同规定标准与不同样本大小的淘汰值可参考表9-8。

表 9-8 总样区面积为 200 m² 在不同品种纯度标准下的淘汰值

估计群体	品种纯度标准				
每公顷植株穗数	99.9%	99.8%	99.7%	99.5%	99.0%
	200 m² 样区的淘汰值				
60 000	4	6	8	11	19
80 000	5	7	10	14	24
600 000	19	33	47	74	138
900 000	26	47	67	107	204
1 200 000	33	60	87	138	—
1 500 000	40	73	107	171	—
1 800 000	47	87	126	204	—
2 100 000	54	100	144	235	—
2 400 000	61	113	164	268	—
2 700 000	67	126	183	298	—
3 000 000	74	139	203	330	—
3 300 000	81	152	223	361	—
3 600 000	87	165	243	393	—
3 900 000	94	178	261	424	—

查淘汰值，应计算群体株(穗)数，行播作物数穗不数株数，用以下公式计算每公顷植株(穗)数：

$$p=\frac{1\ 000\ 000M}{W}$$

式中：p 为每公顷植株(穗)总数；W 为行宽(cm)；M 为每一样区内 1 m 行长的株(穗)数的平均值。

撒播作物，则计数 0.5 m² 面积中的株数。撒播每公顷群体用以下公式计算

$$p=20\ 000\times N$$

式中：p 为每公顷植株数；N 为每样区内 0.5 m² 面积的株(穗)数的平均值。

根据群体数，从表 9-8 查出相应的淘汰值。将各个样区观察到的杂株相加，与淘汰值比较，作出接受或淘汰种子田的决定。假如 200 m² 样区内发现的杂株总数等于或超过表 9-8 估计群体和品种纯度的给定数目，就可淘汰种子田。

1. 杂株(穗)率

主要农作物田间杂交率和散粉株率见表9-9。

表9-9 主要农作物田间杂交率和散粉株率(%)

作物名称		类别		田间杂株(穗)率不高于	散粉率不超过
水稻	常规种	原种		0.08	—
		大田用种		0.1	—
	不育系、保持系、恢复系	原种		0.01	—
		大田用种		0.08	—
	杂交种	大田用种	父本	0.1	任何一次花期检查0.2%或两次花期检查累计0.4%
			母本	0.1	
玉米	自交系	原种		0.02	—
		大田用种		0.5	—
	亲本单交种	原种	父本	0.1	任何一次花期检查0.2%或三次花期检查累计0.5%
			母本	0.1	
	杂交种	大田用种	父本	0.2	任何一次花期检查0.5%或三次花期检查累计1%
			母本	0.2	
小麦		原种		0.1	—
		大田用种		1	—
棉花		原种		1	
		大田用种		5	
大豆		原种		0.1	
		大田用种		2	
油菜	亲本	原种		0.1	
		大田用种		2	
	制种田	大田用种		0.1	
西瓜	亲本	原种		0.1	
		大田用种		0.3	
	制种田	大田用种		0.1	

品种纯度低于99.0%或每公顷超过100万株或穗，不采用淘汰值。按以下公式计算杂株（穗）率：

$$杂株率=\frac{样区内的杂株数}{样区内供检本作物株数}\times 100\%$$

如果是杂交作物种子田计算品种纯度时，还需计算父母本杂株散粉率和母本散粉株率，按以下公式计算：

$$母本散粉株=\frac{母本散粉株数}{供检母本总株数}\times 100\%$$

$$父（母）本散粉杂株=\frac{父（母）本散粉杂株数}{供检父（母）本总株数}\times 100\%$$

2. 感病（虫）株、异作物、杂草率计算

$$病（虫）感染率=\frac{感染病（虫）株（穗）数}{供检本作物总株数}\times 100\%$$

$$异作物=\frac{异作物（穗）数}{供检本作物总株（穗）数+异作物株（穗）数}\times 100\%$$

$$杂草=\frac{杂草（穗）数}{供检本作物总株（穗）数+杂草株（穗）数}\times 100\%$$

种子田间检验工作程序五 检验报告

田间检验员完成检验工作后要及时认真仔细填报田间检验报告单。田间检验报告单格式见表9-10、表9-11。

田间检验员在填报田间检验报告单时还需做好下列情况的记录：作物品种的类别（等级）、农户姓名和电话、种于田位置、田块编号、面积、前作详情、种子批号。

依据作物的不同，在填报田间检验报告单时可选择填报相关的检验结果。

表9-10 农作物常规种田间检验结果单

繁育单位				
作物名称			品种名称	
繁育面积			隔离情况	
取样点数			取样总株（穗）数	
田间检验结果	品种纯度（%）		杂草（%）	
	异作物（%）		病虫感染（%）	
	异品种（%）			
田间检验结果建议或意见				

检验单位（盖章） 检验员： 检验日期： 年 月 日

表 9-11 农作物杂交种田间检验结果单

繁育单位				
作物名称			品种(组合)名称	
繁育面积			隔离情况	
取样点数			取样总株(穗)数	
田间检验结果	父本杂株率(%)		母本杂株率(%)	
	母本散粉株率(%)		异作物(%)	
	杂草(%)		病虫感染(%)	
田间检验结果建议或意见				

检验单位(盖章)　　　　检验员：　　　　检验日期：　年　月　日

经验之谈

田间检验员在签署检验结果建议或意见时，须注意哪些问题？

如果田间检验的所有要求的指标如隔离条件、品种纯度、病虫感染率等都符合规定要求，建议被检种子田符合要求，填“合格”。

如果田间检验的所有指标如隔离条件、品种纯度等有一部分不符合规定要求，而且通过整改（如去杂、去劣）后，可以达到标准，要签署整改建议。整改后，还需通过复检，确认符合规定后可建议被检种子田符合要求，填“合格”。

如果田间检验的所有指标如隔离条件、品种纯度等有一部分或全部不符合规定要求，而且通过整改措施仍达不到规定要求，如隔离条件、倒伏严重等，应建议淘汰被检种子田，填“不合格”。

【作物田间检验案例】

案例 1　水稻品种纯度田间检验工作程序

工作程序	工作内容
相关知识学习	1. 学习掌握田间鉴定水稻品种纯度的主要性状 2. 知道水稻田间检验程序、方法 3. 对田间检验工作重要性的认识，严谨的工作作风
田检用具准备	米尺、记载本、铅笔
了解检验区情况	被检验水稻品种的形态特征了解。种子来源、繁殖世代、播前准备、耕作制度、栽培管理等。水稻田检时期一般以蜡熟期为佳
划分检验区	当作检验田情况一致时就作为一个检验区，若情况不同，则按情况相同的划分为几个检验区，并按规定在每个检验区内有效选取代表田
设点取样	用对角线、梅花式、棋盘式取样等几种方法，根据田块地形大小而定，灵活应用，但要求各取样点均匀分布，使所取样品具有充分代表性，取样的数量可参看表9-7。水稻 667 m^2 以下取 5 点，每点 500 株
分析与计算	每个取样点逐拌穗观察。区别本品种穗秆、异品种穗秆、感染病穗秆(并要记载病虫种类为害程度)、杂草穗秆等分别记载。然后将一个田块各取样点分析结果统计起来计算品种纯度百分率。病虫害感染率，杂草感染率。再进行全面观察生育状况与倒伏等情况并记载
填写检验结果单	填写大田作物田间检验结果记载表 9-13

案例 2　小麦品种纯度田间检验工作程序

小麦品种纯度田间检验工作程序与水稻基本相同，不同的是小麦田间检验时期一般以腊熟期为宜。在进行分析与计算时，每取样点应逐株穗观察，填写小麦品种穗部性状记载表(表 9-12)。

表 9-12 小麦品种穗部性状记载表

品种	穗				芒			护颖			籽粒			主要品种特点
	形状	颜色	密度	长度	长度	颜色	分布	形状	颖肩	颖脊	颖咀	形状	颜色	

案例 3 棉花品种纯度田间检验工作程序

工作程序	工作内容
相关知识学习	1. 学习掌握田间鉴定棉花品种纯度的主要性状 2. 知道棉花田间检验程序、方法 3. 对田间检验工作重要性的认识，严谨的工作作风
田检用具准备	米尺、计算器、铅笔、记载表
了解情况	了解所检验品种的特征、特性及种子来源。良种繁育田的栽培、管理等情况
划分检验区	当检验区基本情况一致时就作为一个检验区，若差异大，则按情况相同的划分为几个检验区，并有效选取代表田
设点取样	设点方法同水稻田检检验，取样的数量可参看表9-7。棉花 0.33 hm^2 以下设 5 点；0.40～1.33 hm^2 设 8 点；1.40～3.33 hm^2 设 11 点；3.40～13.33 hm^2 设 15 点，每点取样 50 株
分析与计算	设好取样点后，每点按照顺序，连续数取50株，逐株进行观察，将本品种与异品种的株数分别记载，全部检验完毕后，将 5 点结果合计起来。计算品种纯度百分率，此外还应观察病虫感染率、生育情况等
填写检验结果单	填写大田作物田间检验结果记载表9-13

表 9-13　大田作物田间检验结果记载表

繁殖单位		作物种类	
繁殖面积		品　　种	
繁殖世代		取样点数	
隔离情况			
分析样品总数			
本品种株数			
异品种株数			
品种纯度(%)			
病害	纯度(%)		
	感染率(%)		
虫害	种类		
	感染率(%)		
生育情况			
纯度分析			
处理意见			

检验机关(盖章)　　　　检验员　　　　检验日期　　年　　月　　日

【知识延伸】

查阅资料,了解蔬菜、玉米、西甜瓜田间检验的主要技术。

【课后作业】

1. 通过本章学习、生产实训基地调研,制定某杂交玉米品种的田间检验方案。

2. 在实际生产过程中,田间检验技术的核心是什么?具体工作中应注意哪些事项,确保田间检验结果正确。

3. 现有 53.33 hm^2 杂交玉米制种田,请论述该田块田间检验的步骤。

第十章 种子扦样检验技术

第一节 种子扦样检验基本知识

(一)扦样的目的和原则

1. 扦样的目的

扦样通常是利用一种专用的扦样器具,从袋装或散装种子批取样的工作。扦样的目的是从一个种子批中,扦取适当数量有代表性的送验样品供检验之用。扦样正确与否、扦取的样品有无代表性,直接影响种子检验结果的正确性。检验结果准确性取决于扦样技术和检验技术,而扦样是先决条件,如果扦样未按规定程序进行,样品没有代表性,那么检验技术无论怎样正确,也难以获得正确的检验结果。错误的检验结果,将给农业生产造成不良影响,甚至造成不应有的损失。因此,对扦样工作要高度重视,必须尽量保证送到检验室的样品能准确的代表该批被检验的种子成分,同样在检验室分样时,也要尽可能采取必要措施,使获得的实验样品能代表送验样品。

2. 扦样的原则

扦样的每个步骤必须牢牢把握样品代表性,为此,在扦样过程中的每一步操作都必须遵守如下原则:

(1)种子批均匀一致　种子批均匀一致是扦取代表性样品的前提,但实际上不可能获得完全均匀一致的种子批,在扦样时要求做到尽可能一致,没有异质性的迹象。对种子质量不均匀或存在异质性的种子检验员应拒绝扦样。

(2)按照预定的扦样方案采取适宜的扦样器和扦样技术扦取样品　检验规程对扦样方案所涉及的关键三要素,即扦样频率、扦样点分布以及各个扦样点扦取相等种子数量作了明确的规定。为了扦取有代表性的样品,扦样时必须符合这些规定的要求,并选择适宜的扦样器具和扦样技术进行扦取。

(3)保证样品的可溯性和原始性　样品必须封缄与标识,能追溯到种子批,并在包装、运输、贮藏等过程中采取措施尽量保持其原有特性。

(4)按照对分递减或随机抽取原则分取样品　分样时必须符合检验规程中规定的对分递减或随机抽取的原则和程序,并选择适宜的分样器具和分样技术分取样品。

(5)合格扦样员扦样　扦样应由受过专门培训与训练的扦样人员担任。扦样人员必须经过考核并获得检验员证。扦样人员进行扦样时，必须执行《农作物种子检验规程》的规定，规范操作，扦取有代表性样品。

(二)扦样相关定义

根据扦样原理，首先用扦样器或徒手从种子批内取出若干个初次样品，然后将全部初次样品混合组成为混合样品，在从混合样品中分取送验样品，送到种子检验室。在检验室中，在从送验样品中分取试验样品，进行各个项目的测定。因此说，种子扦样是一个过程，由一系列步骤组成。扦样过程涉及的有关定义如下：

(1)扦样　是从大量的种子中，随机取得一个重量适当、有代表性的供检样品的过程。

(2)样品　指种子检验部门直接采取或有关单位送交种子检验部门用作检验的适量种子或材料。按检验工作的需要，样品可分为：初次样品、混合样品、送验样品、试验样品等4种。在检验过程中不管哪一步骤都要有代表性。

(3)初次样品　是指对种子批的一次扦取操作中所获得的一部分种子(2006年《国际种子检验规程》规定)。

(4)混合样品　是指由种子批内所扦取的全部初次样品合并混合而成的样品。

(5)半试样　是指将试验样品分减成一半重量的样品。

(6)送验样品　是指送达检验室的样品，该样品可以是整个混合样品或是从其中分取的一个次级样品。送验样品可再分成由不同材料包装以满足特定检验(如：水分或种子健康)需要的次级样品。

(7)备份样品　是指从相同的混合样品中获得的用于送验的另外一个样品，标识为"备份样品"。

(8)试验样品(简称试样)　是指不低于检验规程中所规定重量的、供某一检验项目之用的样品，它可以是整个送验样品中分出一定量的种子，供检验种子品质的个别项目用的样品。

(9)种子批　一批种子必须是同一来源、同一品种、同一年度、同一时期收获、质量基本一致、在规定数量之内的种子。

(10)异质性　指种子批或检验单位的种子堆内，不同部位各种成分分布极不均匀一致，未达到随机分布的程度，也就是种子未充分混合好的均匀程度。异质性测定可用净度、种籽粒数、发芽率等检验项目来进行。

(三)扦样的条件

1.种子批构成

在GB/3543.1—1995《农作物种子检验规程 扦样》中作了严格规定,即同一来源、同一品种、同一年度、同一时期收获质量基本一致,在规定数量内的种子。这就规定了新种子和陈种子不能混合,即使混合后达到国家标准要求也不行。因为种子批可以是同一种子田收获的种子,也可以是同一生产场地不同种子田收获的种子混合而成。

2.种子批和容器的封口与标识

种子批的每一容器应有统一编号的批号或其他标识,有了标识,才能实现样品溯源,否则检验结果都只能代表样品,不能代表种子批。种子批号很重要,相当于一个人的身份证,可以溯源。GB/T 3543.2—1995《农作物种子检验规程 扦样》对封缄专门作了定义,这里的封缄是指封口,即将种子批的容器的开口采用一种方式封好后,除非损及原来的封缄或者遗留启封的痕迹,否则不可能把它们打开接触到种子。

3.种子批均匀度

种子批均匀度是一个最难以定义清楚的概念。如果能获得完全均匀的种子批,只需在种子批的最方便位置扦取小量的种子。在实际过程中,不可能获得完全均匀的种子批。因此,在检验规程中,只能假设种子批尽可能均匀一致,没有异质迹象,设计可行的扦样技术扦取有代表性的种子批样品。这个假设条件很重要,如果达不到,还是不能扦取有代表种子批的样品。这"尽可能一致"也是相当含糊的,一般理解为种子批一旦通过了严格的清选和加工操作,就认为符合检验规程所规定的"均匀度"要求,达到了扦样技术所规定的能扦取有代表性样品要求。

种子批达不到完全均匀,这种差异不仅产生于整个种子批,而且不同的容器和同一容器内也有差异。这种差异程度由作物种子和其他物质存在的比例及这些组分的差异和在种子批内的不同分布所决定的。在正常生产条件下,当种子收获时,混杂物处于最高值,很少有混合,因此种子批的分布就可遵循种子生产区域的混杂物的分布模式,均匀性处于最不一致的状态。经过加工,除去了许多其他物质,使得种子批变得均匀一致(处理不当引起的机械损伤除外)。但是种子即使经过严格的加工和混合,在罐装容器和运输过程中也会产生分离。当种子灌入容器时,分离模式主要由种子类型所决定。大粒种子的倾向是先在容器的基部,然后形成圆锥形,再从圆锥形的底边开始充满容器的边缘。小粒种子倾向于保持在容器的中央。对于稃壳少的种子,当容器灌满时,轻种子和稃壳随着气流向上运动,最后落在容器的边缘和上部。实际生产过程中,分离模式比以上例子更加复杂。

4. 种子批异质性测定

异质性测定的目的是衡量种子批的异质性，以表示所测定的项目用混合方法是否达到随机分布的程度。异质性是均匀度的反义词。对于存在异质性的种子批，即使按检验规程取得送验样品，也不会有代表性。在实际工作中，如果种子批的异质性明显到扦样时能看出袋间或初次样品的差异时，则应拒绝扦样。如果对种子批的均匀度产生怀疑可用规定方法进行异质性测定。

异质性测定是将从种子批中抽出规定数量的若干个样品所得的实际方差与随机分布的理论方差相比较，得出前者超过后者的差数。每一样品取自各个不同的容器，容器内的异质性不包括在内。

第二节　种子扦样检验工作程序

扦样只能由受过扦样训练、具有实践经验的扦样员（检验员）担任，按表 10-1 的工作程序扦取样品。

表 10-1　种子扦样检验工作程序

扦样检验工作程序	具体工作项目
步骤一：异质性测定	①种子批异质性检查，若怀疑种子批存在异质性按程序操作：种子批扦样、测定、H 值计算、结果报告。若不存在异质性，直接进入下一工作程序
步骤二：扦样前准备	①扦样员（检验员）向有关人员了解种子的来源、产地、品种名称、种子数量以及种子贮藏期间翻晒、虫霉、漏水和发热等有关种子质量的情况，是否符合规程的规定。②准备器具
步骤三：检查划分种子批	①检查种子批大小。②种子批是否处于便于扦样状况。③检查种子袋封口和标识。④检查种子批均匀度
步骤四：确定扦样频率，扦取初次样品	①袋装种子、小包装种子、散装种子或种子流、包衣种子按照农作物种子检验规程规定确定扦样频率。②根据种子的包装不同选择合适的扦样器用正确的扦样方法扦取初次样品
步骤五：配置混合样品	将扦取的初次样品放入样品盛放器中混合成混合样品
步骤六：配置送验样品	①根据 GB/T 3543.2—1995（表 1-2）中规定的确定送验样品的重量。②按照正确的程序分取送验样品

续表 10-1

扦样检验工作程序	具体工作项目
送验样品的处理	①样品必须包装好，贴好标签，封口，以防在运输过程中损坏。②供水分测定用的送验样品，应装入防湿密封的容器内。③与发芽试验有关的送验样品可用布袋或纸袋包装。④送验样品应并附有扦样单证明书，由扦样员尽快送到种子检验机构，不得延误。⑤经过化学处理的种子，防止处理材料脱落。并将处理药剂的名称送交种子检验机构。⑥每个送验样品须有记号(这记号最好能把种子批与样品联系起来)
填写扦样单	监督检验扦样单必须一式三份，抽样、被检单位各一份，一份随样品送检验单位。一般可以一式两份，一份交检验室，一份交被扦单位保存

扦样检验工作程序一　种子批异质性测定

当种子检验员怀疑种子批存在异质性时，需进行异质性测定，种子批异质性测定用于袋装种子，测定程序为：

种子批异质性测定程序一：种子批扦样

扦样的独立容器样品数不得少于表 10-2 的规定。

表 10-2　扦取容器数与临界 H 值(1%概率)

种子批的容器数	扦取的容器数	临界 H 值
5	5	2.58
6	6	2.02
7	7	1.80
8	8	1.64
9	9	1.51
10	10	1.41
11～15	11	1.32
16～25	15	1.08
26～35	17	1.00
36～49	18	0.97
50 或以上	20	0.90

扦样的容器应严格随机选择。从容器中取出样品必须代表种子批的各部分，应从袋子顶部、中部和底部扦取种子。每一容器扦取的重量应不少于表 10-4 送验样品栏所规定的一半。

种子批异质性测定程序二：测定方法

异质性可用下列项目表示：

①净度分析任一成分的重量百分率：

在净度分析时，如能把某种成分分离出来（如净种子、其他植物种子或禾本科的秕粒），则可用该成分的重量百分率表示。试样的重量应估计其中含有 1 000 粒种子，将每个试验样品分成两部分，即分析对象部分和其余部分。

②种子粒数：

能计数的成分可以用种子计数来表示，如某一植物种或所有其他植物种。每份试样的重量大约含有 10 000 粒种子，并计算其中所挑出的那种植物种子数。

③发芽试验任一记载项目的百分率：

在标准发芽试验中，任何可测定的种子或幼苗都可采用，如正常幼苗、不正常幼苗或硬实等。从每一袋样品中同时取 100 粒种子按 GB/T 3543.4 表 1 的条件下进行发芽试验。

种子批异质性测定程序三：H 值的计算

①净度与发芽：

$$W=\frac{\overline{X}(100-\overline{X})}{n}f$$

$$\overline{X}=\frac{\sum X}{N}$$

$$V=\frac{N\sum X^2-(\sum X)^2}{N(N-1)}$$

$$H=\frac{V}{W}-f$$

式中：N 为扦取袋样的数目；n 为每个样品中的种子估计粒数（如净度分析为 1 000 粒，其他植物种子数目为 10 000 粒，发芽试验为 100 粒）；X 为某样品中净度分析任一成分的重量百分率或发芽率；$\overline{X}$ 为从该种子批测定的全部 X 值的平均值；W 为该检验项目的样品期望（理论）方差；V 为从样品中求得的某检验项目的实际方差；f 为为得到可接受方差的多重理论方差因子见表 10-3；H 为异质性值。

假如 N 小于 10，X 计算到小数点后两位；若 N 等于 10 或大于 10，则计算到小数点后 3 位。

②指定的种子数：

$$W=\overline{X}\cdot f$$

V 和 H 的计算与以上公式相同。

式中：X 指从每个样品挑出的该类种子数。

如果 N 小于 10，计算到小数点后 1 位；如 N 等于 10 或大于 10，则计算到小数点后两位。

表 10-3 用于计算 W 和 H 值的 f 值

特性	无稃壳种子	有稃壳种子
净度	1.1	1.2
其他种子数目	1.4	2.2
发芽	1.1	1.2

种子批异质性测定程序四：结果报告

表 10-2 表明当种子批的成分呈随机分布时，只有 1%概率的测定结果超过 H 值。若求得的 H 值超过表 10-2 的临界 H 值时，则该种子批存在显著的异质性；若求得的 H 值小于或等于临界 H 值时，则该种子批无异质现象；若求得的 H 值为负值时，则填报为零。异质性的测定结果应填报如下：

N，该种子批袋数；H 即一项说明"这个 H 值表明有(无)显著的异质性"。如果超出下列限度，则不必计算或填报 H 值；

净度分析的任一成分：高于 99.8%或低于 0.2%；

发芽率：高于 99%或低于 1%；

指定某一植物种的种子数：每个样品小于两粒。

案例 水稻种子扦样

某水稻种子批，共有 10 袋，检验员在扦样时怀疑有异质性。在实际工作中如何测定？

• 工作程序一 扦样

根据扦样袋数应不得少于表 10-2 和每个样袋重量不得少于表 10-4 第四栏送检样品规定重量一半的规定，应扦取 10 个 200 g 的袋样。扦取袋样时，须通过袋的顶部、中部和底部所取得的少量种子组成。

● 工作程序二　测定方法

异质性测定可用净度分析、发芽试验和其他植物种子数目等测定项目表示。本例选用发芽试验。从10个袋样中各取出试样100粒，进行发芽试验，采用正常幼苗数作为测定的结果。经试验，测得发芽率分别为90%、98%、95%、96%、92%、94%、99%、97%、87%、98%。

● 工作程序三　计算 *H* 值

已知：袋样数目 $N=10$

每个样品的种子数 $n=100$

$$\overline{X}=\frac{\sum X}{N}=\frac{90+89+95+\cdots+98}{10}=94.6$$

$$\sum X^2=90^2+98^2+95^2+\cdots+98^2=89\ 628$$

$$(\sum X)^2=(90+98+95+\cdots+98)^2=946^2=894\ 916$$

代入下列公式：

$$W=\frac{\overline{X}(100-\overline{X})}{n}=\frac{94.6\times(100-94.6)}{100}=5.108$$

$$V=\frac{N\sum X^2-(\sum X)^2}{N(N-1)}=\frac{10\times 89\ 628-894\ 916}{10\times 9}=\frac{1\ 364}{90}=15.156$$

计算时应注意 N 等于或大于10，W 和 V 的小数位数保留3位。

$$异质性(H)值=\frac{V}{W}-1=\frac{15.156}{5.108}-1=2.97-1=1.97$$

查表10-2临界 H 值，10袋的显著异质性 H 值是1.41，现计算得实际异质性 H 值为1.97，超过规定 H 值，即表明该批种子存在着真实的异质性，应拒绝扦样。

● 工作程序四　检验报告

在结果报告的“其他测定项目”中填报异质性的测定结果：“$\overline{X}$ 为94.6，N 为10，该种子批共10袋，H 值为1.97，该 H 值表明该种子批有显著的异质性。”拒绝扦样。

扦样检验工作程序二　扦样前准备

扦样员（检验员）在扦样前，应向种子经营、生产、使用单位了解该批种子的来源、产地、品种名称、种子数量以及种子贮藏期间翻晒、虫霉、漏水和发热等有关种子质量的情况。以供分批和扦样时参考。另外扦样员要根据被扦作物种类，准备好各种扦样必需的仪器：扦样器、样品盛放容器、送验样品袋、供水分测定的样品容器、扦样单、标签、封签、粗天平等。

扦样检验工作程序三　检查划分种子批

1. 种子批大小

根据种子批的概念，必须是同一作物品种、种子质量基本一致，并在表 10-4 所规定的重量（其容许差距为 5%）之内的种子划分为一个种子批。种子批重量超过规定要求，应划分几个种子批，分别从每个种子批扦取送验样品。

在种子无异质性的情况下，包衣种子的种子批的最大重量可与表 10-4 所规定的最大重量相同，种子批的最大种籽粒数限额为 1×10^{9} 粒（即 10 000 个单位，每单位为 100 000 粒种子），但是种子批的最大重量（包括各种包衣材料或薄膜）不得超过 42 000 kg（即 40 000 kg 加上 5%的容许差距）。用单位粒数表示种子批大小时，该种子批的总重量应在检验报告上填写。

表 10-4　农作物种子批的最大重量和样品最小重量

种（变种）名	学名	种子批的最大重量（kg）	样品最小重量（g）		
			送验样品	净度分析试样	其他植物种子计数试样
1. 洋葱	*Allium cepa* L.	10 000	80	8	80
2. 葱	*Allium fistulosum* L.	10 000	50	5	50
3. 韭葱	*Allium porrum* L.	10 000	70	7	70
4. 细香葱	*Allium schoenoprasum* L.	10 000	30	3	30
5. 韭菜	*Allium tuberosum* Rottl. Ex Spreng.	10 000	100	10	100
6. 苋菜	*Amaranthus tricolor* L.	5 000	10	2	10
7. 芹菜	*Apium graveolens* L.	10 000	25	1	10
8. 根芹菜	*Apium graveolens* L. var. Rapaceum DC.	10 000	25	1	10
9. 花生	*Arachis hypogaea* L.	25 000	1 000	1 000	1 000
10. 牛蒡	*Arctium lappa* L.	10 000	50	5	50
11. 石刁柏	*Asparagus officinalis* L.	20 000	1 000	100	1 000

续表 10-4

种(变种)名	学名	种子批的最大重量(kg)	样品最小重量(g)		
			送验样品	净度分析试样	其他植物种子计数试样
12. 紫云英	*Astragalus sinicus* L.	10 000	70	7	70
13. 裸燕麦(莜麦)	*Avena nuda* L.	25 000	1 000	120	1 000
14. 普通燕麦	*Avena sativa* L.	25 000	1 000	120	1 000
15. 落葵	*Basella* spp. L.	10 000	200	60	200
16. 冬瓜	*Benincasa hispida* (Thunb.) Cogn.	10 000	200	100	200
17. 节瓜	*Benincasa hispida* Cogn. var. *chieh-qua* How.	10 000	200	100	200
18. 甜菜	*Beta vulgaris* L.	20 000	500	50	500
19. 叶甜菜	*Beta vulgaris* var. Cicla	20 000	500	50	500
20. 根甜菜	*Beta vulgaris* var. Rapacea	20 000	500	50	500
21. 白菜型油菜	*Brassica campestris* L.	10 000	100	10	100
22. 不结球白菜(包括白菜、乌塌菜、紫菜薹、薹菜、菜薹)	*Brassica campestris* L. ssp. *chinensis* (L.)	10 000	100	10	100
23. 芥菜型油菜	*Brassica juncea* Czern. et Coss.	10 000	40	4	40
24. 根用芥菜	*Brassica juncea* Coss. var. *megarrhiza* Tsen et Lee	10 000	100	10	100
25. 叶用芥菜	*Brassica juncea* Coss. var. Foliosa Bailey	10 000	40	4	40
26. 茎用芥菜	*Brassica juncea* Coss. var. *tsatsai* Mao	10 000	40	4	40
27. 甘蓝型油菜	*Brassica napus* L. ssp. pekinensis (Lour.) Olsson	10 000	100	10	100
28. 芥蓝	*Brassica oleracea* L. var. *alboglabra* Bailey	10 000	100	10	100
29. 结球甘蓝	*Brassica oleracea* L. var. *capitata* L.	10 000	100	10	100
30. 球茎甘蓝(苤蓝)	*Brassica oleracea* L. var. *caulorapa* DC.	10 000	100	10	100
31. 花椰菜	*Brassica oleracea* L. var. *bortytis* L.	10 000	100	10	100

续表 10-4

种(变种)名	学名	种子批的最大重量(kg)	样品最小重量(g)		
			送验样品	净度分析试样	其他植物种子计数试样
32. 抱子甘蓝	*Brassica oleracea* L. var. *gemmifera* Zenk.	10 000	100	10	100
33. 青花菜	*Brassica oleracea* L. var. *italica* Plench	10 000	100	10	100
34. 结球白菜	*Brassica campestris* L. ssp. *pekinensis*(Lour.) Olsson	10 000	100	4	40
35. 芜菁	*Brassica rapa* L.	10 000	70	7	70
36. 芜菁甘蓝	*Brassica nāpobrassica* Mill.	10 000	70	7	70
37. 木豆	*Cajanuscajan*(L.)Mils sp.	20 000	1 000	300	1 000
38. 大刀豆	*Canavalia gladiata* (Jacq.)DC.	20 000	1 000	1 000	1 000
39. 大麻	*Cannabis sativa* L.	10 000	600	60	600
40. 辣椒	*Capsicum frutescens* L.	10 000	150	15	150
41. 甜椒	*Capsicum frutescens* var. *grossum*	10 000	150	15	150
42. 红花	*Carthamus tinctorius* L.	25 000	900	90	900
43. 茼蒿	*Chrysanthemum coronarium* var. *spatisum*	5 000	30	8	30
44. 西瓜	*Citrullus lanatus*. (Thunb.) Matsum. et Nakai	20 000	1 000	250	1 000
45. 薏苡	*Coix lacryna-jobi* L.	5 000	600	150	600
46. 圆果黄麻	*Corchorus capsularis* L.	10 000	150	15	150
47. 长果黄麻	*Corchorus olitorius* L.	10 000	150	15	150
48. 芫荽	*Coriandrum sativum* L.	10 000	400	40	400
49. 柽麻	*Crotalaria juncea* L.	10 000	700	70	700
50. 甜瓜	*Cucumis melo* L.	10 000	150	70	150
51. 越瓜	*Cucumis melo* L. var. *conomon* Makino	10 000	150	70	150
52. 菜瓜	*Cucumis melo* L. var. *Flexuosus* Naud.	10 000	150	70	150
53. 黄瓜	*Cucumis sativus* L.	10 000	150	70	150
54. 笋瓜(印度南瓜)	*Cucurbita maxima*. Duch. ex Lam	20 000	1 000	700	1 000
55. 南瓜(中国南瓜)	*Cucurbita moschata*(Duchesne) Duchesne ex Poiret	10 000	350	180	350

续表 10-4

种(变种)名	学名	种子批的最大重量(kg)	样品最小重量(g)		
			送验样品	净度分析试样	其他植物种子计数试样
56. 西葫芦(美洲南瓜)	*Cucurbita pepo* L.	20 000	1 000	700	1 000
57. 瓜尔豆	*Cyamopsis tetragonoloba* (L.) Taubert	20 000	1 000	100	1 000
58. 胡萝卜	*Daucus carota* L.	10 000	30	3	30
59. 扁豆	*Dolichos lablab* L.	20 000	1 000	600	1 000
60. 龙爪稷	*Eleusine coracana* (L.) Gaertn.	10 000	60	6	60
61. 甜荞	*Fagopyrum esculentum* Moench	10 000	600	60	600
62. 苦荞	*Fagopyrum tataricum* (L.) Gaertn.	10 000	500	50	500
63. 茴香	*Foeniculum vulgare* Miller	10 000	180	18	180
64. 大豆	*Glycine max* (L.) Merr.	25 000	1 000	500	1 000
65. 棉花	*Gossypium* spp.	25 000	1 000	350	1 000
66. 向日葵	*Helianthus annuus* L.	25 000	1 000	200	1 000
67. 红麻	*Hibiscus cannabinus* L.	10 000	700	70	700
68. 黄秋葵	*Hibiscus esculentus* L.	20 000	1 000	140	1 000
69. 大麦	*Hordeum vulgare* L.	25 000	1 000	120	1 000
70. 蕹菜	*Ipomoea aquatica* Forsskal	20 000	1 000	100	1 000
71. 莴苣	*Lactuca sativa* L.	10 000	30	3	30
72. 瓠瓜	*Lagenaria siceraria* (Molina) Standley	20 000	1 000	500	1 000
73. 小扁豆(兵豆)	*Lens culinaris* Medikus	10 000	600	60	600
74. 亚麻	*Linum usitatissimum* L.	10 000	150	15	150
75. 棱角丝瓜	*Luffa acutangula* (L). Roxb.	20 000	1 000	400	1 000
76. 普通丝瓜	*Luffa cylindrica* (L.) Roem.	20 000	1 000	250	1 000
77. 番茄	*Lycopersicon lycopersicum* (L.) Karsten	10 000	15	7	15
78. 金花菜	*Medicago polymor* pha L.	10 000	70	7	70
79. 紫花苜蓿	*Medicago sativa* L.	10 000	50	5	50
80. 白香草木樨	*Melilotus albus* Desr.	10 000	50	5	50
81. 黄香草木樨	*Melilotus officinalis* (L.) Pallas	10 000	50	5	50

续表 10-4

种(变种)名	学名	种子批的最大重量(kg)	样品最小重量(g)		
			送验样品	净度分析试样	其他植物种子计数试样
82.苦瓜	*Momordica charantia* L.	20 000	1 000	450	1 000
83.豆瓣菜	*Nasturtium officinale* R. Br.	10 000	25	0.5	5
84.烟草	*Nicotiana tabacum* L.	10 000	25	0.5	5
85.罗勒	*Ocimum basilicum* L.	10 000	40	4	40
86.稻	*Oryza sativa* L.	25 000	400	40	400
87.豆薯	*Pachyrhizus erosus* (L.)Urban	20 000	1 000	250	1 000
88.黍(糜子)	*Panicum miliaceum* L.	10 000	150	15	150
89.美洲防风	*Pastinaca sativa* L.	10 000	100	10	100
90.香芹	*Petroselinum crispum* (Miller) Nymanex A. W. Hill	10 000	40	4	40
91.多花菜豆	*Phaseolus multiflorus* Willd.	20 000	1 000	1 000	1 000
92.利马豆(莱豆)	*Phaseolus lunatus* L.	20 000	1 000	1 000	1 000
93.菜豆	*Phaseolus vulgaris* L.	25 000	1 000	700	1 000
94.酸浆	*Physalis pubescens* L.	10 000	25	2	20
95.茴芹	*Pimpinella anisum* L.	10 000	70	7	70
96.豌豆	*Pisum sativum* L.	25 000	1 000	900	1 000
97.马齿苋	*Portulaca oleracea* L.	10 000	25	0.5	5
98.四棱豆	*Psophocarpus tetragonolobus* (L.) DC.	25 000	1 000	1 000	1 000
99.萝卜	*Raphanus sativus* L.	10 000	300	30	300
100.食用大黄	*Rheum rhaponticum* L.	10 000	450	45	450
101.蓖麻	*Ricinus communis* L.	20 000	1 000	500	1 000
102.鸦葱	*Scorzonera hispanica* L.	10 000	300	30	300
103.黑麦	*Secale cereale* L.	25 000	1 000	120	1 000
104.佛手瓜	*Sechium edule* (Jacp.)Swartz	20 000	1 000	1 000	1 000
105.芝麻	*Sesamum indicum* L.	10 000	70	7	70
106.田菁	*Sesbania cannabina* (Retz.)Pers.	10 000	90	9	90
107.粟	*Setaria italica* (L.)Beauv.	10 000	90	9	90
108.茄子	*Solanum melongena* L.	10 000	150	15	150
109.高粱	*Sorghum bicolor* (L.)Moench	10 000	900	90	900

续表 10-4

种(变种)名	学名	种子批的最大重量(kg)	样品最小重量(g)		
			送验样品	净度分析试样	其他植物种子计数试样
110. 菠菜	*Spinacia oleracea* L.	10 000	250	25	250
111. 黎豆	*Stizolobium* ssp.	20 000	1 000	250	1 000
112. 番杏	*Tetragonia tetragonioides* (Pallas) *Kuntze*	20 000	1 000	200	1 000
113. 婆罗门参	*Tragopogon porrifolius* L.	10 000	400	40	400
114. 小黑麦	*X Triticosecale* Wittm.	25 000	1 000	120	1 000
115. 小麦	*Triticum aestivum* L.	25 000	1 000	120	1 000
116. 蚕豆	*Vicia faba* L.	25 000	1 000	1 000	1 000
117. 箭筈豌豆	*Vicia sativa* L.	25 000	1 000	140	1 000
118. 毛叶苕子	*Vicia villosa* Roth	20 000	1 080	140	1 080
119. 赤豆	*Vigna angularis* (Willd) Ohwi & Ohashi	20 000	1 000	250	1 000
120. 绿豆	*Vigna radiata* (L.) Wilczek	20 000	1 000	120	1 000
121. 饭豆	*Vigna umbellata* (Thunb.) Ohwi & Ohashi	20 000	1 000	250	1 000
122. 长豇豆	*Vigna unguiculata* W. ssp. *sesquipedalis* (L.) Verd.	20 000	1 000	400	1 000
123. 矮豇豆	*Vigna unguiculata* W. ssp. *Unguiculata* (L.) Verd.	20 000	1 000	400	1 000
124 玉米	*Zea mays* L.	40 000	1 000	900	1 000

2. 种子批处于便于扦样状况

被扦种子批的堆放应便于扦样，扦样人员至少能靠近种子批堆放的两个面进行扦样。如果达不到这一要求，必须要求移动种子袋。

3. 检查种子袋封口和标识

所有盛装的种子袋必须封口，并有一个相同的批号或编码的标签，此标识必须记录在扦样单或样品袋上。

4. 检查种子批均匀度

确定种子批已进行适当混合、掺匀和加工，尽可能达到均匀一致。不能有异质性的文件记录或其他迹象。若发生怀疑，可按规定的异质性测定方法进行测定。

扦样检验工作程序四　确定扦样频率 扦取初次样品

根据种子包装和堆放方式不同，扦取初次样品的频率(通常称为点数)，要根据扦样容器(袋)的大小和类型而定，主要有以下几种情况：

● (一)袋装种子

1. 计算扦样袋数

《农作物种子检验规程》所指的袋装种子是指在一定量值范围内的定量包装，其质量的量值范围规定为15～100 kg(含100 kg)，超过这个重量值范围不是规程中所述的袋装种子，这一点必须引起注意，不是指凡是用袋进行包装就是袋装。对于在规定范围内的袋装种子，可依据种子批袋数的多少确定扦样袋数，表10-5规定的扦样频率作为最低要求。在实践中，一般扦样前先了解被扦种子批的总袋数，再按表10-5规定确定至少需扦取的袋数。

表10-5　袋装种子的最低扦样频率

种子批的袋(容器)数	扦样的最低袋(容器)数
1～5	每袋都扦取，至少扦取5个初次样品
6～14	不少于5袋
15～30	每3袋至少扦取1袋
31～49	不少于10袋
50～400	每5袋至少扦取1袋
401～560	不少于80袋
561以上	每7袋至少扦取1袋

另外，当种子装在小容器中，其质量的量值范围规定等于或小于15 kg，如：金属灌、铝箔袋、塑料袋或零售包装时，则用以下方法扦样：即以100 kg种子重量作为扦样的基本单位。小容器合并的重量不超过此重量100 kg。例如：20个5 kg的容器，30个3 kg的容器，10个10 kg的容器，为了便于扦样，将每个基本单位视为一个“袋装”，然后按表10-5的规定确定扦样频率。如有一种子批，每一容器为盛装5 kg的种子，共有600个容器，据此，可推算共具有30个基本单位，因此至少应扦取10个初次样品。

对于具有密封的小包装(如瓜菜种子)，这些小包装种子重量只有200 g、100 g和50 g或更小的，则可直接取一小包装袋作为初次样品，并根据表10-5规定所需的送验样品数量来确定袋数，随机从种子批中抽取。

2. 设置扦样点

在收购、加工、调运、装卸扦样时按规定的扦样频率每隔一定袋数设定扦样点，在种子仓储堆垛的情况下，扦样点应均匀分布于堆垛的上、中、下各个部分。

3. 扦取初次样品

(1)袋装种子扦样　根据种子的大小、形状、包装，选用不同的扦样器扦取初次样品。一般袋装种子可用单管扦样器、双管扦样器和带筒式单管扦样器等（图 10-1）。因扦取的种子不同，单管扦样器有很多种型号和规格。该工具总长约 50 cm，管的直径约 1.5 cm。金属管上有纵形斜槽形切口，槽长约 30 cm，宽约 0.8 cm，管的先端尖锐，长约 5 cm，管下端略粗与手柄相连接，手柄长约 15 cm，中空，便于种子流出。选择扦样器要掌握的原则是扦样器长度略短于被扦容器的斜角长度。单管扦样器扦取袋装种子的程序。

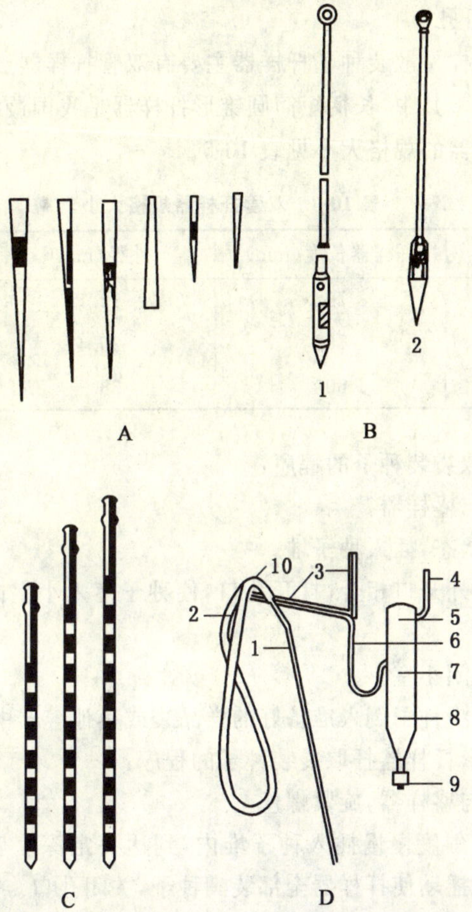

A. 单管扦样器　B. 圆锥形扦样器　1. 长柄短筒圆锥形插样器　2. 圆锥形扦样器　C. 双管扦样器
D. 气吸式扦样机　1. 扦样管　2. 皮管　3. 支持杆　4. 排气管　5. 排气管　6. 曲管
7. 减压室　8. 样品收集室　9. 玻质观察管　10. 连接夹

图 10-1　种子扦样器的种类

①清洁扦样器与盛样器。

②扦样器尖端先拔开种子袋一角的线孔，槽孔朝下，尖端朝上与水平约成30°角慢慢插入袋内，直达袋的中心。

③将扦样器旋转180°使槽孔朝上，摇动使扦样器全部装满种子。

④慢慢抽出扦样器，将种子倒入准备好的样品袋或其他容器中。

⑤用扦样器尖端对着槽洞相对方向拨几下，拨好扦孔使麻线合并在一起。密封纸袋可用纸粘好扦孔。

(2)散装种子扦样　散装种子扦样器主要有双管扦样器、长柄短筒圆锥形扦样器、圆锥形扦样器等。其中，长柄短筒圆锥形扦样器是我国最常用的散装种子扦样器，常用的双管扦样器的规格大小见表10-6。

表10-6　双管扦样器规格大小

适用种子类型(容器)	扦样器长度(mm)	外径(mm)	小孔数目
小粒易流动种子	762	12.7	9
禾谷类	762	25.4	6
禾谷类	1 600	38	6～9

双管扦样器扦取袋装种子的程序：

①清洁扦样器与盛样器。

②扦样器关闭状态，插入种子堆。

③旋转内管，内外开口相合，打开孔口，使种子落入小室内，微微振动，使小室内装满种子。

④旋转内管，关闭小室。

⑤抽出扦样器，将种子倒入准备好的样品袋或其他容器中。

长柄短筒圆锥形扦样器扦取袋装种子的程序：

①清洁扦样器与盛样器，旋紧螺丝。

②扦样器以30°斜度慢慢插入种子堆内，到达一定深度后，用力向上一拉，使活动塞离开进谷门，摇动使扦样器全部装满种子，关闭孔口。

③抽出扦样器，打开孔口，将种子倒入准备好的盘内其他容器中。

经验之谈

袋装种子扦样时还需注意哪些?

①不论是大粒或中小粒袋装种子扦样,扦取的样品在混合和分样时保证不发生混杂。

②棉花、花生种子必须开袋口徒手扦样或倒包扦样,倒包扦样时,下垫一块清洁的塑料布,拆开袋口缝线用两手掀起袋底两角,袋身倾斜45°,徐徐后退1 m,将种子全部倒在清洁的布或塑料纸上,保持原来层次,然后分上、中、下不同位置徒手取出初次样品。

(二)散装种子或种子流

1.确定扦样点数

《农作物种子检验规程》所指的散装种子,与日常生活中所述的散装是有所不同的,它是指大于100 kg容器的种子批(如集装箱)或正在装入容器的种子流,这里的散装必须满足前面扦样条件所述的种子批和容器的封缄与标识的要求。

对于散装种子或种子流,应根据散装种子数量,确定扦样的点数,表10-7规定的散装种子扦样点数应作为最低要求。

表10-7　散装的扦样点数

种子批大小(kg)	扦样点数
50以上	不少于3点
51～1 500	不少于5点
1 501～3 000	每300 kg至少扦取1点
3 001～5 000	不少于10点
5 001～20 000	每500 kg至少扦取1点
20 001～28 000	不少于40点
28 001～40 000	每700 kg至少扦取1点

表10-5和表10-7中所规定的扦样频率,在实际操作中非常麻烦,经过多年的研究和统计分析,《国际种子检验规程》作了修订(表10-8和表10-9)。

表 10-8　容量为 15～100 kg(含 100 kg)的多容器种子批最低扦样频率

容器数目	扦取初次样品的最低数目
1～4 个容器	每个容器扦取 3 个初次样品
5～8 个容器	每个容器扦取 2 个初次样品
9～15 个容器	每个容器扦取 1 个初次样品
16～30 个容器	种子批中扦取 15 个初次样品
31～59 个容器	种子批中扦取 20 个初次样品
60 个或更多容器	种子批中扦取 30 个初次样品

表 10-9　从大于 100 kg 容器的种子批或从正在装入容器的种子流中取样的最低扦样频率

种子批的大小	扦取初次样品的数目
500 kg 以下	至少扦取 5 个初次样品
501～3 000 kg	每 300 kg 扦取 1 个初次样品，但不得少于 5 个
3 001～20 000 kg	每 500 kg 扦取 1 个初次样品，但不得少于 10 个
20 001 kg 和以上	每 700 kg 扦取 1 个初次样品，但不得少于 40 个

2. 设点

在划分好的种子批内，按照扦样点数，进行设点，从上、中、下不同层次扦取。

一般扦样点要均匀分布在散装种子批表面，四角各点要距仓壁 50 cm。

3. 按堆高分层

种子堆高不足 2 m 时分上、下两层，堆高 2～3 m 时分上、中、下三层，上层在距顶部以下 10～20 cm 处，中层在种子堆中心下层距底部 5～10 cm 处。堆高 3 m 以上再加一层。

4. 扦取初次样品

长柄短筒圆锥形扦样器是最常用的散装种子扦样器。根据扦样点位置，先扦上层，后扦中层，最后扦下层，以免搅乱层次而失去代表性。其扦样程序为：

①清洁扦样器和盛样器。

②关闭进谷门，插入袋中。

③到达一定深度后，用力向上一拉，使活动塞离开进谷门，略加振动，种子即掉入门内。

④关闭进谷门，然后抽出扦样器，把种子倒入盛样器中。

自动扦样器可定时从种子流动带的加工线上扦取样品。扦样间隔时间和每次扦取的种子数量可以调节。混合样品的大小取决于加工速率、初次样品的频率和扦取初次样品的时间。其扦样程序为：

①种子流必须是一致的和连续的。

②所使用的扦样器必须清洁，必要时可重装。

③负责扦样的扦样员必须定期对扦样器进行校准和确认。

手工方法从种子流中的扦样的程序(适用于均匀和连续的种子流)为：

①从种子流中取得初次样品，放入一个横截面宽于种子流的容器，不允许种子进入扦样容器后反弹出来。

②检查确定扦样容器和盛样器，必须干净。

③在加工时以相同的间隔扦取初次样品，使种子样品有代表性。

● **(三)包衣种子扦样频率**

对于种子带，如果为散装，按表 10-7 规定的频率进行扦样，丸化种子和包膜种子的种子批按表 10-5 规定的频率进行扦样。如果以包或以卷的形式包装，则将含有 2 000 000 粒(即 20 个单位，每单位 100 000 粒种子)凑成一个基本单位，视为一个“容器”，按表 10-5 规定的频率，随机抽取若干成包、成卷种子带。

扦样检验工作程序五　配置混合样品

将扦取的初次样品放入样品盛放器中混合成混合样品。注意千万不能把样品袋套在扦样器上让种子自流组成混合样品。

扦样检验工作程序六　制备送验样品

假如混合样品的数量与送验样品规定的数量相等时，即可将混合样品作为送验样品。若混合样品数量较多时，即可从中分出规定数量的送验样品。

● **(一)送验样品的重量**

不同作物检测所需送验样品的重量在 GB/T 3543.2—1995(表 10-4)中有明确规定，分为三类：①水分测定，需磨碎的种类为 100 g，不需磨碎的为 50 g。②品种纯度鉴定，按 GB/T3543.5—1995《农作物种子检验规程真实性与品种纯度鉴定》的规定。③所有其他项目测定，包括净度分析、其他植物种子数目测定、采用净度分析后净种子作为试样的发芽试验、生活力测定、重量测定、种子健康测定等，其送验样品数量按表 10-4 规定的最小重量。如果送验样品小于规定重量时，应通知扦样员补足后再进行分析。但某些特殊品种、杂交种等种子批可以例外，允许较少数量的送验样品，如不进行其他植物种子数目测定，送验样品至少达到表 10-4 净度分析试验样品的规定的重量，并在检验报告上加以说明。

包衣种子送验样品不得小于表 10-10 所规定的粒数。如果样品较少，应在检验报告上注明。因为包衣种子所含的种子数比非包衣种子的相同样品要少，所以在扦样前必须特别注意所扦的样品能保证代表种子批。在扦样、处理和运输过程中,要避免包衣材料的脱落,将样品装在合适容器内寄送。

表 10-10 包衣种子送验样品大小

检测项目	送验样品最低粒数		
	丸化(粒)	包膜(粒)	种子带(粒)
净度分析	7 500	7 500	2 500
种的鉴定	—	—	2 500
其他植物种子数目测定	10 000	25 000	10 000
发芽试验	7 500	7 500	2 500
重量测定	7 500	7 500	—
大小分级	10 000	10 000	—

● (二)送验样品的分取

一般在仓库或现场配制好混合样品后,即可称其重量,若混合样品重量与送验样品规定的重量相符,即可作为送验样品。若数量较多时,可用机械分样器或徒手减半分取法分出足够数量的送验样品。当仓库或现场没有分样器具时,也可将混合样品带到检验室进行分样。实验室分样程序如下。

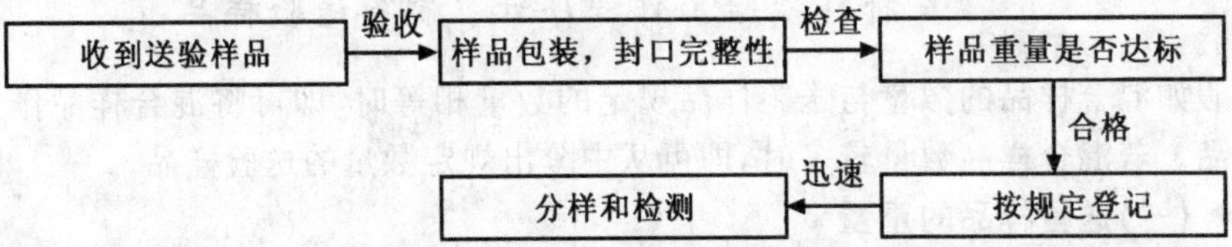

经验之谈

检验员接到送验样品检查验收合格后,若不及时进行分样和检测,须将样品保存在凉爽、通风的样品贮藏室内。

试验样品的分取程序如下:

首先将送验样品充分混合,然后用分样器经多次对分法或抽取递减法分取供各项测定用的试验样品,其重量必须与规定重量相一致。

重复样品须独立分取,在分取第一份试样后,第二份试样或半试样须将送验样品一分为二的另一部分中分取。

1. 机械分取法

横格式分样器使用范围及操作程序

横格式分样器适用于大粒种子和有稃壳的种子，也有适用于小粒种的横格式分样器(图 10-2)。

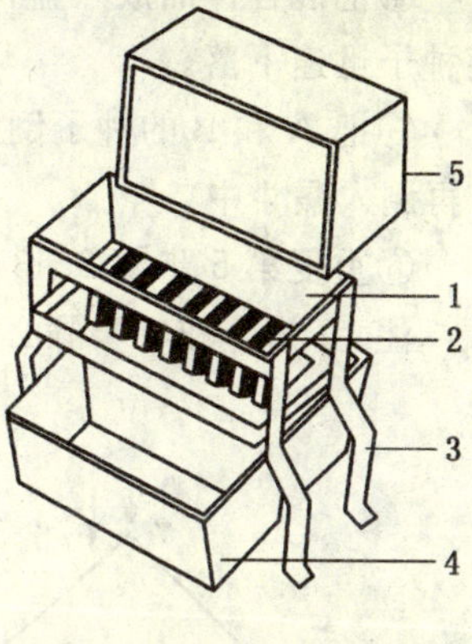

图 10-2　横格式分样器

1. 漏斗　2. 格子和凹槽　3. 支架
4. 盛接器　5. 倾倒盘

横格式分样器的操作程序：

①检查、清洁分样器和盛样器。

②使分样器处于比较坚固的水平表面。

③把盛样器放在每一边，称为盛样器 A 和 B。

④把混合样品放入盛样器 C，把 C 沿着整个漏斗等速倒入分样器，使每一边有同样的种子。

⑤把 A 和 B 的种子倒入 C 重新混合，空的盛样器 A 和 B 放在分样器两边，把 C 再倒入漏斗中。

⑥对于易流动种子，重复第 5 步骤一次；对于带稃壳的种子，重复两次。

注意：要求第 5 和 6 步骤必须使种子达到随机混合。

⑦经过第 5 步骤，在分样器漏斗下有 A 和 B，每一个含有混合样品的一半种子。把 A 中的种子放入另一盛样器后再把 A 放在漏斗下，移去 B，用空 C 来代替。

注意：这一步骤，GB/T 3543.2 与《国际种子检验规程》规定有所不同。

⑧倒 B 至漏斗，这样 A 有 1/4 种子，C 有 1/4 种子。

⑨A 移到另一混合样品盛样器中，用空盛样器 A 和 B 放在漏斗下。

⑩把 C 倒入漏斗中。

注意：如果没有足够种子构成规定的样品重量，绝对不能拿小量种子来补充。缺少部分只能从混合样品的其余部分分取达到规定的送验样品重量。

⑪继续这一过程，直至取得规定重量的送验样品为止。

⑫把送验样品放入样品袋，并封口(分取试样就不必封口)。

⑬确信样品袋上有样品标签标识信息。

钟鼎式分样器的使用范围和操作步骤

钟鼎式分样器有两种类型，一类是适用于小粒种子(即小于小麦种子)，另一类适用于大粒种子(等于或大于小麦种子)。钟鼎式分样器分样(图 10-3、图 10-4)，按下列步骤操作：

①检查分样器和盛样器是否干净。

②使分样器处于比较坚固的水平表面。

③把盛样器放在每一边，称为盛样器 A 和 B。

④把混合样品放入盛样器C,把C的种子放入漏斗,铺平,用手很快拨开活门,使种子迅速下落。

⑤把A和B的种子倒入C重新混合,空的盛样器A和B放在分样器两边,把C再倒入漏斗中。

⑥重复第5步骤2～3次。

注意:第5和6步骤必须使种子达到随机混合。

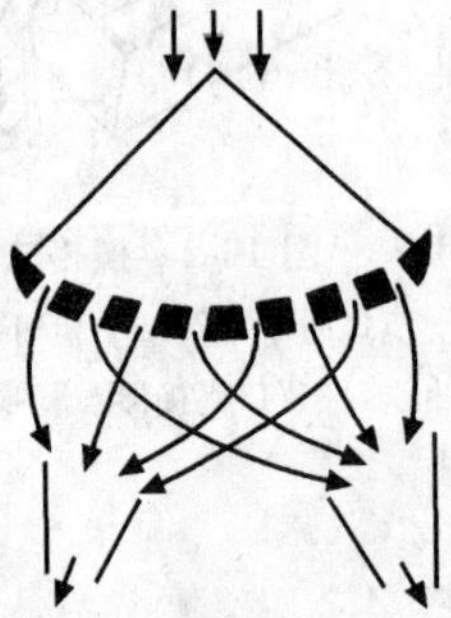

图 10-3 钟鼎式分样器的分样原理示意图

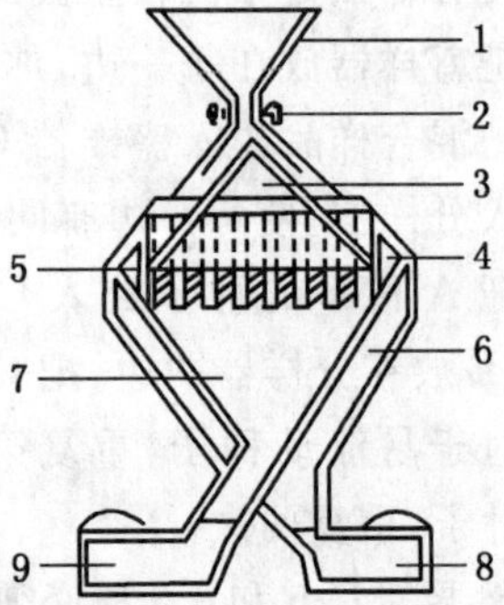

图 10-4 钟鼎式分样器

1.漏斗 2.活门 3.圆锥体 4.流入内层各格 5.流入外层各格 6.外层 7.内层 8,9.盛接器

⑦经过第5步骤,在分样器漏斗下有A和B,每一个含有混合样品的一半种子。把A中种子放入另一盛放器后再把A放在漏斗下,移去B,用空C来代替。

⑧倒B至漏斗,这样A有1/4种子,C有1/4种子。

⑨A移到混合样品盛放器中(通常有盖),用空盛放器A和B放在漏斗下。

⑩把C倒入漏斗中。

注意:如果没有足够种子构成规定的样品重量,千万不要采用拿小量种子来补充。缺少部分只能从混合样品的其余部分分取达到规定的送验样品重量。

⑪继续这一过程,从另一边取一容器,直至另一送验样品达到规定重量为止。

⑫把送验样品放入样品袋,并封口(分取试样就不必封口)。

⑬确信样品袋上有样品袋标签标识信息。

离心式分样器的使用范围和操作步骤

离心分样器是应用离心力混合并把种子撒播在分离面上。离心分样器中种子经过漏斗到浅橡皮杯或旋转器内向下流动。由马达带动旋转,种子即被离心力抛出落下。种子落下的圆周或面积由固定的隔板相等地分成两部分。因此,大约一半种子流到一个出口,其余一半流到另一出口。

离心式分样器分样操作步骤:

①调节分样器的脚,使其水平。

②核查清洁分样器和四个盛接器。

③每一出口处放一盛接器。

④将全部样品倒入漏斗盒,当装入漏斗时,种子必须始终倒在中心。

⑤启动旋转器,使种子流入盛接器。

⑥取出装有种子的盛接器换上空盛接器,将两个盛接器内装有的种子一起倒入漏斗,这样种子会边倒入边自然混匀,再启动旋转器。

⑦重复第6步骤1次。

⑧取出装有种子的两个盛接器分别换上空盛接器,将一个装有种子的盛接器搁置不用,另一个盛接器内的种子倒入漏斗,然后启动旋转器。

⑨这个程序重复进行,直至分到与规定大小相当的送验样品(或试验样品)为止。

2.徒手减半分取法

机械分样器不适宜于有稃壳的种子的分样,相反,用徒手分取却能获得满意的结果。有稃壳不易流动的种子如水稻种子就可使用此法。

《国际种子检验规程》规定的徒手减半分取法可采用下列步骤:

①将种子均匀地倒在一个光滑清洁的平面上。

②用平边刮板将种子充分混匀形成一堆。

③将整堆种子分成两半,每半再对分一次,这样得到四个部分。然后把其中每一部分再减半,共分成八部分,排成两行,每行四个部分。

④合并和保留交错部分,如第一行的第一和第三部分与第二行的第二和第四部分合并留下的四部分拿开。

⑤把第4步保留的部分,按2、3、4步重复分样,直至分得所需的样品重量为止。

GB/T 3543.2规定的四分法与上述方法有点差异,即采用对角线的两个对角的样品合并。

扦样检验工作程序七 送验样品的处理

样品必须包装好,以防在运输过程中损坏。供水分测定用的送验样品,应装入防湿密封的容器内:与发芽试验有关的送验样品可用布袋或纸袋包装。贴好标签，封口。送验样品应由扦样员尽快送到种子检验机构，不得延误。经过化学处理的种子，须将处理药剂的名称送交种子检验机构。每个送验样品须有记号（这记号最好能把种子批与样品联系起来），并附有扦样证明书。

扦样检验工作程序八　扦样单填写

监督检验中扦样单（表 10-11）必须一式三份，抽样、被检单位各一份，一份随样品送检验单位。一般可以一式两份，一份交检验室，一份交被扦单位保存。

表 10-11　种子质量扦（抽）样单

受检单位		邮　编	电　话
抽样单位		样品编号	
作物种类		用封条数	
样品等级		品种（组合）名称	
来源（世代）		商标	
生产单位		存入地点	
收获年份		堆放形式	
抽样基数		抽样方法	
型号规格		样品状态	
样品数量		抽样日期	年　月　日
抽样依据		自报质量	
抽样程序		种子批号	
化学处理说明			
受检单位： （公章）		抽样单位： （公章）	
备注			

注：本抽样单一式三份，受检单位一份，其余两份由抽样单位带回。

经验之谈

(1)实际工作中,全面检验时必须是四份送验样品吗?

1995规程规定了四份送验样品,实质上这四份样品在扦样时扦取的是同一份样品。实际工作中,作全面检验的样品,可用两份样品,一份是要求特殊包装的供水分测定的样品(在扦样场地完成),另外三份送验样品可以混合在一起在检验时进行分样,不一定要单独扦取三份样品。

(2)在做种子全面检验时,在操作细节上应注意哪些环节?

①水分是一个容易变化的质量特性,当进行全面检测时应该首先检测。供水分测定的送验样品必须在扦样场所就密封包装。

②假如送验者要求同时进行净度分析和其他植物种子数目测定时,送验样品要达到规程规定其他植物种子数目测定的数量。检验员可以用同一份送验样品,先进行净度分析,再测定其他植物种子数目。

③净度分析时,若发现有重型混杂物,应首先从试验样品中取出,计算其百分率,然后分出保留样品和净度分析的试样,做净度分析。

④净度分析后的净种子可进行发芽试验、生活力测定、重量测定和种子健康测定。一般这四个项目,先做发芽率测定,如果发现有休眠种子需做生活力测定或破除种子休眠后测定发芽率。

⑤种子健康测定,试验样品来源可以从净种子中取得,数量多时也可从送验样品中取得。

(3)实际工作中,检验员在接到送验样品后应做哪些工作?

①品种真实性和纯度测定在程序图中列在最后一项,但在实际工作中,检验员应该拿到送验样品后及早安排播种,进行小区种植鉴定。

②检验员在接到送验样品后,检验前应进行样品的分取工作,利用适宜的分样器,经过多次混样、分样,取有代表性的规定数量的试验样品,然后再进行各个项目的分析、检验和鉴定工作。

③检验员在接到送验样品后需登记送验者单位、姓名、通讯地址、作物品种名称、样品来源、产地、种子批数量、样品重量、检验项目等,进行样品编号,然后附上登记卡,将已登记的样品送往分样室分取试验样品,再将已分好的试验样品和登记卡送到净度分析等各实验室进行检测,并将原始数据记录和计算结果填写在登记卡上。最后将剩余样品送到贮藏室编号保存。

【知识延伸】

1.查阅资料，了解多容器种子异质性测定程序。

2.查阅资料，了解在种子样品接受、发放、流转、保存、处置及样品识别等环节中如何有效地进行种子质量控制。请制定一个种子样品的保存与管理方案。

【课后作业】

1.为什么说扦样技术的好坏直接影响种子检验结果的正确与否。请举例说明。

2.现有一个玉米袋装种子批，其规格为 25 kg/袋，共 3 000 袋，请制定一个扦样方案。

第十一章 种子室内检验技术

种子室内检验是指种子收获后在室内对其播种品质和纯度进行的检验。首先是扦取有代表性的种子样品，然后按规定的程序和方法，用相应的仪器进行测定。测定的项目：①净度，以除去杂质后的种子占检验样品总重量的百分率表示。②发芽力，包括发芽势和发芽率，通过发芽试验测定。③水分，即种子的含水量，以百分率表示。④千粒重，即 1 000 粒种子的重量（有些大粒种子计算 500 粒的重量），以克为单位表示。⑤品种纯度。⑥其他项目测定。

种子室内检测程序一般先进行"水分测定"，后进行"净度分析"，最后进行"发芽力测定"。在操作时，应严格按照种子检验程序图进行操作，不能随意改变。种子检验程序见图 11-1。

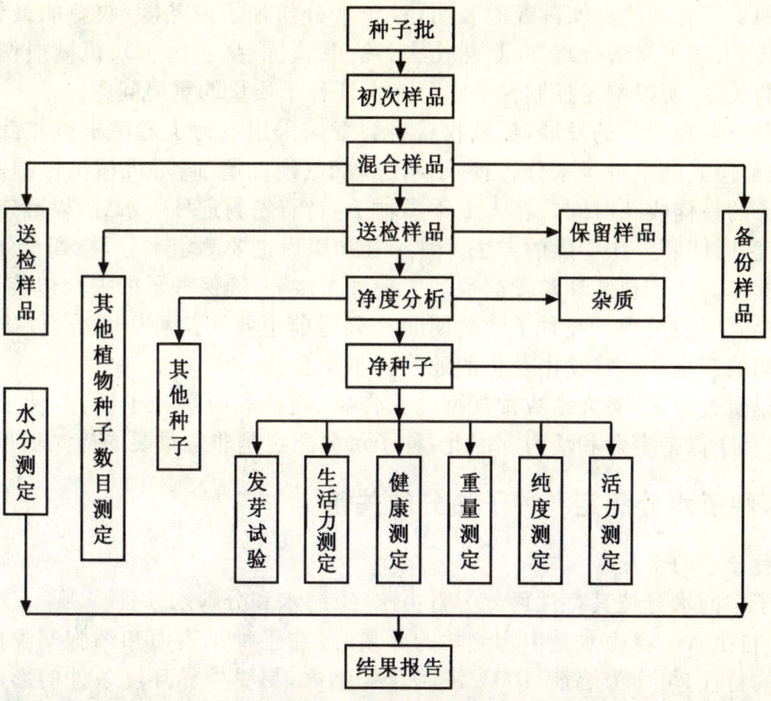

图 11-1 种子检验程序图

第一节 种子水分检验

【基础知识】

种子室内检验第一项工作任务是进行种子水分测定。种子水分是种子质量标准中四大指标之一。种子水分高低直接关系到种子安全的包装、贮藏、运输，并且对保持种子生活力和活力是十分重要的。

一、种子水分的含义

种子水分是指按规定程序把种子样品烘干所失去的重量，用失去的重量占供检样品原始重量的百分率表示。

二、种子水分测定的意义

从种子研究和生产实际经验表明，种子水分与种子成熟度、收获的最佳时间、安全包装、人工干燥的合理性、自然伤害(热伤、霜冻、病虫为害)、机械损伤等因素有密切的关系，所以测定控制种子水分是保证种子质量的重要问题。

随着农业现代化的发展，机械收获将会普遍采用。为了避免机械收获伤害种子，收获前应先测定种子水分，当种子水分较低、硬度增加、对机械抗性提高时，以确定种子的最佳收获时间。在人工干燥种子前，需先测定种子水分，以确定种子干燥的温度、时间和分次干燥的方法。种子在加工后也要测定水分，检查水分是否达到规定标准。种子包装和贮藏前也需了解种子水分，确保种子的安全包装、贮藏和确定保存时间的长短。在种子贮藏期间和调运前也要测定种子水分，以确保种子贮藏期间的安全和运输途中及目的地的种子安全。

根据研究表明，对大多数常规型的农作物、蔬菜和牧草种子而言，种子水分越低，越有利于保持寿命和活力。因此，种子水分测定是非常重要的检测项目。

三、种子水分测定和种子油分的关系

1. 种子中的水分

种子中的水分按其特性可分为自由水、束缚水和分解水 3 种。

(1)自由水　自由水是生物化学的介质，存在于种子表面和细胞间隙内，具有一般水的特性，可作为溶剂，100℃沸腾，0℃结冰，易受外界环境条件的影响，容易蒸发。因此在种子水分测定前，须采取措施尽量防止这种水分的损失。如送检样品必须装在防湿容器中，并尽可能排除其中空气；样品接收后立即测定(如果样品

接收当天不能测定，应将样品贮藏在4～5℃的条件下，不能在低于0℃的冰箱中贮藏)；测定过程中的取样、磨碎、称重须操作迅速；避免蒸发(磨碎转速不能过快，不磨碎种子这一过程所费的时间不得超过2 min)；高水分种子自由水含量更高，更易蒸发，需磨碎的高水分种子须用高水分预先烘干法测定水分。

(2)束缚水　束缚水与种子内的亲水胶体如淀粉、蛋白质等物质中的化学基团牢固结合，水分子与这些胶体物质中的化学基团，如羧基、氨基与肽基等以氢键或氧键等相连接。不能在细胞间隙 中自由流动，不易受外界环境条件影响。种子烘干时，水分开始蒸发较快，这是由于自由水蒸发容易，随着烘干的进程，蒸发速度逐渐缓慢，这是由于束缚水被种子内胶体牢固结合，因此用烘干法设计水分测定程序时，应通过适当提高温度(如130℃)或延长烘干时间，才能把这种水分蒸发出来。

(3)分解水　种子中有些化合物如糖类中，含有一定比例的能形成水分的氢和氧元素。通常将种子有机物分解产生的水分(氢和氧元素)称之为化合水或分解水。这不是真正意义上的水分。如果失掉这种水分，糖类就会分解变质。如用较高温度(130℃)烘干时间过长，或过高的温度(超过130℃)，有可能使样品烘焦，放出分解水，而使水分测定百分率偏高。

2.油分

含亚麻酸等不饱和脂肪酸较高的油料种子(如亚麻)，如果种子磨碎，或剪碎，或烘干温度过高，不饱和脂肪酸易氧化，使不饱和键上结合了氧分子，增加了样品重量，会使水分测定结果偏低，因此，应严格控制烘干温度，并且不应磨碎或剪碎。

一些蔬菜种子和油料种子含有较高的油分，油分沸点较低，尤其是芳香油含量较高的种子，温度过高就易挥发，使样品减重增加，测得的水分百分率偏高。

综上所述，测定种子水分必须保证使种子中自由水和束缚水充分而全部除去，同时要最大可能减少氧化、分解或其他挥发性物质的损失，尤其要注意烘干温度、种子磨碎和种子原始水分等因素的影响。

四、水分测定方法和仪器设备

(一)水分测定方法和干燥原理

目前常用的种子水分测定法是烘干减重法(包括烘干法、红外线烘干法)和电子水分仪速测法(包括电阻式、电容式和微波式水分测定仪)。一般正式报告需采用烘箱标准法进行种子水分测定，而在种子收购、调运、干燥加工等过程中可以采用电子水分速测仪测定种子水分。

烘干法测定种子水分利用的主要仪器是电热干燥箱。干燥的原理是干燥箱内的电热丝通电发出的热，经过对流和传导，提高了箱内空气温度，降低了箱内湿度，同时提高了种子样品的温度，种子内的水分受热汽化而蒸发，由于样品内的蒸汽压大于样品外部(箱内)的蒸汽压,因此样品内的水分不断向外扩散到热空气中去。并且通过烘箱顶部的通气孔不断地向大气中扩散。根据样品烘干后失去水分的重量,按照下列公式即可计算出样品的含水量。

$$种子水分=\frac{试样烘前重(g)-试样烘后重(g)}{试样烘前重(g)}\times 100\%$$

(二)水分测定仪器设备

1.鼓风干燥箱

干燥箱有电热恒温干燥箱(电烘箱)和真空干燥箱。目前常用的是电热恒温干燥箱,它主要由箱体(保温部分)、加热部分和恒温部分组成。箱体工作室内装有可移动的多孔铁丝网,顶部孔内插入200℃温度计,以测得工作室内的温度。用于测水分的电烘箱,应是绝缘性能良好,箱内各部位温度均匀一致,能保持规定的温度,加温效果良好,即在预热至所需温度后,加入样品,可在5~10 min内回升到所需温度。

2.电动粉碎机

用于磨碎样品,常用的有滚刀式和磨盘式两种。要求粉碎机结构密闭,粉碎样品时尽量避免室内空气的影响,转速均匀,不致使磨碎样品时发热而引起水分损失,可将样品磨至规定细度。

3.分析天平

称量快速,感量达到0.001 g。

4.样品盒

常用的是铝盒,盒与盖标有相同的号码,紧凑合适,规格是直径4.6 cm,高2~2.5 cm,盛样品4.5~5 g,可达到样品在盒内的厚度每平方厘米不超过0.3 g的要求。

5.干燥器

用于冷却经过烘干的样品或样品盒。干燥器的盖与底座边缘涂上凡士林后密闭性能良好,打开干燥器时要将盖向一边推开。干燥器内需放干燥剂,一般使用变色硅胶,其吸湿率为31%。在未吸湿前呈蓝色,吸湿后呈粉红色,因此极易区分其是否仍有吸湿能力。吸湿后的变色硅胶可通过烘干将水分除去,恢复其吸湿性能。

6.其他

需要有洗净烘干的磨口瓶、称量匙、粗纱线手套、毛笔、坩埚钳等。

【实践操作】

一、烘干减重法水分测定程序

低恒温烘干法测定程序:低恒温烘干法是将样品放置在103℃±2℃的烘箱内烘干8 h,适用于葱属、花生、芸薹属、辣椒属、大豆、棉属、向日葵、亚麻、萝卜、蓖麻、芝麻、茄子。

工作程序	工作内容
铝盒恒重	在水分测定前预先准备。将待用铝盒(含盒盖)洗净后，于 130℃ 的条件下烘干 1 h，取出后冷却称重，再继续烘干 30 min，取出后冷却称重，当两次烘干结果误差小于或等于 0.002 g 时，取两次重量平均值；否则，继续烘干至恒重
预调烘箱温度	按规定要求调好所需温度，使其稳定在 103℃±2℃，如果环境温度较低时，也可适当预置稍高的温度
制备样品	水分送验样品必须装在一个完整的防湿容器中，并且尽可能排除其中空气。测定应尽可能在样品接收后立即开始，防止样品水分变化。取样时先将密闭容器内的样品充分混合，从中分别取出两个独立的试验样品 15～25 g，放入磨口瓶中。需磨碎的样品按表11-1要求进行处理后立即装入磨口瓶中备用，最好立即称样，以减少样品水分变化。剩余的送验样品应继续存放在密闭容器内，以备复检
称样烘干	将处理好的样品在磨口瓶内充分混合，用感量 0.001 g 的天平称取 4.000～5.000 g 试样两份，分别放入经过恒重的铝盒，盒盖套于盒底下，记下盒号、盒重和样品的实际重量，摊平样品，立即放入预先调好温度的烘干箱内，铝盒距温度计水银球 2～2.5 cm，然后关闭箱门。当箱内温度回升至规定温度时开始计时，烘干 8 h 后，戴好纱线手套，打开箱门，取出铝盒，迅速盖好盒盖，放在干燥器中冷却到室温(需 30～45 min)后称重
结果计算	根据烘干后失去水的重量计算种子水分百分率，按下列公式计算并修约到个小数点后 1 位。 $$种子水分=\frac{M_2-M_3}{M_2-M_1}\times 100\%$$ 式中：M_1为样品盒和盖的重量(g)；M_2为样品盒和盖与试样烘前重(g)；M_3为样品盒和盖与试样烘后重(g)。 若用预先烘干法，可从第一次(预先烘干)和第二次按上述公式计算所得的水分结果换算样品的原始水分，按下式计算。 $$种子水分=S_1+S_2-\frac{S_1\times S_2}{100}$$ 式中：S_1为第一次整粒种子烘后失去的水分(%)；S_2为第二次磨碎种子烘后失去的水分(%)
结果报告	若一个样品的两次测定之间的差距不超过0.2%，其结果可用两次测定值的算术平均数表示。否则，需重做两次测定。结果填报在检验结果报告单的规定空格中，精确度为0.1%。将原始数据按要求填写在表11-2中

表 11-1　必须磨碎的种子种类及磨碎细度

作物种类	磨碎细度
燕麦(*Avena* spp.) 水稻(*Oryza sativa* L.) 甜荞(*Fagopyrum esculentum*) 苦荞(*Fagopyrum tataricum*) 黑麦(*Secale cereale*) 高粱属(*Sorghum* spp.) 小麦属(*Triticum* spp.) 玉米(*Zea mays*)	至少有50%的磨碎成分通过0.5 mm筛孔的金属丝筛，而留在1.0 mm筛孔的金属丝筛子上不超过10%
大豆(*Glycine max*) 菜豆属(*Phaseolus* spp.) 豌豆(*Pisum sativum*) 西瓜(*Citrullus lanatus*) 巢菜属(*Vicia* spp.)	需要粗磨，至少有50%的磨碎成分通过4.0 mm筛孔
棉属(*Gossypium* spp.) 花生(*Arachis hypogaea*) 蓖麻(*Ricinus communis*)	磨碎或切成薄片

表 11-2　种子水分测定原始记载表

样品编号：　　　　仪器名称：　　　　室内温湿度：　　℃　　%

种子名称：　　　　仪器编号：　　　　测 定 日 期：　　年　月　日

<table>
<tr><th rowspan="2">样品登记号</th><th rowspan="2">作物名称</th><th rowspan="2">烘干步骤</th><th rowspan="2">测定方法</th><th rowspan="2">盒号</th><th rowspan="2">盒重(g)</th><th rowspan="2">试样重(g)</th><th colspan="2">(盒+样)重(g)</th><th rowspan="2">失重(%)</th><th rowspan="2">水分(%)</th><th rowspan="2">重复间差异(%)</th><th rowspan="2">水分(%)</th><th rowspan="2">水分(%)</th></tr>
<tr><th>烘前</th><th>烘后</th></tr>
<tr><td></td><td></td><td></td><td></td><td></td><td></td><td></td><td></td><td></td><td></td><td></td><td></td><td></td><td></td></tr>
<tr><td></td><td></td><td></td><td></td><td></td><td></td><td></td><td></td><td></td><td></td><td></td><td></td><td></td><td></td></tr>
<tr><td></td><td></td><td></td><td></td><td></td><td></td><td></td><td></td><td></td><td></td><td></td><td></td><td></td><td></td></tr>
<tr><td></td><td></td><td></td><td></td><td></td><td></td><td></td><td></td><td></td><td></td><td></td><td></td><td></td><td></td></tr>
<tr><td colspan="2">检测依据</td><td colspan="5"></td><td colspan="7">说明：烘干步骤一栏用于填写高水分预先烘干法的再次烘干</td></tr>
<tr><td colspan="2">结　果
计　算</td><td colspan="12">一次烘干：
种子水分 $=\frac{M_2-M_3}{M_2-M_1}\times100\%$　　容许误差：0.2%
二次烘干：
种子水分 $=S_1+S_2-\frac{S_1\times S_2}{100}$　　实际误差：</td></tr>
</table>

检验员　　　年　月　日　　校验人　　　年　月　日　　审核人　　　年　月　日

二、高恒温烘干法

此法是将样品放在130～133℃的条件下烘干1h。适用子芹菜、石刁柏，燕麦属、甜菜、西瓜、甜瓜属、南瓜属、胡萝卜、大麦、莴苣、苜蓿属、番茄、烟草、水稻、菜豆属、豌豆属、小麦属、菠菜、玉米。测定程序、计算水分公式与低恒温烘干法相同。须磨碎种子种类与细度详见表11-1。此法是在较高的温度下，加速样品内的水分蒸发，在短时内测得样品水分，因此，使用时应严格控制烘干的温度和时间。如温度过高或时间过长，易使种子中的干物质氧化而降低样品重量，便水分测定结果偏高。

三、高水分预先烘干法

当需磨碎的禾谷类作物种子水分超过18%，豆类和油料作物种子水分超过16%时，必须采用预烘法。这是因为高水分种子不易在粉碎机上磨至规定细度，若要磨到规定细度，则需较长时间，加之高水分种子自由水含量高，磨碎时水分容易散发，影响种子水分测定结果的正确性，故先将整粒种子作初步烘干，然后进行磨碎或切片，测定种子水分，具体步骤如下：

称取两份样品各25.00 g±0.02 g，置于直径大于8 cm的样品盒中，在103℃±2℃烘箱中预烘30 min（油料种子在70℃预烘1 h）。取出后放在室温冷却和称重。然后立即将这两个半干样品分别磨碎，并将磨碎物各取一份样品按低恒温或高恒温烘干方法进行测定。

四、水分快速测定方法

种子水分快速测定主要采用电子仪器，可分为三类，即电阻式、电容式和微波式。各种类型都有多种型号的仪器，使用方法也各不相同，以下介绍常用的电阻式和电容式水分测定仪。

(一)电阻式水分测定仪

将种子放在电路中，作为一个电阻，在一定的范围内，种子水分高，溶解的物质增多，电离度增大，电流较大；反之，电流较小，但二者之间亦非完全直线关系。根据这个原理，可以测定种子水分。当种子水分太低或太高时，相当于断路或短路，仪器就不能测出。由于不同作物种子的化学组成不同，含有相同水分时，其自由水和束缚水的比例不同，溶解的可溶性物质多少不同，电阻不完全一致，所以操作前应先选择所测作物的特定表盘或按钮。样品电阻的大小同时受到待测样品温度的影响。当水分一定时，温度高，电离度增加，电阻降低，测定值偏高；反之，则低。一般仪器以 20℃为准，高于或低于 20℃时都要对读数进行校正，有些仪器已设定自动校正。

(二)电容式水分测定仪

当被测种子样品放大水分测定仪传感器中时，组成电容的一部分，电容量的数值将取决于该样品的介电常数，而种子样品的介电常数主要随种子水分的高低而变化(空气的介电常数约为 1，种子中干物质为 10，水为 81)，因此，通过测定传感器的电容量，就可间接地按样品容量与水分的对应关系，测定被测样品的水分。

使用电子仪器法测定种子水分具有快速、简便的特点，尤其适于种子收购入库及贮藏期的一般性检查，可以减少大量的工作。但这类仪器的使用也有其局限性，应注意以下两点：

第一，使用电子仪器测定水分前，必须和烘干减重法进行校对，以保证测定结果的正确性，并注意仪器性能的变化，及时校正。

第二，样品中的各类杂质应先除去，样品水分不可超出仪器量程范围，测定时所用样品量需符合仪器说明要求。

经验之谈

水分测定试验中应注意的问题有哪些？

①水分测定试验中必须注意不同作物种子适用不同的试验方法，向日葵、蓖麻、芝麻等油料作物不能使用高温烘干法。

②需要磨碎的种子，如果禾谷类种子水分超过 18%，豆类和油料作物水分超过 16%时，必须采用预先烘干法。

③送检样品必须装在防湿容器中，并尽可能排除其中的空气，样品接受后立即测定。

④测定过程中的取样除以磨碎和称重须操作迅速，避免磨碎蒸发，不磨碎种子这一过程所需的时间不得超过 2 min。

⑤水分测定结果精确度为 0.1%。

第二节　种子净度分析

【基础知识】

种子室内检测的第二项工作任务是种子净度分析，种子净度分析是种子质量标准中的四大指标之一。种子净度分析是测定供检样品不同成分的重量百分率和样品混合物特性，并据此推测种子批的组成。

为了便于操作，将其他植物种子数目测定也归于净度分析中，主要测定种子批中是否含有有毒或有害种子，用供检样品中所含的其他植物种子数目表示。

一、基本定义

种子净度：即种子清洁干净的程度，是指种子批或样品中净种子、杂质和其他植物种子组分的比例及特性。

二、种子净度分析的目的和意义

净度分析时将试验样品分为净种子、其他植物种子和杂质三种成分，并测定三种成分的重量百分率，同时测定其他植物种子的种类及含量。这样就可以从净种子的百分率了解种子批的利用价值；从其他植物种子的种类和含量，可以决定种子批的取舍和为害。因为异作物种子混入会影响机械收获、产量和产品质量；而许多有害或有毒杂草含有有毒物质，会造成人、畜中毒。了解了杂质种类和含量，可为进一步清选、加工种子提供依据，确保种子安全贮藏，提高种子利用率。所以说，净度分析是种子检验的重要项目之一，对现代农业生产有着重要的意义。

开展种子净度分析对于种子质量评价和利用具有重要意义。种子批内所含杂草、杂质的种类多少不仅影响作物的生长发育及种子的安全贮藏，还影响人畜健康安全。如杂草种子、异作物种子在田间与农作物争肥争光，许多杂草还是病虫的中间寄主，致使病虫滋生蔓延，从而影响作物生长发育、降低作物产量和质量；有些有毒杂草种子及植株含有毒物质，人畜食后会中毒，如毒麦、野豌豆等。

三、有关术语

(1)种子单位 seedunit　通常所见的传播单位，包括真种毛瘦果、颖果、分果和小花等。

(2)瘦果 achene,achenium　干燥、不开裂、含有一粒种子的果实,果皮与种皮分离。

(3)颖果 caryopsis　种皮与果皮紧密结合在一起的果实,如禾本科裸粒果实。

(4)小花 floret　禾本科中指包裹着雌雄蕊的内外稃或成熟的颖果。标准中的小花是指有或无不孕外稃的可育小花。

(5)可育小花 fertilefloret　具有功能性器官(即有颖果)的小花。

(6)不育小花 sterilefloret　缺少功能性器官(即缺少颖果)的小花。

(7)小穗 spikelet　由一个或一个以上小花组成的禾本科花序单位,基部被一至二片不育颖片包着。标准中所指的小穗不仅包括可育小花,而且还包括一个或更多个可育小花或完全不育的小花或颖片。

(8)分果 schizocarp　在成熟时可分离为两个或两个以上单位(分果爿)的干果。

(9)分果 mericarp　分果的一部分,如伞形科的分果可以分离为两个分果。

(10)荚果 legume　开裂的干果,如豆科。

(11)种球 cluster　一种密集着生的花序,在甜菜属中,为花序的一部分。

(12)小坚果 nutlet　一种小型的、不开裂的、内含1粒种子的干果。

(13)芒 awn　一种细长、直立或弯曲的刺毛。

(14)喙 beak　果实的尖锐延长部分。

(15)苞片 bract　在禾本科中,通常是外稃或颖片中肋的延长物。种退化的叶或鳞片状构造,它将花包着或将禾本科的小穗包在轴上。

(16)颖片(护颖) glume　指禾本科小穗基部的两片通常不育的苞片之一。

(17)外稃 lemma　禾本科小花的外部(下部)苞片。也称花的颖片或外部(下部)内稃。包在颖果外侧的苞片。

(18)内稃 palea　禾本科小花的内部(上部)苞片。也称花的内部或上部稃壳。包在颖果内侧(腹向)的苞片。

(19)小总苞 involucre　包围着花序基部的一群环状苞片或刺毛。

(20)花被 perianth　花的两种包被(花萼和花冠),或其中任何一种。

(21)花萼 calyx,calyces 由萼片组成的外花被。

(22)花梗 pedicel　花序上花的短柄。

(23)种阜 camncle　珠孔近旁的小型突起物。

(24)绒毛 hair　一种表皮上的单细胞或多细胞的长出物。

(25)冠毛 pappus　一种环状细毛，有时呈羽毛状或鳞片状密生在瘦果上。

(26)小穗轴 rachilla　次生穗轴。在禾本科中专指着生小花的轴。

(27)穗轴 rachis，rhachis，rachides　花序的主轴。

(28)柄 stalk　任何植物器官的茎。

四、净种子的定义及区分总则

(一)净种子

种子检验所谓的“种子”就是种子单位，即通常所见的传播单位。它不仅包括由胚珠发育而来的真种子，也包括由其他器官发育而来的附属成分，也就是说，净种子的定义就是描述不同种的“种子单位”，因此把净种子定义为被检测样品所指明的种(包括该种的全部植物学变种和栽培品种)符合表 11-3(GB/T 3543.3—1995 中附录 A)要求的种子单位或构造。净度分析的结果是否正确，关键在于能否准确掌握鉴别净种子、杂质和其他植物种子的标准。

下列构造凡能明确地鉴别出它们是属于所分析的种(已变成菌核、黑穗病孢子团或者线虫瘿除外)，即使是未成熟的、瘦小的、皱缩的、带病的或发过芽的种子单位都应作为净种子。

1. 完整的种子单位

种子单位包括真种子瘦果、类似种子的果实、分果和小花。在禾本科中，种子单位如是小花须带有一个明显含有胚乳的颖果或裸粒颖果(缺乏内外稃)。

2. 大于原来大小一半的破损种子单位

根据上述原则，在个别的属或种中有一些例外：

①豆科、十字花科，其种皮完全脱落的种子单位应列为杂质。

②即使有胚芽和胚根的胚中轴，并超过原来大小一半的附属种皮，豆科种子单位的分离子叶也列为杂质。

③甜菜属复胚种子超过一定大小的种子单位列为净种子，但单胚品种除外。

④在燕麦属、高粱属中，附着的不育小花不需除去而列为净种子。

(二)杂质

杂质是指除净种子和其他植物种子以外的所有种子单位、其他物质及构造。

①明显不含真种子的种子单位的。

②甜菜属复胚种子单位大小未达到净种子定义规定的最低大小的。

③破裂或受损伤种子单位的碎片为原来大小的一半或不到一半的。

④按净种子定义，不将这些附属物作为净种子部分或定义中尚未提及的附属物。

⑤种皮完全脱落的豆科、十字花科的种子。

⑥脆而易碎、呈灰白色、乳白色的菟丝子种子。

⑦脱下的不育小花、空的颖片、内外稃、稃壳、茎叶、球果、鳞片、果翅、树皮碎片、花、线、瘿、真菌体（如麦角、菌核、黑穗病孢子团）、泥土、沙粒、石砾及所有其他非种子物质。

（三）其他作物种子

其他作物种子是指净种子以外的任何植物种类的种子单位（包括其他植物种子和杂草种子）。其鉴别标准与净种子相同。但甜菜属种子单位作为其他作物种子时不必筛选，可用遗传单胚的净种子定义。

五、净种子定义细则

各个属或种按表 11-3 净种子定义来确定。

表 11-3　主要作物的净种子定义

作物名称	净种子标准（定义）
大麻属（*Cannabis*）、茼蒿属（*Chrysanthemum*）、菠菜属（*Spinacia*）	瘦果，但明显没有种子的除外 超过原来大小一半的破损瘦果，但明显没有种子的除外 果皮/种皮部分或全部脱落的种子 超过原来大小一半，果皮/种皮部分或全部脱落的破损种子
荞麦属（*Fagopyrum*）、大黄属（*Rheum*）	有或无种被的瘦果，但明显没有种子的除外 超过原来大小一半的破损瘦果，但明显没有种子的除外 超过原来大小一半，果皮/种皮部分或全部脱落的破损种子
红花属（*Carthamus*）、向日葵属（*Helianthus*）、莴苣属（*Lactuca*）、雅葱属（*Scorzonera*）、波罗门参属（*Tragopogon*）	有或无喙的瘦果，但明显没有种子的除外 超过原来大小的一半的破损瘦果，但明显没有种子的除外 果皮/种皮部分或全部脱落的种子

续表 11-3

作物名称	净种子标准(定义)
葱属(*Allium*)、苋属(*Amaranthus*)、花生属(*Arachis*)、石刁柏属(*Asparagus*)、黄氏属(紫云英属)(*Astragalus*)、冬瓜属(*Benincasa*)、芸薹属(*Brassica*)、木豆属(*Cajanus*)刀豆属(*Canavalia*)、辣椒属(*Capsicum*)、西瓜属(*Citrullus*)、黄麻属(*Corchorus*)、猪屎豆属(*Crotalaria*)、甜瓜属(*Cucumis*)、南瓜属(*Cucubita*)、扁豆属(*Dolichos*)、大豆属(*Glycine*)、木槿属(*Hibiscus*)、甘薯属(*Lpomoea*)、葫芦属(*Llagenaria*)、亚麻属(*Linum*)、丝瓜属(*luffa*)、番茄属(*Lycopersicon*)、苜蓿属(*Medicago*)、草木樨属(*Melilotus*)、苦瓜属(*Momordica*)、豆瓣菜属(*Nastartium*)、烟草属(*Nicotiana*)、菜豆属(*Phaseolus*)、酸浆属(*Physalis*)、豌豆属(*Pisum*)、马齿苋属(*Portulaca*)、萝卜属(*Raphanus*)、芝麻属(*Sesamum*)、田菁属(*Sesbania*)、茄属(*Solanum*)、巢菜属(*Vicia*)、豇豆属(*Vigna*)	有或无种皮的种子 超过原来大小一半,有或无种皮的破损种子 豆科、十字花科,其种皮完全脱落的种子单位应列为杂质 即使有胚中轴、超过原来大小一半以上的附属种皮,豆科种子单位的分离子叶也列为杂质
棉属(*Gossypium*)	有或无种皮、有或无绒毛的种子 超过原来大小一半、有或无种皮的破损种子
蓖麻属(*Ricimus*)	有或无种皮、有或无种阜的种子 超过原来大小一半、有或无种皮的破损种子
芹属(*Apium*)、芫荽属(*Coriandrum*)、胡萝卜属(*Daucus*)、茴香属(*Foenicu-lum*)、欧防风属(*Pastinaca*)、欧芹属(*Pet-roselinum*)、茴芹属(*Pimpinella*)、	有或无花梗的分果/分果瓜,但明显没有种子除外 果皮部分或全部脱落的种子 超过原来大小一半,果皮部分或全部脱落的破损种子
大麦属(*Hordeum*)	有内外稃包着颖果的小花,当芒长超过小花长度时,需将芒除去 超过原来大小一半,含有颖果的破损小花 颖果,超过原来大小一半的破损颖果
黍属(*Panicum*)、狗尾草属(*Setaria*)	有颖片、内外稃包着颖果的小穗,并附有不孕外稃 有内外稃包着颖果的小花,颖果 超过原来大小一半的破损颖果

续表 11-3

作物名称	净种子标准(定义)
稻(*Oryza*)	有颖片、内外稃包着颖果的小穗,当芒长超过小花长度时,必须将芒除去 有或不孕外稃,有内外稃包着颖果的小穗,当芒长超过小花长度时,须将芒除去 有内外稃包着颖果的小花,当芒长超过小花长度时,须将芒除去 颖果 超过原来大小一半的破损颖果
黑麦属(*Secale*)、小麦属(*Triticum*)、小黑麦属(*Triticosecale*)、玉米属(*Zea*)	颖果 超过原来大小一半的破损颖果
燕麦属(*Avena*)	有内外稃包着颖果的小穗,有或无芒,可附有不育小花 有内外稃包着颖果的小花,有或无芒 颖果,超过原来大小一半的破损颖果 注:①由两个可育小花构成的小穗,要他们分开 ②当外部不育小花的外稃部分地包着内部可育小花时,这样的单位不必分开 ③从着生点除去小柄 ④把仅含有子房的单个小花列为杂质
高粱属(*Sorghum*)	有颖片、透明状的外稃或内稃(内外稃也可缺乏)包着颖果的小穗,有穗轴节片、花梗、芒,附有不育或可育小花 有内外稃的小花,有或无芒 颖果。超过原来大小一半的破损颖果
甜菜属(*Beta*)	复胚种子:用筛孔为 1.5 mm×20 mm 的 200 mm×300 mm 的长方形筛子筛埋 1 min 后留在的种球或破损种球(包括从种球突出程度不超过种球宽度的附着断柄),不管其中有无种子 遗传单胚:种球或破损种球(包括从种球突出程度不超过种球宽度的附着断柄),但明显没有种子的除外 果皮/种皮部分或全部脱落的种子 超过原来大小的一半,果皮/种皮部分或全部脱落的破损种子 注:当断柄突出长度超过种球的宽度时,须将整个断柄除去

续表 11-3

作物名称	净种子标准(定义)
薏苡属(*Coix*)	包在珠状小总苞中的小穗(一个可育,两个不育) 颖果 超过原来大小一半的破损颖果 注:可育小穗由颖片、内外稃苞着的颖果,并附有不孕外稃所组成
罗勒属(*Ocimum*)	小坚果,但明显无种子的除外 超过原来大小一半的破损小坚果,但明显无种子的除外 果皮/种皮部分或完全脱落的种子 超过原来大小的一半,果皮/种皮部分或完全脱落的破损种子
番杏属(*Tetragonia*)	包有花被的类似坚果的果实,但明显无种子的除外 超过原来大小一半的破损果实,但明显无种子的除外 果皮/种皮部分或完全脱落的种子 超过原来大小一半,果皮/种皮部分或完全脱落的破损种子
有稃壳种子的种类包括芹属(*Apium*)、花生属(*Arachis*)、燕麦属(*Avena*)、甜菜属(*Beta*)、茼蒿属(*Chrysanthemum*)、薏苡属(*Coix*)、胡萝卜属(*Daucus*)、荞麦属(*Fagopyrum*)、茴香属(*Foeniculum*)、棉属(*Gossypium*)、大麦属(*Hordeum*)、莴苣属(*Lactuca*)、番茄属(*Lycopersicon*)、稻属(*Oryza*)、黍属(*Panicum*)、欧防风属(*Pastinaca*)、欧芹属(*Petroselinum*)、茴芹属(*Pimpinella*)、大黄属(*Rheum*)、鸦葱属(*Scorzonera*)、狗尾草属(*Setaria*)、高粱属(*Sorghum*)、菠菜属(*Spinacia*)	易于相互粘连或粘在其他物体上(如包装袋、扦样器和分样器) 可被其他植物种子粘连,反过来也可粘连其他植物种子 不易被清选、混合或扦样

【实践操作】

一、种子净度分析检测仪器

净度分析台、钟鼎式分样器、横格式分样器、不同孔径的套筛(包括振荡器)、吹风机、手持放大镜或双目显微镜、天平(感量为 0.1 g,0.01 g,0.001 g 和 0.1 mg)、镊子、刷子等。

二、种子净度分析程序

(一)净度分析前准备

分析前须验收送验样品是否符合要求,检验号与记载卡记录是否一致,被检种是否是记载卡所描述的种。还需对送验样品大小和重型混杂物进行检验。

1. 送验样品称重

送验样品通常是净度分析重量的 10 倍以上。送验样品的最小重量已在表 10-4(GB/T 3543.2—1995 中表 1)中做了规定。如洋葱送验样品为 80 g,而净度分析只要 8 g。

2. 重型混杂物的检查

重型混杂物是指与供检样品在大小和重量上明显不同的如土块、小石头或小粒种子中混有大粒种子等均成为重型混杂物。

在送验样品(或至少是净度分析试样重量的 10 倍)中,应先挑出这些重型混杂物并称重,再将重型混杂物分为其他植物种子和杂质。

(二)试验样品的分取

1. 试样重量

净度分析试验样品应按规定方法从送验样品中分取。试验样品应估计至少含有 2 500 个种子单位的重量或不少于表 10-4(GB/T 3543.2—1995 中表 1)规定的重量。

2. 分取试样

净度分析可用规定重量的一份试样,或两份半试样(试样重量的一半)进行分析。如小麦种子净度分析试样最小重量 120 g 是一个全试样,半试样重量就为 60 g。

3. 试样称重

试验样品须称重,以克表示,精确至表 11-4 所规定的小数位数,以满足计算各种组分百分率达到 1 位小数的要求。

表 11-4　称重与小数位数

试样或半试样及其组分重量(g)	称重至下列小数位数
1.000 0 以下	4
1.000～9.999	3
10.00～99.99	2
100.0～999.9	1
1 000 或 1 000 以上	0

注：此表适于试样各组分的称重。

(三)试样的分离、鉴定、称重

试样称重后一般采用人工分析进行分离和鉴定。可以借助合适的仪器将样品分为净种子、杂质和其他植物种子三种成分。然后将三种成分分别称重(精确至0.01 g)，以克表示，折算成为百分数。

筛子用于分离样品中茎叶碎片、土壤或其他细小杂质，一般由上下两层组成，上层为大孔筛，下层为小孔筛。放大镜和双目解剖镜用于鉴定和分离小粒种子单位和茎叶碎片。种子吹风机用于从重的种子中分离出较轻的杂质。如禾本科牧草的空小花。

表 11-5 为种子净度分析原始记载表。

表 11-5　种子净度分析原始记载表

样品编号：　　仪器名称型号：　　测定日期：

种子名称：　　仪 器 编 号：　　年 月 日

<table>
<tr><td rowspan="2">送验样品重(g)M</td><td rowspan="2"></td><td colspan="2" rowspan="2">重型混杂物(G)m</td><td rowspan="2"></td><td rowspan="2">D</td><td colspan="3">重型混杂物中其他种子重(g)DOS</td><td></td></tr>
<tr><td colspan="3">重型混杂物中杂重(g)DI</td><td></td></tr>
<tr><td rowspan="2">类别</td><td rowspan="2">重复</td><td rowspan="2">试样重(g)</td><td colspan="2">净种子</td><td colspan="2">其他种子</td><td colspan="2">杂质</td><td rowspan="2">各成分重量之和(%)</td></tr>
<tr><td>重量(g)</td><td>百分数(%)</td><td>重量(g)</td><td>百分数(%)</td><td>重量(g)</td><td>百分数(%)</td></tr>
<tr><td>全试样</td><td></td><td></td><td></td><td></td><td></td><td></td><td></td><td></td><td></td></tr>
<tr><td rowspan="5">半试样</td><td>1</td><td></td><td></td><td></td><td></td><td></td><td></td><td></td><td></td></tr>
<tr><td>2</td><td></td><td></td><td></td><td></td><td></td><td></td><td></td><td></td></tr>
<tr><td>平均</td><td></td><td></td><td></td><td></td><td></td><td></td><td></td><td></td></tr>
<tr><td>实际误差(%)</td><td></td><td></td><td></td><td></td><td></td><td></td><td></td><td></td></tr>
<tr><td>允许误差(%)</td><td></td><td></td><td></td><td></td><td></td><td></td><td></td><td></td></tr>
</table>

续表 11-5

其他植物种子名称及个数					
杂质种类					
净度分析结果	净种子(%)		其他植物种子(%)		杂质(%)
检测依据					
说明:全试样或半试样只需选择其一种方法进行检测					
结果计算	公式:$P_2 = P_1 \times (M-m)/M$ $OS_2 = OS_1 \times (M-m) + M \times DOS$ $I_2 = I_1 \times (M-m)/M + DI$				
注:$m = m_1 + m_2$　　$D = \frac{m}{M}$　　$DOS = \frac{m_1}{M}$　　$DI = \frac{m_2}{M}$ 式中:M 为送检样品的重量(g);m 为重型混杂物的重量(g);m_1 为重型混杂物中的其他植物种子重量(g);m_2 为重型混杂物中的杂质质量(g);P_1 为除去重型混杂物后的净种子重量百分率(%);I_1 为除去重型混杂物后的杂质重量百分率(%);OS_1 为除去重型混杂物后的其他植物种子百分率(%);P_2、OS_2、I_2 分别为含有重型混杂物的净种子质量百分率(%)、其他植物种子质量百分率(%),杂质重量百分率(%)					

检验员　　年　月　日　校核人　　年　月　日　审核人　　年　月　日

经验之谈

净度分析时在试样分离、鉴定、称重时还需要注意什么呢?

对样品仔细分析,将净种子、其他植物种子、杂质分别放入相应的容器。当不同植物种之间区别困难或不可能区别时,则填报属名,该属的全部种子均为净种子,并附加说明。

当分析瘦果、分果等果实和种子时(禾本科除外),只从表面加以检查,不用压力、放大镜、透视仪或其他特殊的仪器。从表面发现其中明显无种子的,则把它列入杂质。

对于损伤种子,如没有明显地伤及种皮或果皮,则不管是空瘪或充实,均作为净种子或其他植物种子;若种子或果皮有破损,必须判断留下的部分是否超过原来大小一半,如不能迅速作出决定,则将种子单位列为净种子或其他植物种子。

(四)结果计算与数据处理

1.结果计算

(1)检查分析过程的重量增失　分析结束后将净种子、其他植物种子和杂质分别称重。将分析后的各种成分重量之和与原始质量比较,核对分析其间物质有无增失。若增失差距超过原始质量的5%,则必须重做。如增失小于原试样重量的5%,则计算各组分百分率。各组分百分率的计算应以分析后各种组分的重量之和为分母,而不用试样原来的重量。

(2)计算各种成分的重量百分率　试样分析时,所有成分(即净种子、其他植物种子和杂质三部分)若是一个试样,各组分重量百分率应计算到1位小数。若分析的是半试样,各组分的重量百分率应计算到两位小数。

(3)检查重复间的容许误差　在某种情况下有必要分析第二份试样时,两份试样各成分的实际差距不得超过表11-6(GB/T 3543.3—1995中表2)第5栏或第6栏中所规定容许差距。若所有成分都在容许范围内,则取其平均值;若超过,则再分析一份试样;若分析后的最高值和最低值差异没有大于容许误差2倍时,则填报三者的平均值。如果这些结果中的一次或几次显然是由于差错而不是由于随机误差所引起的,需将不准确的结果除去。

表 11-6　同一实验室内同一送验样品净度分析的容许差距

（5%显著水平的两尾测定）

两次分析结果平均		不同测定之间的容许差距			
		半试样		试样	
50%以上	50%以下	无稃壳种子	有稃壳种子	无稃壳种子	有稃壳种子
99.95～100.0	0.00～0.04	0.20	0.23	0.1	0.2
99.90～99.94	0.05～0.09	0.33	0.34	0.2	0.2
99.85～99.89	0.10～0.14	0.40	0.42	0.3	0.3
99.80～99.84	0.15～0.19	0.47	0.49	0.3	0.4
99.75～99.79	0.20～0.24	0.51	0.55	0.4	0.4
99.70～99.74	0.25～0.29	0.55	0.59	0.4	0.4
99.65～99.69	0.30～0.34	0.61	0.65	0.4	0.5
99.60～99.64	0.35～0.39	0.65	0.69	0.5	0.5
99.55～99.59	0.40～0.44	0.68	0.74	0.5	0.5
99.50～99.54	0.45～0.49	0.72	0.76	0.5	0.5
99.40～99.49	0.50～0.59	0.76	0.80	0.5	0.6
99.30～99.39	0.60～0.69	0.83	0.89	0.6	0.6
99.20～99.29	0.70～0.79	0.89	0.95	0.6	0.7
99.10～99.19	0.80～0.89	0.95	1.00	0.7	0.7
99.00～99.09	0.90～0.99	1.00	1.06	0.7	0.8
98.75～98.99	1.00～1.24	1.07	1.15	0.8	0.8
98.50～98.74	1.25～1.49	1.19	1.26	0.8	0.9
99.25～98.49	1.50～1.74	1.29	1.37	0.9	1.0
98.00～98.24	1.75～1.99	1.37	1.47	1.0	1.0
97.75～97.99	2.00～2.24	1.44	1.54	1.0	1.1
97.50～97.74	2.25～2.49	1.53	1.63	1.1	1.2
97.25～97.49	2.50～2.74	1.60	1.70	1.1	1.2
97.00～97.24	2.75～2.99	1.67	1.78	1.2	1.3
96.50～96.99	3.00～3.49	1.77	1.88	1.3	1.3
96.00～96.49	3.50～3.99	1.88	1.99	1.3	1.4
95.50～95.99	4.00～4.49	1.99	2.12	1.4	1.5
95.00～95.49	4.50～4.99	2.09	2.22	1.5	1.6
94.00～94.99	5.00～5.99	2.25	2.38	1.6	1.7
93.00～93.99	6.00～6.99	2.43	2.56	1.7	1.8
92.00～92.99	7.00～7.99	2.59	2.73	1.8	1.9

续表 11-6

两次分析结果平均		不同测定之间的容许差距			
50%以上	50%以下	半试样		试样	
		无稃壳种子	有稃壳种子	无稃壳种子	有稃壳种子
91.00～91.99	8.00～8.99	2.74	2.90	1.9	2.1
90.00～90.99	9.00～9.99	2.88	3.04	2.0	2.2
88.00～89.99	10.00～11.99	3.08	3.25	2.2	2.3
86.00～87.99	12.00～13.99	3.31	4.49	2.3	2.5
84.00～85.99	14.00～15.99	3.52	3.71	2.5	2.6
82.00～83.99	16.00～17.99	3.69	3.90	2.6	2.8
80.00～81.99	18.00～19.99	3.86	4.07	2.7	2.9
78.00～79.99	20.00～21.99	4.00	4.23	2.8	3.0
76.00～77.99	22.00～23.99	4.14	4.37	2.9	3.1
74.00～75.99	24.00～25.99	4.26	4.50	3.0	3.2
72.00～73.99	26.00～27.99	4.37	4.61	3.1	3.3
70.00～71.99	28.00～29.99	4.47	4.71	3.2	3.3
65.00～69.99	30.00～34.99	4.61	4.86	3.3	3.4
60.00～64.99	35.00～39.99	4.77	5.02	3.4	3.6
50.00～59.99	40.00～49.99	4.89	5.16	3.5	3.7

半试样：如果分析为两份半试样，分析后任一组分的相差不得超过表 11-6(GB/T 3543.3—1995 中表 2)第 3 栏或第 4 栏中所示的重复分析间的容许差距。若所有组分的实际差距都在容许范围内，则计算各组分的平均值。如差距超过容许范围，则按下列程序处理：第一，再重新分析成对样品，直到一对数值在容许范围内为止(但全部分析不必超过四对)；第二，凡一对样品间的相差超过容许差距两倍时，均略去不计。

2. 数据处理

(1)最终结果修正　各成分的最后填表结果应保留 1 位数。各成分之和应为 100.0%，小于 0.05% 的数量成分在计算中应除外。如果其和是 99.9% 或 100.1%，那么从最大值(通常是净种子部分)增减 0.1%。如果修约值大于 0.1%，那么应检查计算是否有误。

(2)有重型混杂物的结果换算

净种子：
$$p_2(\%)=p_1\times\frac{M-m}{M}$$

其他植物种子：

$$OS_2=OS_1\times\frac{M-m}{M}+\frac{m_1}{M}\times100\%$$

杂质：

$$I_2=I_1\times\frac{M-m}{M}+\frac{m_2}{M}\times100\%$$

式中：M 为送验样品的质量，单位为克(g)；m 为送验样品中重型混杂物的质量，单位为克(g)；m_1 为送验样品重型混杂物中的其他植物种子质量，单位为克(g)；m_2 为送验样品重型混杂物中的杂质质量，单位为克(g)；p_1 为除去重型混杂物后试验样品的净种子质量分数(%)；p_2 为送验样品的净种子质量分数(%)；I_1 为除去重型混杂物后试验样品的杂质质量分数(%)；I_2 为送验样品的杂质质量分数(%)；OS_1 为除去重型混杂物后试验样品的其他植物种子质量分数(%)；OS_2 为送验样品的其他植物种子质量分数(%)。

注：$m=m_1+m_2$。

最后应检查：$p_2+I_2+OS_2=100.0\%$。

(3)结果表示　净度分析的结果应保留一位小数，各种成分的百分率总和必须为100%。若某一成分小于0.05%，填报为“微量”，如果某一种成分的结果为零，须填“—0.0—”。当测定某一类杂质或某一种其他植物种子的重量百分率达到或超过1%时，该种类应在结果报告上注明。

表11-7为同一或不同实验室内来自不同送检样品间净度分析的容许差距。表11-8为同一或不同实验室内进行第二次检验时，两个不同送验样品间净度分析的容许差距。表11-9为净度分析与标准规定值比较的容许差距。

表 11-7 同一或不同实验室内来自不同送验样品间净度分析的容许差距

（1%显著水平的一尾测定）

两次结果平均		容许差距	
50%以上	50%以下	无稃壳种子	有稃壳种子
99.95～100.00	0.00～0.04	0.2	0.2
99.90～99.94	0.05～0.09	0.3	0.3
99.85～99.89	0.10～0.14	0.3	0.4
99.80～99.84	0.15～0.19	0.4	0.5
99.75～99.79	0.20～0.24	0.4	0.5
99.70～99.74	0.25～0.29	0.5	0.6
99.65～99.69	0.30～0.34	0.5	0.6
99.60～99.64	0.35～0.39	0.6	0.7
99.55～99.59	0.40～0.44	0.6	0.7
99.50～99.54	0.45～0.49	0.6	0.7
99.40～99.49	0.50～0.59	0.7	0.8
99.30～99.39	0.60～0.69	0.7	0.9
99.20～99.29	0.70～0.79	0.8	0.9
99.10～99.19	0.80～0.89	0.8	1.0
99.00～99.09	0.90～0.99	0.9	1.0
98.75～98.99	1.00～1.24	0.9	1.1
98.50～98.74	1.25～1.49	1.0	1.2
98.25～98.49	1.50～1.74	1.1	1.3
98.00～98.24	1.75～1.99	1.2	1.4
97.75～97.99	2.00～2.24	1.3	1.5
97.50～97.74	2.25～2.49	1.3	1.6
97.25～98.49	2.50～2.74	1.4	1.6
97.00～97.24	2.75～2.99	1.5	1.7
96.50～96.99	3.00～3.49	1.5	1.8
96.00～96.49	3.50～3.99	1.6	1.9
95.50～95.99	4.00～4.49	1.7	2.0
95.00～95.49	4.50～4.99	1.8	2.2
94.00～94.99	5.00～5.99	2.0	2.3
93.00～93.99	6.00～6.99	2.1	2.5
92.00～92.99	7.00～7.99	2.2	2.6

续表 11-7

两次结果平均		容许差距	
50%以上	50%以下	无稃壳种子	有稃壳种子
91.00～91.99	8.00～8.99	2.4	2.8
90.00～90.99	9.00～9.99	2.5	2.9
88.00～89.99	10.00～11.99	2.7	3.1
86.00～87.99	12.00～13.99	2.9	3.4
84.00～85.99	14.00～15.99	3.0	3.6
82.00～83.99	16.00～17.99	3.2	3.7
80.00～81.99	18.00～19.99	3.3	3.9
78.00～79.99	20.00～21.99	3.5	4.1
76.00～77.99	22.00～23.99	3.6	4.2
74.00～75.99	24.00～25.99	3.7	4.3
72.00～73.99	26.00～27.99	3.8	4.4
70.00～71.99	28.00～29.99	3.8	4.5
65.00～69.99	30.00～34.99	4.0	4.7
60.00～64.99	35.00～39.99	4.1	4.8
50.00～59.99	40.00～49.99	4.2	5.0

表 11-8 同一或不同实验室内进行第二次检验时，两个不同送验样品间净度分析的容许差距

（1%显著水平的两尾测定）

两次结果平均		容许差距	
50%以上	50%以下	无稃壳种子	有稃壳种子
99.95～100.00	0.00～0.04	0.18	0.21
99.90～99.94	0.05～0.09	0.28	0.32
99.85～99.89	0.10～0.14	0.34	0.40
99.80～99.84	0.15～0.19	0.40	0.47
99.75～99.79	0.20～0.24	0.44	0.53
99.70～99.74	0.25～0.29	0.49	0.57
99.65～99.69	0.30～0.34	0.53	0.62
99.60～99.64	0.35～0.39	0.57	0.66
99.55～99.59	0.40～0.44	0.60	0.70
99.50～99.54	0.45～0.49	0.63	0.73

续表 11-8

两次结果平均		容许差距	
50%以上	50%以下	无稃壳种子	有稃壳种子
99.40~99.49	0.50~0.59	0.68	0.79
99.30~99.39	0.60~0.69	0.73	0.85
99.20~99.29	0.70~0.79	0.78	0.91
99.10~99.19	0.80~0.89	0.83	0.96
99.00~99.09	0.90~0.99	0.87	1.01
98.75~98.99	1.00~1.24	0.94	1.10
98.50~98.74	1.25~1.49	1.04	1.21
98.25~98.49	1.50~1.74	1.12	1.31
98.00~98.24	1.75~1.99	1.20	1.40
97.75~97.99	2.00~2.24	1.26	1.47
97.50~97.74	2.25~2.49	1.33	1.55
97.25~98.49	2.50~2.74	1.39	1.63
97.00~97.24	2.75~2.99	1.46	1.70
96.50~96.99	3.00~3.49	1.54	1.80
96.00~96.49	3.50~3.99	1.64	1.92
95.50~95.99	4.00~4.49	1.74	2.04
95.00~95.49	4.50~4.99	1.83	2.15
94.00~94.99	5.00~5.99	1.95	2.29
93.00~93.99	6.00~6.99	2.10	2.46
92.00~92.99	7.00~7.99	2.23	2.62
91.00~91.99	8.00~8.99	2.36	2.76
90.00~90.99	9.00~9.99	2.48	2.92
88.00~89.99	10.00~11.99	2.65	3.11
96.00~87.99	12.00~13.99	2.85	3.35
84.00~85.99	14.00~15.99	3.02	3.55
82.00~83.99	16.00~17.99	3.18	3.74
80.00~81.99	18.00~19.99	3.32	3.90
78.00~79.99	20.00~21.99	2.45	4.05
76.00~77.99	22.00~23.99	3.56	4.19
74.00~75.99	24.00~25.99	3.67	4.31
72.00~73.99	26.00~27.99	3.76	4.42
70.00~71.99	28.00~29.99	3.84	4.51
65.00~69.99	30.00~34.99	3.97	4.66
60.00~64.99	35.00~39.99	4.10	4.82
50.00~59.99	40.00~49.99	4.21	4.95

表 11-9 净度分析与标准规定值比较的容许差距

（5%显著水平的一尾测定）

标准规定值		容许差距	
50%以上	50%以下	无稃壳种子	有稃壳种子
99.95～100.00	0.00～0.04	0.10	0.11
99.90～99.94	0.05～0.09	0.14	0.16
99.85～99.89	0.10～0.14	0.18	0.21
99.80～99.84	0.15～0.19	1.21	0.24
99.75～99.79	0.20～0.24	0.23	0.27
99.70～99.74	0.25～0.29	0.25	0.30
99.65～99.69	0.30～0.34	0.27	0.32
99.60～99.64	0.35～0.39	0.29	0.34
99.55～99.59	0.40～0.44	0.30	0.35
99.50～99.54	0.45～0.49	0.32	0.38
99.40～99.49	0.50～0.59	0.34	0.41
99.30～99.39	0.60～0.69	0.37	0.44
99.20～99.29	0.70～0.79	0.40	0.47
99.10～99.19	0.80～0.89	0.42	0.50
99.00～99.09	0.90～0.99	0.44	0.52
98.75～98.99	1.00～1.24	0.48	0.57
98.50～98.74	1.25～1.49	0.52	0.62
98.25～98.49	1.50～1.74	0.57	0.67
98.00～98.24	1.75～1.99	0.61	0.72
97.75～97.99	2.00～2.24	0.63	0.75
97.50～97.74	2.25～2.49	0.67	0.79
97.25～98.49	2.50～2.74	0.70	0.83
97.00～97.24	2.75～2.99	0.73	0.86
96.50～96.99	3.00～3.49	0.77	0.91
96.00～96.49	3.50～3.99	0.82	0.97
95.50～95.99	4.00～4.49	0.87	1.02
95.00～95.49	4.50～4.99	0.90	1.07
94.00～94.99	5.00～5.99	0.97	1.15
93.00～93.99	6.00～6.99	1.05	1.23
92.00～92.99	7.00～7.99	1.12	1.31

续表 11-9

标准规定值		容许差距	
50%以上	50%以下	无稃壳种子	有稃壳种子
91.00～91.99	8.00～8.99	1.18	1.39
90.00～90.99	9.00～9.99	1.24	1.46
88.00～89.99	10.00～11.99	1.33	1.56
96.00～87.99	12.00～13.99	1.43	1.67
84.00～85.99	14.00～15.99	1.51	1.78
82.00～83.99	16.00～17.99	1.59	1.87
80.00～81.99	18.00～19.99	1.66	1.95
78.00～79.99	20.00～21.99	1.73	2.03
76.00～77.99	22.00～23.99	1.78	2.10
74.00～75.99	24.00～25.99	1.84	2.16
72.00～73.99	26.00～27.99	1.83	2.21
70.00～71.99	28.00～29.99	1.92	2.26
65.00～69.99	30.00～34.99	1.99	2.33
60.00～64.99	35.00～39.99	2.05	2.41
50.00～59.99	40.00～49.99	2.11	2.48

【种子净度分析案例】

案例 1

分析玉米种子两份半试样，第一份半试样重量 457.8 g，分析后净种子的重量为 451.1 g、杂质为 2.730 g、其他植物种子为 1.100 g；第二份半试样重量 464.1 g，分析后净种子的重量为 454.2 g、杂质为 2.170 g、其他植物种子为 2.340 g，求种子净度。

第一步　重量增失计算。

$$第一份种子重量增失=\frac{457.8-(451.1+2.730+1.100)}{457.8}\times100\%=0.63\%$$

第一份半试样 0.63% <5% 符合要求，没有偏离原始重量的 5%。

$$第二份种子重量增失=\frac{464.1-(454.2+2.170+2.340)}{464.1}\times100\%=1.16\%$$

第二份半试样 1.16% <5% 符合要求，没有偏离原始重量的 5%。

第二步　各成分百分率计算。

第一份半试样百分率计算如下：

$$净种子=\frac{451.1}{451.1+2.730+1.100}\times 100\%=99.16\%$$

$$其他植物种子=\frac{1.100}{451.1+2.730+1.100}\times 100\%=0.24\%$$

$$杂质=\frac{2.730}{451.1+2.730+1.100}\times 100\%=0.60\%$$

第二份半试样百分率计算如下：

$$净种子=\frac{454.2}{454.2+2.17+2.34}\times 100\%=99.02\%$$

$$其他植物种子=\frac{2.34}{454.2+2.17+2.34}\times 100\%=0.51\%$$

$$杂质=\frac{2.17}{454.2+2.17+2.34}\times 100\%=0.47\%$$

第三步　计算两份半试样各成分的平均百分率。

$$净种子=\frac{99.16\%+99.02\%}{2}=99.09\%$$

$$其他植物种子=\frac{0.24\%+0.51\%}{2}=0.38\%$$

$$杂质=\frac{0.60\%+0.47\%}{2}=0.54\%$$

第四步　检验重复分析间的误差。

净种子：用平均百分率 99.09 查表 11-6(GB/T 3543.3—1995 中表 2)中查得容许差距为 1.00 而实际差距为 99.16－99.02＝0.14，因此重复间重量百分率在容许范围内。

其他植物种子：用平均百分率 0.38 查表 11-6(GB/T 3543.3—1995 中表 2)中查得容许差距为 0.65 而实际差距为 0.51－0.24＝0.27，因此重复间重量百分率在容许范围内。

杂质：用平均百分率 0.54 查表 11-6(GB/T 3543.3－1995 中表 2)中查得容许差距为 0.76 而实际差距为 0.60－0.47＝0.13，因此重复间重量百分率在容许范围内。

第五步　结果计算。

净度分析最后填报的结果为加权平均值，不是算术平均值。

$$净种子=\frac{451.1+454.4}{454.93+458.71}\times100\%=99.09\%$$

$$其他植物种子=\frac{1.1+2.34}{454.93+458.71}\times100\%=0.38\%$$

$$杂质=\frac{2.73+2.17}{454.93+458.71}\times100\%=0.54\%$$

由上可知玉米种子的净种子为99.09%，其他植物种子为0.38%，杂质为0.54%。

按净度分析结果保留1位小数修约为：净种子为99.1%，其他植物种子为0.4%，杂质为0.5%，三项相加为100%，最后的结果填报为：净种子为99.1%，其他植物种子为0.4%，杂质为0.5%。

案例2

分析两份无稃壳种子的半试样，检测结果为：第一份净种子重量百分率为97.50%，其他植物种子为2.00%，杂质为0.50%；第二份净种子为97.30%，其他植物种子为2.40%，杂质为0.30%。

先计算两份净种子重量百分率的平均值为：(97.50＋97.30)/2＝97.40，用97.40查表11-6(GB/T 3543.3—1995中表2)的容许误差为1.60，而两份半试样间的差异为：97.50－97.30＝0.2，重复间的净种子重量百分率在容许范围内。依同样方式再检查其他植物种子、杂质的重量百分率。

案例3

在同一检验室由两个不同检验员分别对两份小麦试验样品进行核对检查，其检测结果为：第一份净种子重量百分率为99.6%，第二份为95.9%。

先计算这两份试样结果的平均值(99.6＋95.9)/2＝97.75。用97.75查表11-8(GB/T 3543.3—1995中表4)，查得容许误差为1.26。而两份试样间的差异为：99.6－95.9 ＝ 3.7，超过了1.26的容许误差。

出现这种情况，需再分析第二对试样，其结果为：第三份净种子重量百分率为99.7%，第四份为98.1%。先计算这两份试样结果的平均值：(99.7＋98.1)/2＝98.9。用98.9查表11-8(GB/T 3543.3—1995中表4)，查得容许误差为0.94。而两份试样间的差异为99.7－98.1＝1.6，超过了0.94的容许误差。

这样还需分析第三对试样，其结果为：第五份净种子重量百分率为99.4%，第六份为99.9%。这两份试样结果的平均值:(99.4+99.9)/2=99.65。用99.65查表11-8(GB/T 3543.3—1995中表4),查得容许误差为0.53。而两份试样间的差异为99.9−98.4=0.5,未超过规定的容许误差。

最后的填报结果还需判别这三者有无可比性:第一对的两份试样间的差异为3.7:而二倍的容许误差为2.5,仍然超过,应去掉这一对;第二对的两份试样间的差异为1.6,而二倍的容许误差为1.8,差异没有超过容许误差应保留;第三对的两份试样间的差异为0.5,而二倍的容许差异为1.06,应保留。这样最后的填报结果将是第二对和第三对的加权平均值。

经验之谈

净度分析试验中应注意的哪些问题?

①试验中应分清有稃壳的种子和无稃壳的种子。如果有稃壳构造(包括稃壳杂质)占一个样品的1/3或更多,则认为是有稃壳的种子。

②在试样的分离过程中,对于损伤种子。如没有明显地伤及种皮或果皮,则不管是空瘪或充实,均作为净种子或其他植物种子;若种皮或果皮有一裂口,必须判断留下的部分是否超过原来大小一半,如不能迅速作出决定,则将种子单位列为净种子或其他植物种子。

③在结果计算的称重计算中,各组分百分率的计算应以分析后各组分的重量之和为分母,而不用试样原来的重量。

结果计算中,若分析的是全试样,各组分重量百分率应计算到一位小数;若分析的是半试样,各组分的重量百分率应计算到二位小数。

④在最终结果的修正中,如果各组分的和不是100%,而是99.9%或100.1%,那么应从组分最大值(通常是净种子部分)增减0.1%。如果修约值大于0.1%,那么应检查计算有无差错。

⑤结果表示中应注意:若一组分的结果为零,须在适当空格内用"—0—"表示;若一组分少于0.05%,则填报"微量";当测定某一类杂质或某一种其他植物种子的重量百分率达到或超过1.0%时,该种类应在结果报告中注明。

三、包衣种子的净度分析程序

包衣种子的净度分析可用不脱去包衣材料的种子和脱去包衣材料的种子两种

方法进行分析。严格来讲，一般不对丸化种子、包膜种子和种子带内的种子进行净度分析。换言之，通常不采用脱去包衣材料的种子和在种子带上剥离种子进行净度分析，但是如果送验者提出要求或者是混合种子，则应脱去包衣材料，再进行净度分析。

(一)不脱去包衣材料的净度分析程序

工作程序	工作内容
试样分取	试样重量见表11-10和表11-11(GB/T 3543-7中表3和表4)。用分样器分取一份不少于 2 500 粒种子的试样或两份这一重量一半的半试样，种子带为 100 粒。将试样或半试样称重，以克表示，小数位数达到表11-4(GB/T 3543.3中表1)的要求
试样分离称重	种子带不需要进行分离，而丸化种子或包膜种子称重后则须按下列标准将丸化种子(或包膜种子)的试验样品分为净丸化种子(净包膜种子)、未丸化种子(未包膜种子)和杂质三种组分 (1)净丸化种子(净包膜种子)的标准　含有或不含有种子的完整丸化粒(包膜粒)；丸化(包膜)物质面积覆盖占种子表面一半以上的破损丸化粒(包膜粒)，但明显不是送验者所述的植物种子或不含有种子的除外 (2)未丸化(未包膜)种子标准　任何植物种的未丸化(未包膜)种子；可以看出其中含有1粒非送验者所述植物种的破损丸化(包膜)种子；可以看出其中含有送验者所述植物种，而它又未归于净丸化(包膜)种子中的破损丸化(包膜)种子。也就是说，丸化(包膜)物质面积覆盖占种子表面一半或一半以下的破损丸化粒(包膜粒) (3)杂质标准　已经脱落的丸化(包膜)物质；明显没有种子的丸化(包膜)碎块；按净度分析规定列为杂质的任何其他物质。这三种组分分离后，分别称重
种子真实性鉴定	为了核实丸化(包膜)种子中所含种子是否确实属于送验者所述的种，应从丸化(包膜)种子净度分析后的净丸化(净包膜)种子部分中取出 100 颗丸粒(包膜粒)，用洗涤法或其他方法除去丸化(包膜)物质，然后测定每粒种子所属的种。同样，从种子带中取出 100 粒种子，鉴定每粒供试种子真实性
结果计算填报	计算与填报净丸化粒(净包膜粒)、未丸化粒(未包膜粒)和杂质的重量百分率，程序同净度分析的内容

(二)脱去包衣材料和种子带上剥离种子的净度分析程序

工作程序	工作内容
脱去包衣材料	是用洗涤法除去包衣种子上的包衣材料。将不少于 2 500 粒丸化种子或包膜种子，置于细孔筛内。浸入水中震荡，使包衣材料沉于水中。筛孔大小规格为：上层 1.0 mm，下层 0.5 mm。当要求从种子带上剥离的种子进行分析时，应小心地将试样的制种带材料与纸带分开和剥去。如果种子带材料为水溶性，则可将其湿润，直至种子分离出来。当在种子带内的种子是丸化种子或包膜种子时，则按洗涤法去掉丸化或包膜材料
干燥称重	脱去包衣材料后或从种子带中取出湿润的种子放在滤纸上干燥过夜，再放入干燥箱内干燥，用“高水分预先烘干法”干燥成半干试样，不再进行其他方法烘干，直接称取干燥后的种子重量
分离鉴定称重	按规定标准进行净度分析，将种子试样分成净子、其他植物种子和杂质三种成分，同时对样品中其他植物种的种类进行鉴定。分离后分别对各种成分称重，计算各种成分百分率
结果计算填报	计算与填报净种子、其他植物种子和杂质的重量百分率，程序同净度分析的内容。不考虑丸化、包膜材料、制带材料，只有在提出检测要求时，才考虑填报其百分率

表 11-10　丸化与包膜种子的样品大小(粒数)

项目	送验样品不得少于	试验样品不得大于
净度分析	7 500	2 500
重量测定	7 500	净丸化种子
发芽试验	7 500	400
其他植物种子数目测定		
丸化种子	10 000	7 500
包膜种子	25 000	25 000
大小分级	10 000	2 000

表 11-11　种子带的样品大小(粒数)

项　　目	送验样品不得少于	试验样品不得大于
种的鉴定	2 500	100
发芽试验	2 500	400
净度分析	2 500	2 500
其他植物种子数目测定	10 000	7 500

四、其他植物种子数目测定

(一)其他植物种子数目测定方法

根据送检者的不同要求,其他植物种子数目的测定可采用完全检验、有限检验和简化检验。

1. 完全检验

试验样品不得小于 25 000 个种子单位的重量或表 11-4(GB/T 3543.2 中表 1)所规定的重量。

借助于放大镜、筛子和吹风机等器具,按规定逐粒进行分析鉴定,取出试样中所有的其他植物种子,并数出每个种的种子数。当发现有的种子不能准确确定所属种时,允许鉴定到属。

2. 有限检验

有限检验的检验方法同完全检验,但只限于从整个试验样品中找出送验者指定的其他植物的种子。如送验者只要求检验是否存在指定的某些种;则发现 1 粒或数粒种子即可。

3. 简化检验

如果送验者所指定的种难以鉴定时,可采用简化检验。简化检验是用规定试验样品重量的 1/5(最少量)对该种进行鉴定。简化检验的检验方法同完全检验。

(二)其他植物种子数目测定程序

工作程序	工作内容
试样称重	供测定其他植物种子试样通常为净度分析试样重量的 10 倍，即约 25 000 个种子单位的重量，或与送验样品重量相同。但当送验者所指定的种较难鉴定时，可采用简化检验，即用规定试样量的1/5进行鉴定
分析测定	分析时可借助放大镜、吹风机和光照等设备。根据送验者的要求对试样逐粒观察，取出所有其他植物的种子或某些指定种的种子，并数出每个种的种子数。当发现有的种子不能准确鉴定到所属种时，可鉴定到属。如为有限检验，那么只须找出送验者指定的其他植物种的种子，只要发现1粒或数粒即可
结果计算	当需要判断同一检验站或不同检验站对同一批种子的两个测定结果之间是否有明显差异时，可查其他植物种子计数的容许差距表11-12。先根据两个测定结果计算出平均数，再按平均数从表中找出相应的容许差距。进行比较时，两个样品的重量须大体相等。将测定种子的实际重量、学名和该重量中找到的各个种的种子数填写在结果报告单上，并注明用完全检验、有限检验或简化检验 结果用实际测定试样中所发现的种子数表示。但通常折算为样品单位重量(每千克)所含的其他植物种子数，以便比较 $$\text{其他植物种子含量(粒/kg)}=\frac{\text{其他植物种子数}}{\text{试样样品重量(g)}}\times 1\,000$$

【其他植物种子数目测定案例】

案例 1

在 1 000 g 试样的种子中发现野燕麦 60 粒，而另一份 1 000 g 试样的种子中发现野燕麦 76 粒，试问这两次测定是否一致?

计算其他植物种子平均粒数为:(60+76)/2=68，查表 11-12(GB/T 3543.3—1995 中表 6)得容许误差为 23，而两份试样间的差异为 76−60=16，因此这两份测定结果是可比的。最后填报的检测结果为:在 2 000 g 总重量样品中，有 136 粒野燕麦种子(注意最后填报不用平均值)。

案例 2

某种子公司测定一种子批的某一种类的其他植物种子数目为 6 粒，并进行标签出售，而在同一种子批中由种子检验机构扦取样品并测得的结果为同一种类的其他植物种子数目为 12，试问该标签标注值是否有效？

计算这两次测定的平均值为 9，查表 11-12(GB/T 3543.3—1995 中表 6)得容许误差为 8，而两次测定间差距为 6，所以第二次测定结果没有明显比第一次差，标签的标注值可以接受。

案例 3

如果案例 2 中第一次测定结果为零，而第二次测定结果为 7，可以通过类似的计算，得出标签的标注值不可以接受。

案例 4

如果案例 2 中第一次测定结果为 7，而第二次测定结果为 0，就不必进行计算，得出标签的标注值可以接受。

(三)包衣种子其他植物种子数目测定程序

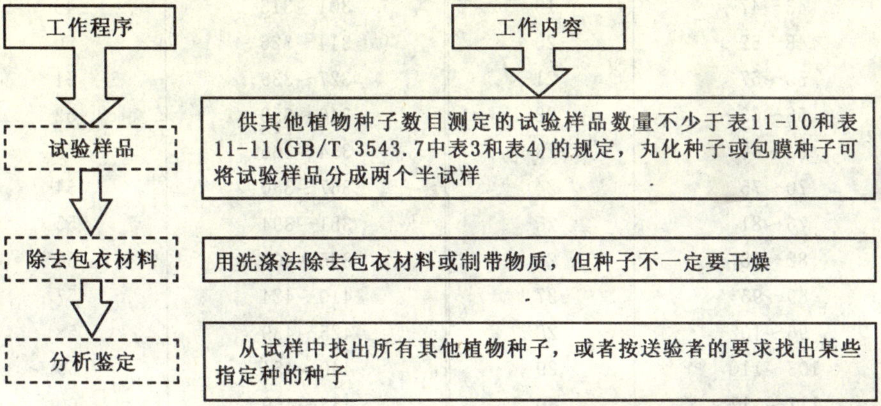

表 11-12 其他植物种子数目测定的容许差距

（5%显著水平的两尾测定）

两次测定结果的平均值	容许差距	两次测定结果的平均值	容许差距
3	5	152～160	35
4	6	161～169	36
5～6	7	170～178	37
7～8	8	179～188	38
9～10	9	189～198	39
11～13	10	199～209	40
14～15	11	210～219	41
16～18	12	220～230	42
19～22	13	231～241	43
23～25	14	242～252	44
26～29	15	253～264	45
30～33	16	265～276	46
34～37	17	277～288	47
38～42	18	289～300	48
43～47	19	301～313	49
48～52	20	314～326	50
53～57	21	327～339	51
58～63	22	340～353	52
64～69	23	354～366	53
70～75	24	367～380	54
76～81	25	381～394	55
82～88	26	395～409	56
89～95	27	410～424	57
96～102	28	425～439	58
103～110	29	440～454	59
111～117	30	455～469	60
118～125	31	470～485	61
126～133	32	486～501	62
134～142	33	502～518	63
143～151	34	519～534	64

注：① 5%显著水平的两尾测定。②本表列出了其他植物种子数目测定的最大容许差距，可用于确定两次检验结果是否一致。两次检验可在同一或不同实验室进行，送检样品可以相同或不同，但两份送检样品的重量必须相近。使用时，先按两次检验结果的平均值从上表相应栏中找到对应行就可找到相应的最大容许差距。

表 11-13　其他植物种子数目测定的容许差距

（5%显著水平的一尾测定）

两次测定结果的平均值	容许差距	两次测定结果的平均值	容许差距
3～4	5	153～162	30
5～6	6	163～173	31
7～8	7	174～186	32
9～11	8	187～198	33
12～14	9	199～210	34
15～17	10	211～223	35
18～21	11	224～235	36
22～25	12	236～249	37
26～30	13	250～262	38
31～34	14	263～276	39
35～40	15	277～290	40
41～45	16	291～305	41
46～52	17	306～320	42
53～58	18	321～336	43
59～65	19	337～351	44
66～72	20	352～367	45
73～79	21	368～386	46
80～87	22	387～403	47
88～95	23	404～420	48
96～104	24	421～438	49
105～113	25	439～456	50
114～122	26	457～474	51
123～131	27	475～493	52
132～141	28	494～513	53
142～152	29	514～532	54
		533～552	55

第三节　种子千粒重测定

【基础知识】

种子室内检测第三项工作任务是种子千粒重测定，千粒重是标准中规定的检验项目。

一、种子千粒重的含义

种子重量测定是指测定一定数量种子的重量，通常是指测定 1 000 粒种子的重量，即千粒重。

种子千粒重是指种子质量标准规定水分的1 000粒种子的重量，以克为单位。

千粒重测定原则是从充分混合的净种子中随机数取一定数量的种子，称其重量，由于不同种子批在不同地区和不同季节，其水分差异较大，为了便于比较不同水分下的种子千粒重，将实测水分换算成相同规定水分条件下的1 000粒种子的重量。

二、种子千粒重测定的目的和意义

种子千粒重对农业生产具有重要意义，主要体现在以下几个方面：

1. 种子千粒重是种子活力的重要指标之一

千粒重大，饱满程度好，其内部的贮藏物质多，通常具有充实、饱满、均匀等优良特性，播种后出苗整齐，幼苗生长健壮。并能保证田间的成苗密度，从而增加作物产量。

2. 种子千粒重是作物产量构成的要素之一

在作物预测产量时，要做好千粒重测定。如小麦大田测产时，根据有效穗数、每穗实粒数和千粒重，可预测理论产量。

3. 种子千粒重是作物品种的主要农艺性状之一

同一作物不同品种千粒重不同，但同一品种的千粒重基本上是一致的。

4. 千粒重是正确计算种子播种量的必要依据

根据种子千粒重，可做到精量播种，节约用种。

在农业生产上确定作物播种量时，可根据种子千粒重、发芽率和种植株数或栽培密度，准确计算实际播种量。

计算播种量的公式和步骤如下：

①从千粒重换算成每千克粒数：

$$\text{每千克种子粒数}=\frac{1\,000(\text{每千克的克数})}{\text{千粒重(g)}}\times 1\,000$$

②根据规定密度（每公顷苗数）求理论播种量：

$$\text{理论播种量}(\text{kg/hm}^2)=\frac{\text{每公顷总苗数}}{\text{每千克种子粒数}}$$

③根据种子用价计算实际播种量：

$$\text{理论播种量}(\text{kg/hm}^2)=\frac{\text{理论播种量}\times\text{理论用价}}{\text{实际用价}}$$

④从上面①②③公式得出每公顷播种量如下：

$$\text{理论播种量(kg)}=\frac{\text{每公顷规定苗数}\times\text{千粒重}\times\text{理论用价(100)}}{1\,000\times\text{实际用价}\times 100}$$

【实践操作】

我国《农作物种子检验规程 其他项目检验》中列入了百粒法、千粒法和全量法三种测定方法。下面分别介绍三种方法的测定程序。

一、百粒法测定程序

工作程序	工作内容
数取试样	从净度分析后充分混合的净种子中，用手或数种器从试验样品中随机数取 8 个重复，每个重复 100 粒
试样称重	8 个重复分别称重(g)，小数位数与表11-4(GB/T 3543.3—1995)的规定相同
检查重复间容许变异系数、计算实测千粒	按下列公式计算 8 个重复的平均重量、标准差及变异系数： $\text{标准差}(S)=\sqrt{\dfrac{n(\sum X^2)-(\sum X)^2}{n(n-1)}}$ 式中：X为各重复重量(g)；n为重复次数 $\text{平均重量}(\overline{X})=\dfrac{\sum X}{n}$　　$\text{变异系数}=\dfrac{S}{\overline{X}}\times 100$ 式中：S为标准差；$\overline{X}$为 100 粒种子的平均重量(g) 如带有稃壳的禾本科种子变异系数不超过6.0，或其他种类种子的变异系数不超过 4.0，则可计算测定的结果。如变异系数超过此限度，需再测定 8 个重复，并计算 16 个重复的标准差。凡是与平均数之差超过 2 倍标准差的重复略去不计。将 8 个或 8 个以上的每个重复 100 粒种子的平均重量乘以 10 即为实测千粒重
换算成规定水分下的千粒重	根据实测千粒重和实测水分，折算成规定水分的千粒重 $\text{千粒重(规定水分, g)}=\dfrac{\text{实测千粒重(g)}\times[1-\text{实测水分}(\%)]}{1-\text{规定水分}(\%)}$
结果报告	将规定水分下的种子千粒重测定结果填入结果报告单中，其保留小数的位数与测定所保留的小数位数相同

二、千粒法测定程序

工作程序	工作内容
数取试样	从净度分析后充分混合的净种子中，随机数取试验样品 2 个重复，每个重复大粒种为 500 粒、中小粒种子为 1 000 粒
试样称重	两个重复分别称重(g)，称重的小数位数与表11-4(GB/T 3543.3－1995)的规定相同
检查重复间容许差距计算实测千粒重	两份重量的差数与平均数之比不应超过5%，如果超过，则需再分析第三份重复，直至达到要求。中小粒种子 1 000 粒测定的，取差距小的两份重复的重量平均数即为实测千粒重；大粒种子 500 粒测定的，取差距小的两份重复的重量平均数乘以 2 即实测千粒重
换算成规定水分下的千粒重	方法同百粒法，按公式换算成国家种子质量标准规定水分的千粒重
结果报告	将规定水分下的种子千粒重测定结果填入结果报告单中，其保留小数的位数与测定时所保留的小数位数相同

三、全量法测定程序

工作环节	工作内容
数取试样总粒数	数取净度分析后的全部净种子的种子总粒数
试样称重	称其重量(g)，称重的小数位数与表11-4(GB/T 3543.3－1995)的规定相同
换算成规定水分下的实测千粒重	将上述的试样重量和粒数，按下列公式求得种子的实测千粒重 实测千粒重(g)$=\frac{W}{n}\times 100$ 式中：W为净种子总重量(g)；n为净种子总粒数 方法同百粒法，按公式换算成国家种子质量标准规定水分的千粒重
结果报告	将规定水分下的种子千粒重测定结果填入结果报告单中，其保留小数的位数与表11-4(GB/T 3543.3-1995)的规定相同

丸化种子的重量测定按上述三种方法任选一种测定，计算净度分析后的净丸化粒 1 000 粒的重量。

第四节　种子发芽试验

【基础知识】

种子发芽试验是国标规定的必检项目之一。

种子发芽力是指种子在适宜条件下发芽并长成正常植株的能力。通常用发芽势和发芽率表示。种子发芽势是指种子发芽初期(规定日期内)正常发芽种子数占供试种子数的百分率。种子发芽率高，则表示种子活力强、发芽整齐、出苗一致、增产潜力大。种子发芽率是指在发芽试验终期(规定日期内)全部正常发芽种子数占供试种子数的百分率。种子发芽率高，则表示有生活力种子多，播种后出苗多。

一、种子发芽试验的目的和意义

种子发芽试验的目的是测定种子批的最大发芽潜力，是种子批质量高低的重要衡量指标之一，也可估测田间播种价值。

种子发芽试验对种子经营和农业生产具有极为重要的意义。种子收购入库时做好发芽试验，可正确地进行种子分级和定价；种子贮藏期间做好发芽试验，可掌握贮藏期间种子发芽力的变化情况，以便及时改进贮藏条件，确保种子安全贮藏；种子经营时做好发芽试验，避免销售发芽率低的种子造成经济损失，可防止盲目调运发芽力低的种子，节约人力和财力；播种前做好发芽试验，可以选用发芽率高的种子播种，保证齐苗、壮苗和密度，同时可以计算实际播种量，做到精细播种，节约用种。承担种子质量监督职责的农业行政主管部门实施种子质量监督抽查时，做好种子发芽试验，对保证农业生产的安全用种有重要意义。

二、种子发芽概念和有关术语

(1)发芽　在实验室内幼苗出现和生长达到一定阶段，幼苗的主要构造表明在田间的适宜条件下能进一步生长成为正常的植株。

(2)发芽率　在规定的条件和时间内长成的正常幼苗数占供检种子数的百分率。

(3)正常幼苗　在良好土壤及适宜水分、温度和光照条件下，具有继续生长发育成为正常植株的幼苗。

(4)不正常幼苗　生长在良好土壤及适宜水分、温度和光照条件下,不能继续生长发育成为正常植株的幼苗。

(5)复胚种子单位　能够产生1株以上幼苗的种子单位,如伞形科未分离的分果,甜菜的种球等。

(6)未发芽的种子　在规定的条件下,试验末期仍不能发芽的种子,包括硬实、新鲜不发芽种子、死种子(通常变软、变色、发霉,并没有幼苗生长的迹象)和其他类型(如空的、无胚或虫蛀的种子)。

(7)硬实　指那些种皮不透水的种子;如某些棉花种子,豆科的盲稽、紫云英种子等。

(8)新鲜不发芽种子　由生理休眠所引起,试验期间保持清洁和一定硬度,有生长成为正常幼苗潜力的种子。

(9)胚　在种子中的幼小植株个体,通常由胚根、胚轴、胚芽和子叶或盾片等主要构造组成。

(10)子叶　胚和幼苗的第一片叶或第一对叶。

(11)盾片　在禾本科某些属中特有的变态子叶,其功能是从胚乳吸收养分输送到胚部的一种盾形构造。

(12)胚根　在子叶或盾片节下面胚轴尖端的部分,种子发芽时伸长,长出初生种子根。

(13)胚芽　在子叶节或盾片节上面胚轴的顶端部分。它是植株正常生长发育的分生组织。

(14)胚轴　胚中连接胚芽和胚根的部分。

(15)芽鞘　有些单子叶植物(如禾本科)中,胚或幼苗中包裹着初生叶和顶端分生组织的管状保护构造。

(16)幼苗　从种子中的胚发育生长而成的幼龄植株。

(17)幼苗的主要构造　因种而异,由根系、幼苗中轴(上胚轴下胚轴或中胚轴)、顶芽、子叶和芽鞘等构造组成。

(18)初生根　由胚根发育而来的幼苗主根。

(19)次生根　除初生根外的其他根。

(20)不定根　从除根部以外其他任何部位生长的根(如着生在茎上的根)。

(21)种子根　在禾谷类植物中,由初生根和胚中轴上长出的数条次生根所形成的幼苗根系。

(22)上胚轴　子叶以上至第一片真叶或一对真叶以下的部分苗轴。

(23)中胚轴　在禾本科一些高度分化的属中，盾片着生点至胚芽之间的部分苗轴。

(24)下胚轴　初生根以上至子叶着生点以下的部分苗轴。

(25)中轴　指幼苗的中心构造。双子叶植物包括顶芽、上胚轴、下胚轴和初生根；单子叶植物包括顶芽、中胚轴和初生根。

(26)初生叶　在子叶后所出现的第一片叶或第一对叶。

(27)鳞叶　通常紧缩在轴上(如石刁柏、豌豆属)的一种退化叶片。

(28)苗端　幼苗茎顶端轴的主要生长点，通常由几片叶和顶芽组成。

(29)顶芽　由数片分化程度不同的叶片所包裹着的幼苗顶端。

(30)残缺根　不管根的长度如何，缺少根尖或根尖有缺陷的根。

(31)粗短根　虽根尖完整，但根缩短呈棒状，是幼苗中毒症状所特有的根。

(32)停滞根　通常具有完整根尖，但异常短小而细弱，与幼苗的其他构造相比失去均衡。

(33)扭曲构造　沿着幼苗伸长的主轴、下胚轴、芽鞘等幼苗构造发生扭曲状。包括轻度扭曲和严重扭曲。

(34)环状构造　改变了原来的直线形，下胚轴、芽鞘等幼苗构造完全形成环状或圆圈形。

(35)腐烂　由于微生物的存在而引起的有机组织溃烂。

(36)变色　颜色改变或褪色。

(37)向地性　植物生长对重力的反应，包括向地下生长的正向地性生长和向上生长的负向地性生长。

(38)感染　病原菌侵入活体(如幼苗主要构造)并蔓延，引起病症和腐烂。包括初生感染(种子本身携带病原菌)和次生感染(其他种子或幼苗蔓延而被感染)。

(39)50%规则　如果整个子叶组织或初生叶有一半或一半以上的面积具有功能，则这种幼苗可列为正常幼苗；如果一半以上的组织不具备功能，如缺失、坏死、变色或腐烂，则为不正常幼苗。当从子叶着生点到下胚轴有损伤和腐烂的迹象时，这时不能采用50%规则。当初生叶形状正常，只是叶片面积较小时，则不能应用50%规则。

(40)顶芽　由数片分化程度不同的叶片所包裹着的幼苗顶端。

三、种子发芽设备

(一)发芽箱和发芽室

1. 发芽箱

发芽箱是提供种子发芽所需的温度、湿度或水分、光照等条件的设备。发芽箱可分为两类:一类是“干型”,只控制温度不控制湿度,可分为恒温发芽箱和变温发芽箱两种;另一类是“湿型”,既控制温度又控制湿度。

我国目前常用的发芽箱大部分属于“干”型,如光照变温发芽箱。具有一个保温良好的箱体,箱的上下部分别设有加热系统和制冷系统,可根据发芽技术要求升温、降温或变温。箱体后部装有鼓风机,箱内中间配有数层发芽架,箱体的内壁装有日光灯。其特点是可调节和控制温度和光照条件,是一种功能较为完备的发芽箱。

在选用发芽箱时,应考虑以下因素:①控温可靠、准确、稳定,箱内上、下各部位温度均匀一致;②制冷制热能力强,变温转换要能在 1 h 内完成;③光照强度至少达到 750 lx;④装配有风扇,通气良好;⑤操作简便等。

2. 发芽室

发芽室可以认为是一种改进的大型发芽箱,其构造原理与发芽箱相似,只不过是容量扩大,在其四周置有发芽架。发芽室跟发芽箱一样,也有“干型”和“湿型”,干型发芽室放置的培养皿需加盖保湿。

(二)数种设备

为提高工作效率,可使用数种设备。目前使用的数种设备主要有活动数种板和真空数种器等。

1. 活动数种板

数种板由活动上板和固定下板组成。其板面大小刚好与所数种子的发芽容器相适应。上板和下板均开有与预数种子大小和形状相适应的 50 或 25 个孔。固定下板有槽,使活动上板定位。

数种板适用于大粒种子;如大豆、玉米、菜豆等种子的数种和置床。

数种板置床操作程序:数种板放在发芽床上→种子散在板上→板稍微倾斜除去多余种子→核对每孔只有 1 粒种子→移动上板,使上下板班孔对齐→种子落在发芽床适当位置。

2. 真空数种器

通常由数种头、气流阀门、调压阀、真空泵和连接皮管等部分组成。真空数种器主要适用于中、小粒种子,如水稻、小麦种子的数种和置床。

真空数种器操作程序：数种器未产生真空前→种子均匀撒在数种头上→接通真空泵→倒去多余种子→核对，每个孔中有1粒种子→数种头倒转放在发芽床上→解除真空，使种子落在发芽床一定位置。操作时应注意避免将数种头直接嵌入种子，防止有选择选取重量较轻的种子，确保置床的种子是随机选取的。

（三）发芽器皿

根据GB/T 3543.4—1995《农作物种子检验规程发芽试验》的要求，发芽试验种子置床培养至幼苗主要构造能清楚鉴定的阶段，以便鉴定正常幼苗和不正常幼苗，因此，要求发芽器皿（如培养皿）透明、保湿、无毒，具有一定的种子发芽和发育的空间，确保一定的氧气供应，使用前需清洗和消毒。

（四）发芽床

种子发芽床是供发芽测定的容器，由供给种子发芽水分和支撑幼苗生长的介质和盛放介质的发芽器皿构成。种子检验规程规定的发芽床主要有纸床、砂床以及土壤发芽床等种类。各种发芽床都应具备保水、通气性好，无毒质，无病菌和具有一定强度的基本要求。

1.发芽介质及其要求

(1)纸　用纸作为发芽介质是种子发芽试验中应用最多的一类发芽床。发芽床用的纸有专用发芽纸、滤纸等。一般来说，发芽纸应满足以下要求：①吸水性强、保水性好。吸水良好的纸，不但吸水快（将纸条下端浸入水中，2 min内水上升30 mL或以上的纸为好）而且持水力也要强，以保证发芽试验期间具有足够的水分。②无毒质。纸张必须无酸碱、染料、油墨及其他对发芽有害的化学物质。纸张的pH值应为6.0～7.5。③无病菌。纸上带有真菌或细菌会导致病菌滋生而影响种子发芽，所以所用纸张必须清洁干净，无病菌污染。④纸质韧性好。纸张具有多孔性和通气性，并具有一定强度，以免吸水时糊化和破碎，并在操作时不致撕破和发芽时种子幼根不致穿入纸内，便于幼苗的正确鉴定。

检查纸张有无毒质的方法是：选用对毒质敏感的牧草，如梯牧草、红顶草、弯叶画眉草、紫羊茅、独行菜等种子做发芽试验，观察纸张对幼苗的伤害情况。凡是胚根生长受抑制，根尖缩短、变色或从纸上翘起，并且根毛成束或胚芽缩短，则表明该纸张含有毒物质，不宜用作发芽介质。

(2)沙　用沙作为发芽介质是种子发芽试验中较为常用的一类发芽床。一般来说，用作发芽试验的沙粒应选用无任何化学药物污染的细沙，并在使用前作以下处理：

洗涤	拣去较大的石子和杂物 后用清水洗涤，除去污物和有毒物质
消毒	将洗净的湿沙放在铁盘内薄摊，在 130～170℃ 高温下烘干约 2 h，以杀死病菌和沙内的其他种子
过筛	取孔径为 0.8 mm 和 0.05 mm 的圆孔筛两个，将烘干的沙子过筛，取出两层筛之间的沙子，即直径为 0.05～0.8 mm 的沙粒作为发芽介质。这样大小的沙粒既具有足够的持水力，又能保持一定的孔隙，以利通气
加水拌匀调配适宜含水量	一般含水量为饱和含水量的60%～80%水分。通常也可采用简便方法调配，即 100 g 干沙中加入 18～26 mL 的水，充分拌匀后，达到手捏成团，放手即散开，特别要注意，不能将干沙先倒入培养皿，然后加水拌匀。这种拌沙法往往会造成沙中水分多孔隙少，氧气不够，影响正常发芽。对于纸床，纸吸足水分后，沥去多余水，不能出现手指一压就出现水层。沙床的pH值应为6.0～7.5

专家提醒

一般情况下，沙子可重复使用。在重复使用前，应洗净，重新消毒。但化学药品处理过的种子发芽所用的沙子，不能重复使用。

(3)土壤　供作发芽试验用的土壤，其土质必须疏松良好、不结块(如土质黏重应加入适量的沙)，无大颗粒。土壤中应基本上不含混入的种子、细菌、真菌、线虫或有毒物质。使用前，必须经过高温消毒，一般不重复使用。pH 值为 6.0～7.0。

湿润发芽床的水质应纯净，不含有机杂质和无机杂质，无毒无害。

四、幼苗鉴定

在检查发芽种子数时，正确鉴定幼苗是一个十分重要的问题，直接关系到试验结果的正确性，因为计算发芽时仅将正常幼苗(即具有正常主要构造的幼苗或轻微损伤的幼苗)作为已发芽种子。因此在计算发芽种子数时，必须将正常幼苗和不正常幼苗鉴别开来。为了幼苗鉴定的一致性，必须有一个统一的幼苗鉴定标准。

(一)正常幼苗鉴定标准

正常幼苗是指生长在适宜的土壤、温度、水分和光照条件下具有生长和发育成正常植株能力的幼苗。正常幼苗分为完整幼苗、带有轻微缺陷的幼苗和次生感染的幼苗三类。

凡符合下列类型之一者为正常幼苗。

1.完整幼苗

幼苗主要构造生长良好、完全、匀称和健康。因种不同,应具有下列一些构造。

(1)发育良好的根系　其组成如下:

① 细长的初生根,通常长满根毛,末端细尖。

②在规定试验时期内产生的次生根。

③在燕麦属、大麦属、黑麦属、小麦属和小黑麦属中,由数条种子根代替一条初生根。

(2)发育良好的幼苗中轴　其组成如下:

①出土型发芽的幼苗,应具有一个直立、细长并有伸长能力的下胚轴。

②留土型发芽的幼苗,应具有一个发育良好的上胚轴。

③在有些出土型发芽的一些属(如菜豆属、花生属)中,应同时具有伸长的上胚轴和下胚轴。

④在禾本科的一些属(如玉米属、高粱属)中,应具有伸长的中胚轴。

(3)具有特定数目的子叶

①单子叶植物具有1片子叶,子叶可为绿色和呈圆管状(葱属),或变形而全部或部分遗留在种子内(如石刁柏、禾本科)。

②双子叶植物具有2片子叶,在出土型发芽的幼苗中,子叶为绿色,展开呈叶状;在留土型发芽的幼苗中,子叶为半球形和肉质状,并保留在种皮内。

(4)具有展开、绿色的初生叶

①在互生叶幼苗中有1片初生叶,有时先发生少数鳞状叶,如豌豆属、石刁柏属、巢菜属。

②在对生叶幼苗中有两片初生叶,如菜豆属。

(5)具有一个顶芽或苗端

(6)禾本科作物　在禾本科植物中有一个发育良好、直立的芽鞘,其中包着一片绿叶延伸到顶端,最后从芽鞘中伸出。

2.带有轻微缺陷的幼苗

幼苗主要构造出现某种轻微缺陷,但在其他方面能均衡生长,并与同一试验中的完整幼苗相当。有下列缺陷则为带有轻微缺陷的幼苗。

(1)初生根

①初生根局部损伤,或生长稍迟缓。

②初生根有缺陷,但次生根发育良好,特别是豆科中一些大粒种子的属(如菜豆属、豌豆属、巢菜属、花生属、豇豆属和扁豆属)、禾本科中的一些属(如玉米属、高粱属和稻属)、葫芦科所有属(如甜瓜属、南瓜属和西瓜属)和锦葵科所有属(如棉属)。

③燕麦属、大麦属、黑麦属、小麦属和小黑麦属中只有一条强壮的种子根。

(2)下胚轴、上胚轴或中胚轴局部损伤

(3)子叶(采用"50%规则")

①子叶局部损伤,但子叶组织总面积的一半或一半以上仍保持着正常的功能,并且幼苗顶端或其周围组织没有明显的损伤或腐烂。

②双子叶植物仅有一片正常子叶,但其幼苗顶端或其周围组织没有明显的损伤或腐烂。

(4)初生叶

①初生叶局部损伤,但其组织总面积的一半或一半以上仍保持着正常的功能(采用"50%规则")。

②顶芽没有明显的损伤或腐烂,有一片正常的初生叶,如菜豆属。

③菜豆属的初生叶形状正常,大于正常大小的1/4。

④具有三片初生叶而不是两片,如菜豆属(采用"50%规则")。

(5) 芽鞘

①芽鞘局部损伤。

②芽鞘从顶端开裂,但其裂缝长度不超过芽鞘的1/3。

③受内外稃或果皮的阻挡,芽鞘轻度扭曲或形成环状。

④芽鞘内的绿叶,没有延伸到芽鞘顶端,但至少要达到芽鞘的一半。

3.次生感染的幼苗

由真菌或细菌感染引起,使幼苗主要构造发病和腐烂,但有证据表明病源不来自种子本身。

(二)不正常幼苗鉴定标准

不正常幼苗分为受损伤的幼苗、畸形或不匀称的幼苗和腐烂幼苗三种类型。

1.受损伤的幼苗

由机械处理、加热、干燥、昆虫损害等外部因素引起,使幼苗构造残缺不全或受到严重损伤,以至于不能均衡生长者。

2.畸形或不匀称的幼苗

由于内部因素引起生理紊乱,幼苗生长细弱,或存在生理障碍,或主要构造畸形，或不匀称者。

3. 腐烂幼苗

由初生感染（病源来自种子本身）引起，使幼苗主要构造发病和腐烂，并妨碍其正常生长者。

在实际过程中，不正常幼苗只占少数，只要能够鉴别就可以。凡幼苗带有下列一种或一种以上的缺陷则列为不正常幼苗。

(1)根

①初生根：初生根残缺、短粗、停滞、缺失、破裂、从顶端开裂、缩缢、纤细、卷缩在种皮内、负向地性生长、水肿状、由初生感染所引起的腐烂

②种子根：没有或仅有一条生长力弱的种子根。

注意：次生根或种子根带有上述一种或数种缺陷者列为不正常幼苗，但是对具有数条次生根或至少具有一条强壮种子根的幼苗应列入正常幼苗。

(2)下胚轴、上胚轴或中胚轴　下胚轴、上胚轴或中胚轴缩短而变粗、深度横裂或破裂、纵向裂缝（开裂）、缺失、缩缢、严重扭曲、过度弯曲、形成环状或螺旋形、纤细、水肿状、由初生感染所引起的腐烂。

(3)子叶（采用"50％规则"）

①除葱属外所有属的子叶缺陷：肿胀卷曲、畸形、断裂或其他损伤、分离或缺失、变色、坏死、水肿状、由初生感染所引起的腐烂。

注意：在子叶与苗轴着生点或与苗端附近处发生损伤或腐烂的幼苗就列入不正常幼苗，这时不考虑"50％规则"。

②葱属子叶的特定缺陷：缩短而变粗、缩缢、过度弯曲、形成环状或螺旋形、无明显的"膝"、纤细。

(4)初生叶（采用"50％规则"）　初生叶畸形、变色、损伤、缺失、坏死、由初生感染所引起的腐烂，虽形状正常，但小于正常叶片大小的1/4。

(5)顶芽及周围组织畸形、损伤、缺失、由初生感染所引起的腐烂

注意：假如顶芽有缺陷或缺失，即使有一个或两个已发育的腋芽（如菜豆属）或幼梢（如豌豆属），也列为不正常幼苗。

(6)胚芽鞘和第一片叶（禾本科）

①胚芽鞘：胚芽鞘畸形、损伤、缺失、顶端损伤或缺失、严重过度弯曲、形成环状或螺旋形、严重扭曲、裂缝长度超过从顶端量起的1/3、基部开裂、纤细、由初生感染所引起的腐烂。

②第一叶：第一叶延伸长度不到胚芽鞘的一半、缺失、撕裂或其他畸形。

(7)整个幼苗　整个幼苗畸形、断裂、子叶比根先长出、两株幼苗连在一起、黄化或白化、纤细、水肿状、由初生感染所引起的腐烂。

(三)单子叶和双子叶幼苗的主要构造

单子叶和双子叶幼苗的主要构造见图 11-2 和图 11-3。

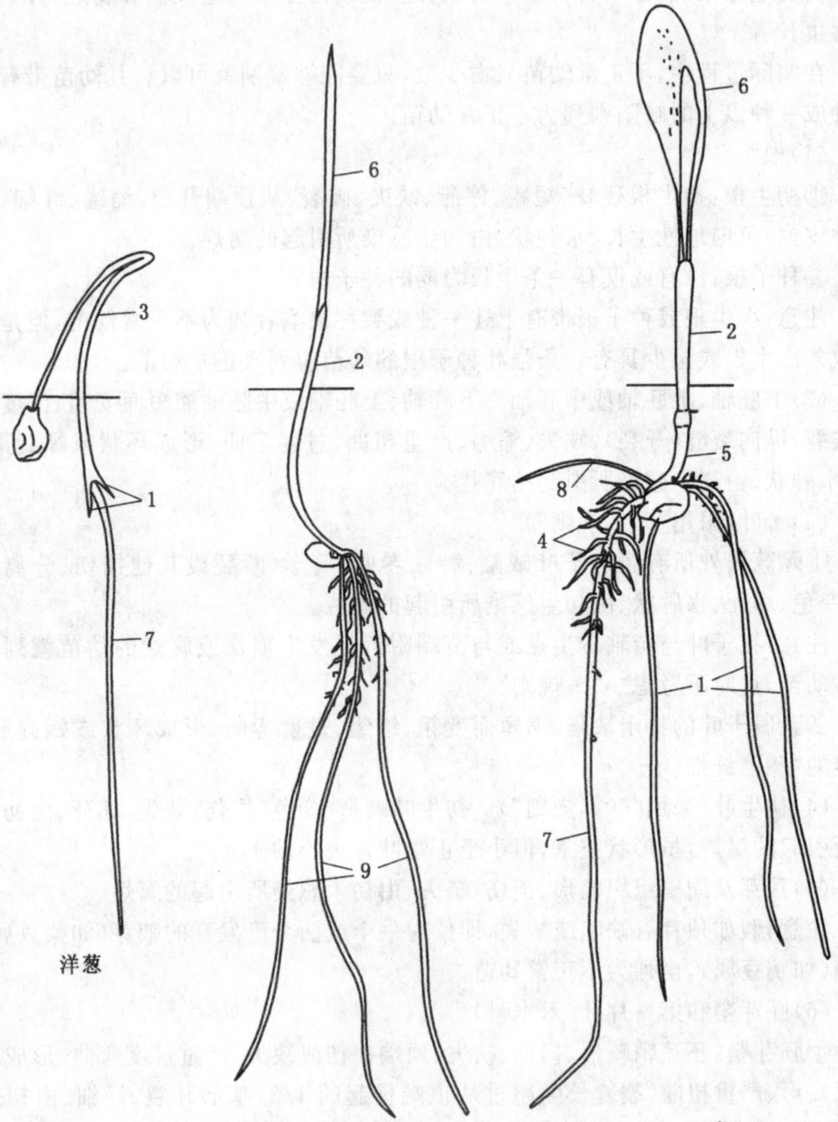

图 11-2 单子叶植物种苗主要结构

1.不定根 2.胚芽鞘 3.子叶 4.侧根 5.中胚轴 6.初生叶
7.初生根 8.次生根 9.种子根

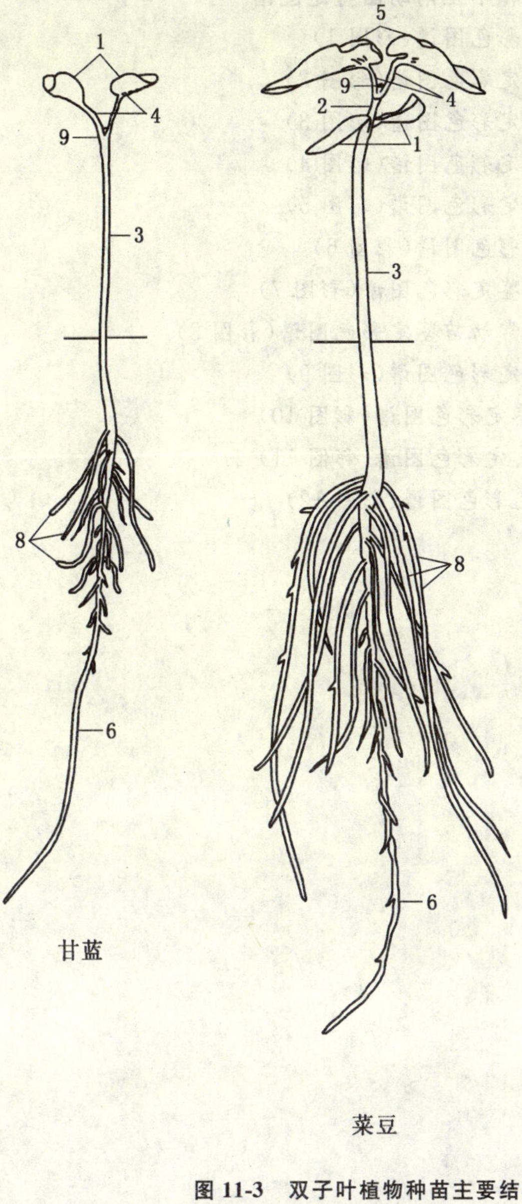

图 11-3　双子叶植物种苗主要结构

1.子叶　2.上胚轴　3.下胚轴　4.柄　5.初生叶　6.初生根　7.鳞片状叶　8.次生根　9.顶芽

(四)各类作物正常幼苗和不正常幼苗鉴定图谱

1. 稻属不正常幼苗鉴定彩色图谱(彩图 1)
2. 小麦属不正常幼苗鉴定彩色图谱(彩图 2)
3. 玉米属不正常幼苗鉴定彩色图谱(彩图 3)
4. 豌豆属不正常幼苗鉴定彩色图谱(彩图 4)
5. 蚕豆属不正常幼苗鉴定彩色图谱(彩图 5)
6. 棉属不正常幼苗鉴定彩色图谱(彩图 6)
7. 向日葵属不正常幼苗鉴定彩色图谱(彩图 7)
8. 甜瓜属和西瓜属不正常幼苗鉴定彩色图谱(彩图 8)
9. 甜菜属不正常幼苗鉴定彩色图谱(彩图 9)
10. 菜豆属不正常幼苗鉴定彩色图谱(彩图 10)
11. 番茄属不正常幼苗鉴定彩色图谱(彩图 11)
12. 葱属不正常幼苗鉴定彩色图谱(彩图 12)

【实践操作】

一、种子发芽试验程序

工作环节	工作内容
消毒	发芽盒使用前置于0.1%的次氯酸钠溶液中浸泡 3～5 min，然后用清水洗净晾干。把经过筛选清洗晾干的沙子在 130℃ 高温下烘 2 h，取出降至室温
选用发芽床	按表11-14的规定，选用最适宜的发芽床。如水稻，表11—14中规定TP、BP和S三种发芽床。小、中粒种子一般用纸上(TP)发芽床；中粒种子用纸间(纸卷，BP)发芽床；大粒种子或对水分敏感的小、中粒种子宜用沙床(S)发芽。活力较差的种子,用沙床的效果为好。在选好发芽床后，按不同作物种的种子和发芽床的特性，调节其适当的湿度
数种制床	随机数取 400 粒种子，中、小粒种子，每份 100 粒，4 次重复；大粒种子每份试样 50 或 25 粒，8 次或 16 次重复。装盒方法有： 1. 纸床 (1)纸上(简称TP)　纸上是指种子放在一层或多层纸上发芽，用三种方法：①在培养皿里垫两层发芽纸，充分吸湿,沥去多余水分，种子直接放置在湿润的发芽纸上，用培养皿盖盖好，放在发芽箱或发芽室内发芽；②数种置床于湿润的发芽纸上，并将其直接放在“湿型”发芽箱的盘上，发芽箱内的相对湿度需接近饱和；干型发芽箱必须有防止水分蒸发措施；③放在雅可勃逊发芽器上，这种发芽器配有放置发芽纸的发芽盘 (2)纸间(简称BP)　纸间是指种子放在两层纸中间发芽，用两种方法：①在培养皿里把种子均匀放置在湿润的发芽纸上，另外用一层发芽纸松松地盖在种子上；②采用纸卷，把种子均匀置放在湿润的发芽纸上，再用一张同样大小的发芽纸覆盖在种子上，底部褶起 2 cm，然后卷成纸卷，两端用橡皮筋扎住，竖放在培养皿或塑料筒里，套上透明塑料袋保湿，放在规定条件下发芽 (3)褶裥纸(简称PP)　种子放在类似手风琴的具有 50 个褶裥的纸条内，一般每个褶裥放 2 粒种子，或具有 10 个褶裥，每褶裥放 5 粒种子。将褶裥纸条放在盒内或直接放在“湿型”发芽箱内，并用一张纸条盖在褶裥纸上面 2. 沙床 使用沙床有两种方法：①沙上(简称TS)，适用于中、小粒种子。将拌好的湿沙装入培养盒中至 2～3 cm 厚，再将种子压入沙子表层，即沙上发芽；②沙中(简称S)，适用于大、中粒种子。将拌好的湿沙装入培养盒中至 2～4 cm 厚，播上种子，覆盖 1～2 cm 厚度(厚度取决于种子的大小)的松散湿沙，以防翘根。如果纸床污染，对已有病菌的种子样品鉴定困难时，可用沙床替代纸床

贴放标签

在培养皿或其他发芽容器底盘的内侧放上或侧面贴上标签，注明样品编号、品种名称、重复序号和置床日期等，然后盖好容器盖子或套一薄膜塑料袋

↓

规定条件培养

按表11-14规定的发芽条件，发芽采用恒温进行，发芽箱的发芽温度在发芽期间应尽量一致。如规定温度在 23℃，发芽箱的温度变幅不应超过 ±21℃，一般新收获的有休眠种子和陈种子，以选用变温或较低恒温发芽为好。在有光照的条件下培养，光照强度为1 000～1 500 lx，光照时间为 8 h

↓

检查管理

做到发芽床始终保持湿润，水分不过多或过少。温度保持在所需温度的 ±2℃ 范围内，防止因控温部件失灵、断电、电器损坏等意外事故造成温度失控。如采用变温发芽，则应按规定变换温度。如发现霉菌滋生，应及时取出洗涤去霉。当发霉种子超过5%时，应更换发芽床，以免霉菌传开。如发现腐烂死亡种子，则应及时将其除去并记载。还应注意通气，避免因缺氧而使正常发芽受影响

↓

观察记载

1. 试验持续时间

每个种的试验持续时间详见表11-14。试验前或试验间用于破除休眠处理所需时间不作为发芽试验时间的一部分。如果样品在规定的试验时间内只有几粒种子开始发芽，则试验时间可延长 7 d，或延长规定时间的一半。根据试验情况，可增加计数的次数。反之，如果在规定的试验时间结束前，样品已达到最高发芽率，则该试验可提前结束

2. 鉴定幼苗和观察计数

鉴定要在主要构造已发育到一定时期进行。根据种子不同，试验中绝大部分幼苗应达到：子叶从种皮中伸出(如莴苣属)、初生叶展开(如菜豆属)、叶片从胚芽鞘中伸出(如小麦属)。尽管一些种子如胡萝卜属在试验末期，并非所有幼苗的子叶都从种皮中伸出，但至少在末次计数时，可以清楚地看到子叶基部的“颈”。在初次计数时，应把发育良好的正常幼苗从发芽床中拣出，对可疑的或损伤畸形或不均衡的幼苗，一般到末次计数。严重腐烂的幼苗或发霉的死种子应及时从发芽床中除去，并随时增加计数。末次计数时，按正常幼苗、不正常幼苗、新鲜不发芽种子、硬实和死种子分类计数和记载。复胚种子单位作为单粒种子计数，试验结果用至少产生一个正常幼苗的种子单位的百分率表示。当送验者提出要求时，也可测定 100 个种子单位所产生的正常幼苗数，或产生1株、两株及两株以上正常幼苗的种子单位数

↓

结果计算表示

试验结果以粒数的百分率表示。计算时，以 100 粒种子为一重复，如采用 50 粒或 25 粒的副重复，则应将相邻副重复合并成 100 粒的重复。当一个试验的 4 次重复，其正常幼苗百分率都在最大容许差距范围内(表11-15)，则取其平均数表示发芽百分率；不正常幼苗、新鲜不发芽种子、硬实和死种子的百分率按 4 次重复平均数计算

当试验结束还存在硬实或新鲜不发芽种子时或预知或怀疑种子有休眠，需破除休眠后再进行试验。当试验出现下列情况时，应重新试验。

(1)怀疑种子有休眠(即有较多的新鲜不发芽种子)时，可采用合适的方法破除休眠，重新试验，将得到的最佳结果填报，需注明所用的方法

(2)由于真菌或细菌的蔓延使试验结果不一定可靠时，可采用沙床或土壤发芽床重新试验。如有必要，应增加种子之间的距离

破除休眠和重新试验

(3)当正确鉴定幼苗困难时，可采用表11-14中规定的一种或几种方法用沙床或土壤发芽床重新试验

(4)当发现实验条件、幼苗鉴定或计数有差错时，应采用同样方法重新试验

(5)当 100 粒种子重复间的差距超过表11-15、表11-16、表11-17、表11-18最大容许差距时，应采用同样的方法重新试验

如果第二次结果与第一次结果相一致，即其差异不超过规定所示的容许差距，则将两次试验结果的平均数填报在结果单上。如果第二次结果与第一次结果不相符合，即其差异超过规定所示的容许差距，则采用同样的方法进行第三次试验。用第三次结果分别与第一次结果和第二次结果进行比较，填报符合要求的结果平均数。若第三次试验仍得不到符合要求的结果，则应考虑是否人员操作、发芽设备或其他方面存在重大问题，无法得到满意结果测

试验结果填报

须填报正常幼苗、不正常幼苗、新鲜不发芽种子、硬实和死种子的百分率。假如其中任何一项结果为零，则将符号“—0—”填入表格中。填报正常幼苗等百分率时，同时还须填报采用的发芽床种类和温度、发芽试验持续时间以及为促进发芽所采用的处理方法。填写发芽试验原始记录表11-19

【种子发芽试验案例分析】

案例 1

某一水稻杂交种子发芽试验 4 次重复的发芽率分别为 98%、95%、97%、96%，其发芽试验条件为纸上 30℃恒温。

4 次重复的结果平均值为：(98+95+97+96)/4=96.5，根据修约至最近似整数的原则，发芽率修约(0.5 进为 1 计算)为 97%。

用 97 查表 11-15(或 GB/T 3543.4—1995 中表 3)，查得重复间最大容许差距为 7，而重复间的最大值 98 与最小值 95 之差为 3，在容许差距范围内，所以本试验结果是可靠的，发芽率的结果填报为 97%。

案例 2

现测得一发芽试验 4 次重复的发芽率分别为:77%、67%、70%和 56%,其发芽试验条件为纸上 20~30℃变温,并经硝酸钾处理。4 次重复的结果平均值为:(77+66+69+56)/4=67.5,根据进入最大值保留整数的修约原则,用 68 查表 11-15(或 GB/T 3543.4—1995 中表 3),查得容许误差为 18,而重复间的最大差异为:77—56=21,超过了容许误差 18,所以必须进行重新试验。

第二次的发芽试验 4 次重复的发芽率分别为:72%、74%、69%和 73%。4 次重复的结果平均值为:(72+74+69+73)/4=72,用 72 查表 11-15(GB/T 3543.4—1995 中表 3),容许误差为 18,而重复间的最大差异为:74—69=5,未超过容许误差 18。

现在再比较两次试验的一致性:(67.5+72)/2=69.75,用 70 查表 11-16(或 GB/T 3543.4—1995 中表 4),其容许误差为 7,而两次试验间的差距为 72—67.5=4.5,未超过容许误差。因此,发芽率的最后填报结果为 70%。

案例 3

发芽试验的第一次结果为 88%、73%、67%和 84%,按上述例 1 计算超过容许误差;第二次发芽试验为 92%、85%、79%和 92%,按上述例 2 计算仍超过容许误差;第三次为 94%、88%、88%和 95%,这样最后填报符合要求的第二、第三次发芽试验结果为 89%。

案例 4

有一批种子,种子销售者测定发芽率为 88%,而种子消费者测定为 81%,请问种子销售者的测定值可以接受吗?

先计算两者平均值为 85%,查表 11-17(GB/T 3543.4—1995 中表 5),容许误差 为 7,而两者试验差距为 7,所以销售者的测定值可以接受。

案例 5

在例 4 中,如果第一次测定为 81%,而第二次测定为 88%,由于第二次测定好于第一次测定,就不必计算,得出第一次测定值可以接受。

经验之谈

发芽试验中应注意哪些问题？

①当种子带菌，纸床污染时可用沙床代替纸床；当纸床或沙床上的幼苗出现中毒症状时或对幼苗鉴定发生怀疑时，或为了比较或研究目的，可采用土壤床。

②不同作物的种子对水分的需求有差异，应根据发芽床和种子特性决定发芽床的加水量。如菠菜种子在发芽床上有过剩水分时，就使发芽率降低，但除去全部或部分果皮，就能得到良好的改善。豆类种子浸种时，由于急剧吸水而使子叶部分微裂，以致伤害发芽力。水分是必要的，所以应根据不同种子的特性，选择供水适当的发芽床，并在整个发芽过程中保持适宜的水分。

③变温是模拟种子发芽的自然环境，有利于种子渗入氧气，促进酶活化，加速发芽。新收获的休眠种子对发芽温度要求特别严格，必须选用规程中几种恒温中的较低温度或变温；陈种子选用变温或较低恒温也有利于发芽。

④发芽期间应使种子周围有足够的空气，尤其是用纸卷发芽应注意纸卷需疏松，用沙床和土壤试验时，覆盖种子的沙或土壤不要压紧。

⑤由于光照利于抑制发芽过程中霉菌生长繁殖和幼苗子叶、初生叶的光合作用，除需暗型种子在发芽初期应放置在黑暗条件下培养外，其他种子发芽时，只要条件允许，最好在光照下培养。

⑥如果样品在规定的试验时间内只有几粒种子开始发芽，则试验时间可延长7 d，或延长规定时间的一半；反之，如果在规定的试验时间结束前，样品已达到最高发芽率，则该试验可提前结束。

⑦甜菜等复胚种子单位作为单粒种子计数，试验结果用至少产生一个正常幼苗的种子单位的百分率表示。

⑧当试验结束还存在硬实或新鲜不发芽种子时，可采用适当的方法破除休眠。

经验之谈

蔬菜种子发芽有何特性?

①十字花科:萝卜和青菜种子发芽适温为20～30℃,采收后有一定休眠期,但是经过2～3个月贮藏后通过休眠。

②菊科:莴苣和芹菜等种子也有一定的休眠期,低温光照处理有效;其发芽适温为15～20℃低温,在30℃以上则发芽不良。

③伞形科:胡萝卜种子采收后一般有2～3个月休眠期,由于胚未成熟或患病而不能发芽种子较多,发芽最适温度为15～20℃。

④藜科:菠菜种子除去果皮则发芽良好。加温处理可促进种子和果皮后熟,使抑制物质分解而达到完全发芽,加温以50～60℃ 2～3 d为宜,发芽以低温为好,25℃以上则发芽不良。

⑤茄科:茄子种子在恒温下发育不良,以变温发芽为好,20～30℃变温,番茄和辣椒种子几乎没有明显的休眠期,辣椒和茄子种子因淘洗不干净,表皮蜡质层和黏液造成种皮不吸水,通过浸种后用纱网摩擦种皮使种皮吸水后置床发芽。新收辣椒种子用1%次氯酸钠处理,促进发芽,最适温度为20～30℃。

⑥百合科:葱和洋葱种子发芽适温,葱适温15～20℃,洋葱20～25℃,韭菜15～20℃,25℃以上受抑制。

⑦葫芦科:瓜类种子发芽稍干的发芽床为好,适温25℃,若种子因淘洗不干净需放在纱网上浸种1～2 h后,用纱网搓洗去除表皮黏液后将种子在吸水纸上吸干表皮水分后置床发芽。

蔬菜种子的休眠如何破除?

①低温处理:种类有葱、菠菜、芹菜、莴苣、胡萝卜等。通常处理方法是将种子置于规定的温湿发芽床上,放在5～10℃低温下处理2～7 d,然后移置规定温度发芽箱内发芽。

②加温干燥处理的种子发芽50～60℃,时间2～3 d,西瓜、黄瓜、甜瓜30℃时间3～5 d,花生45℃ 3～7 d,经处理后置床进行标准发芽试验。

二、包衣种子发芽试验

包衣种子的发芽试验可用不脱去包衣材料的净丸化(净包膜)种子和脱去包衣材料的净种子两种方法进行试验。如同净度分析一样,后者只在特殊情况下:在送验者要求或为了核实(或比较)丸化或包膜种子内的净种子发芽能力时才使用。后者与非包衣种子检验程序完全相同,在除去包衣材料时不影响发芽率。

不脱去包衣材料种子发芽试验程序

工作环节	工作内容
数取试样	从经净度分析后充分混合净丸化(净包膜)种子中随机数取 400 粒,分 4 个重复,每个重复 100 粒。种子带的发芽试验须在带上进行,不需从制带物质中取下种子。试验样品由随机取得的带片组成,重复 4 次,每次重复至少含 100 粒种子
置床培养	发芽床、发芽温度、光照条件和特殊处理采用11-14规定。发芽床最好采用沙床,也可用土壤。或者丸化种子采用皱裥纸作发芽床,种子带必须采用纸间的发芽方法 供水情况依据包衣材料和种子种类而不同。如果包衣材料黏附在子叶上,可在计数时用水小心喷洗幼苗
幼苗计数与鉴定	试验时间可能比表11-14所规定时间长,因此延长试验时间是必要的。还需做一个脱去包衣材料的种子发芽试验作对照 幼苗异常情况可能由于丸化或包膜材料所引起,当发生怀疑时用土壤进行重新试验 正常幼苗与不正常幼苗的鉴定按标准规定进行。1颗丸粒或包膜粒,如果能产生送验者所叙述种的1株正常幼苗,即认为具有发芽能力,如果不是送验者所叙述的种,即使长成正常幼苗,也不能包括在发芽率内 复粒种子构造可能在丸化种子中发生,或者在一颗丸粒中发现一粒以上种子。在此种情况下,应把这些颗粒作为单粒种子试验。用至少产生1株正常幼苗的构造或丸粒百分率表示。对产生两株或两株以上的丸粒,要分别计算其颗粒并记录
结果计算表示与报告	结果用粒数的百分率表示。种子带发芽试验时,需测定种子带总长度(或面积),记录正常幼苗总数,计算每米(或每平方米)的正常幼苗数,推算每米的正常幼苗数。结果报告与非包衣种子规定相同

表 11-14 农作物种子的发芽技术规定

种(变种)名	发芽床	温度(℃)	初次计数天数(d)	末次计数天数(d)	附加说明,包括破除休眠的建议
1.洋葱	TP;BP;S	20;15	6	12	预先冷冻
2.葱	TP;BP;S	20;15	6	12	预先冷冻
3.韭葱	TP;BP;S	20;15	6	14	预先冷冻
4.细香葱	TP;BP;S	20;15	6	14	预先冷冻
5.韭菜	TP	20～30;20	6	14	预先冷冻
6.苋菜	TP	20～30;20	4～5	14	预先冷冻;KNO_3
7.芹菜	TP	15～25;20;15	10	21	预先冷冻
8.根芹菜	TP	15～25;20;15	10	21	预先冷冻
9.花生	BP;S	20～30;25	5	10	去壳;预先加温(40℃)
10.牛蒡	TP;BP	20～30;20	14	35	预先冷冻;四唑染色
11.石刁柏	TP;BP;S	20～30;25	10	28	
12.紫云英	TP;BP	20	6	12	机械去皮
13.裸燕麦(莜麦)	BP;S	20	5	10	
14.普通燕麦	BP;S	20	5	10	预先加温(30～35℃)
15.落葵	TP;BP	30	10	28	预先冷冻;GA3
16.冬瓜	TP;BP	20～30;30	7	14	
17.节瓜	TP;BP	20～30;30	7	14	
18.甜菜	TP;BP;S	20～30;15～15～20	4	14	预先洗涤
19.叶甜菜	TP;BP;S	20～30;15～15～20	4	14	
20.根甜菜	TP;BP;S	20～30;15～25;30	4	14	
21.白菜型油菜	TP	15～25;20	5	7	
22.不结球白菜(包括白菜、乌塌菜、紫菜薹、薹菜、菜薹)	TP	15～25;20	5	7	预先冷冻
23.芥菜型油菜	TP	15～25;20	5	7	预先冷冻;KNO_3
24.根用芥菜	TP	15～25;20	5	7	
25.叶用芥菜	TP	15～25;20	5	7	

续表 11-14

种(变种)名	发芽床	温度(℃)	初次计数天数(d)	末次计数天数(d)	附加说明,包括破除休眠的建议
26.茎用芥菜	TP	15～25;20	5	7	
27.甘蓝型油菜	TP	15～25;20	5	7	
28.芥蓝	TP	15～25;20	5	7	
29.结球甘蓝	TP	15～25;20	5	10	
30.球茎甘蓝(苤蓝)	TP	15～25;20	5	10	
31.花椰菜	TP	15～25;20	5	10	
32.抱子甘蓝	TP	15～25;20	5	10	
33.青花菜	TP	15～25;20	5	10	
34.结球白菜	TP	15～25;20	5	7	
35.芜菁	TP	15～25;20	5	7	
36.芜菁甘蓝	TP	15～25;20	5	14	
37.木豆	BP;S	20～30;25	4	10	
38.大刀豆	BP;S	20	5	8	
39.大麻	TP;BP	20～30;20	3	7	
40.辣椒	TP;BP;S	20～30;30	7	14	
41.甜椒	TP;BP;S	20～30;30	7	14	
42.红花	TP;BP;S	20～30;25	4	14	
43.茼蒿	TP;BP	20～30;15	4～7	21	
44.西瓜	BP;S	20～30;30;25	5	14	
45.薏苡	BP	20～30	7～10	21	
46.圆果黄麻	TP;BP	30	3	5	
47.长果黄麻	TP;BP	30	3	5	
48.芫荽	TP;BP	20～30;20	7	21	
49.柽麻	BP;S	20～30	4	10	
50.甜瓜	BP;S	20～30;25	4	8	
51.越瓜	BP;S	20～30;25	4	8	
52.菜瓜	BP;S	20～30;25	4	8	
53.黄瓜	TP;BP;S	20～30;25	4	8	
54.笋瓜(印度南瓜)	BP;S	20～30;25	4	8	

续表 11-14

种(变种)名	发芽床	温度(℃)	初次计数天数(d)	末次计数天数(d)	附加说明,包括破除休眠的建议
55.南瓜(中国南瓜)	BP;S	20～30;25	4	8	
56.西葫(美洲南瓜)	BP;S	20～30;25	4	8	
57.瓜尔豆	BP	20～30	5	14	
58.胡萝卜	TP;BP	20～30;20	7	14	
59.扁豆	BP;S	20～30;20;25	4	10	
60.龙爪稷	TP	20～;30	4	8	
61.甜荞	TP;BP	20～30;20	4	7	
62.苦荞	TP;BP	20～30;20	4	7	
63.茴香	TP;BP;TS	220～30;20	7	14	
64.大豆	BP;S	20～30;20	5	8	
65.棉花	BP;S	20～30;30;25	4	12	
66.向日葵	BP;S	20～30;25;20	4	10	
67.红麻	BP;S	20～30;25	4	8	
68.黄秋葵	TP;BP;S	20～30	4	21	
69.大麦	BP;S	20	4	7	
70.蕹菜	BP;S	30	4	10	
71.莴苣	TP;BP	20	4	7	
72.瓠瓜	BP;S	20～30	4	14	
73.兵豆(小扁豆)	BP;S	20	5	10	
74.亚麻	TP;BP	20～30;20	3	7	
75.棱角丝瓜	BP;S	30	4	14	
76.普通丝瓜	BP;S	20～30;30	4	14	
77.番茄	TP;BP;S	20～30;25	5	14	
78.金花菜	TP;BP	20	4	14	
79.紫花苜蓿	TP;BP	20	4	10	
80.白香草木樨	TP;BP	20	4	7	
81.黄香草木樨	TP;BP	20	4	7	
82.苦瓜	BP;S	20～30;30	4	14	
83.豆瓣菜	TP;BP	20～30	4	14	

续表 11-14

种(变种)名	发芽床	温度(℃)	初次计数天数(d)	末次计数天数(d)	附加说明,包括破除休眠的建议
84.烟草	TP	20～30	7	16	
85.罗勒	TP;BP	20～30;20	4	14	
86.稻	TP;BP;S	20～30;30	5	14	
87.豆薯	BP;S	20～30;30	7	14	
88.黍(糜子)	TP;BP	20～30;25	3	7	
89.美洲防风	TP;BP	20～30	6	28	
90.香芹	TP;BP	20～30	10	28	
91.多花菜豆	BP;S	20～30;20	5	9	
92.利马豆	BP;S	20～30;25;20	5	9	
93.菜豆	BP;S	20～30;25;20	5	9	
94.酸浆	TP	20～30	7	28	
95.茴芹	TP;BP	20～30	7	21	
96.豌豆	BP;S	20	5	8	
97.马齿苋	TP;BP	20～30	5	14	
98.四棱豆	BP;S	20～30;30	4	14	
99.萝卜	TP;BP;S	20～30;20	4	10	
100.食用大豆	TP	20～30	7	21	
101.蓖麻	BP;S	20～30	7	14	
102.鸦葱	TP;BP;S	20～30;20	4	8	
103.黑麦	TP;BP;S	20	4	7	
104.佛手瓜	BP;S	20～30;20	5	10	
105.芝麻	TP	20～30	3	6	
106.田菁	TP;BP	20～30;25	5	7	
107.粟	TP;BP	320～30	4	10	
108.茄子	TP;BP;S	20～30;30	7	14	
109.高粱	TP;BP	20～30;25	4	10	
110.菠菜	TP;BP	15;10	7	21	
111.藜豆	BP;S	20～30;20	5	7	
112.香杏	BP;S	20～30;20	7	35	

续表 11-14

种(变种)名	发芽床	温度(℃)	初次计数天数(d)	末次计数天数(d)	附加说明,包括破除休眠的建议
113.婆罗门参	TP;BP	20	5	10	
114.小黑麦	TP;BP;S	20	4	8	
115.小麦	TP;BP;S	20	4	8	
116.蚕豆	BP;S	20	4	14	
117.箭筈豌豆	BP;S	20	5	14	
118.毛叶苕子	BP;S	20	5	14	
119.赤豆	BP;S	20～30	4	10	
120.绿豆	BP;S	20～30;25	5	7	
121.饭豆	BP;S	20～30;25	5	7	
122.长豇豆	BP;S	20～30;25	5	8	
123.矮豇豆	BP;S	20～30;25	5	8	
124.玉米	BP;S	20～30;25;20	4	7	

注:表中符号代表:TP——纸上,BP——纸间,S——沙,TS——沙上。

表 11-15　同一发芽试验四次重复间的最大容许差距

(2.5%显著水平的两尾测定)

平均发芽率		最大容许差距
50%以上	50%以下	
99	2	5
98	3	6
97	4	7
96	5	8
95	6	9
93～94	7～8	10
91～92	9～10	11
89～90	11～12	12
87～88	13～14	13
84～86	15～17	14
81～83	18～20	15
78～80	21～23	16
73～77	24～28	17
67～72	29～34	18
56～66	35～45	19
51～55	46～50	20

表 11-16　同一或不同实验室来自相同或不同送验样品间发芽试验的容许差距

(2.5%显著水平的两尾测定)

平均发芽率		最大容许差距
50%以上	50%以下	
98～99	2～3	2
95～97	4～6	3
91～94	7～10	4
85～90	11～16	5
77～84	17～24	6
60～76	25～41	7
51～59	42～50	8

表 11-17　同一或不同实验室不同送验样品间发芽试验的容许差距

(5%显著水平的一尾测定)

平均发芽率		最大容许差距
50%以上	50%以下	
99	2	2
97～98	3～4	3
94～95	5～7	4
91～93	8～10	5
87～90	11～14	6
82～86	15～19	7
76～81	20～25	8
70～75	26～31	9
60～69	32～41	10
51～59	42～50	11

表 11-18　发芽试验与规定值比较的容许误差

(5%显著水平的一尾测定)

规定发芽率		容许差距
50%以上	50%以下	
99	2	1
96～98	3～5	2
92～95	6～9	3
87～91	10～14	4
80～86	15～21	5
71～79	22～30	6
58～70	31～43	7
51～57	44～50	8

表 11-19　发芽试验原始记载表

样品编号：　　仪器名称型号：　　室内温湿度　　℃　　%

种子名称：　　仪　器　编　号：　　测定日期：　　年　　月　　日

重复 / 日期	Ⅰ			Ⅱ			Ⅲ			Ⅳ			结果(%)	检测依据(方法)
	正	不	死	正	不	死	正	不	死	正	不	死		作物：
														发芽温度：　(℃)
														于处方法：
														发芽床：
正常幼苗(正)														不正常的苗种类：
不发芽种子														
硬实(空壳)														
不正常幼苗(不)														
死种子(死)														
结果计算	公式：种子发芽率＝$\frac{\text{末次记数正常幼苗数}}{\text{供检种子数}}\times 100\%$　容许误差：　(%)　实际误差：　(%)													
备　注	备　注													

检验员：　　年　　月　　日　　　校核人：　　年　　月　　日　　　审核人：　　年　　月　　日

第五节　品种真实性和品种纯度鉴定

【基础知识】

品种真实性和品种纯度鉴定是国标规定的必检项目之一。

一、品种纯度相关定义

品种纯度检验包括两方面内容，即品种真实性和品种纯度。

品种真实性是指一批种子所属品种、种或属与文件描述是否相符。

品种纯度是指品种个体与个体之间在特征特性方面典型一致的程度，用本品种的种子数（或株、穗数）占供检验本作物种子数（株、穗数）的百分率表示。

异型株是指一个或多个性状（特征、特性）与原品种的性状明显不同的植株。

在纯度检验时如果品种真实性有问题，品种纯度检验就毫无意义了。纯度检验主要鉴别与本品种不同的异型株。国际种子检验规程中指出，品种纯度测定适用的范围是：只有当送验者对报检的种或品种已有说明，并且具有一个可供比较的、可靠的标准样品时，鉴定才是有效的。品种纯度检验的对象可以是种子、幼苗或较成熟的植株。

二、品种纯度鉴定的目的及意义

品种真实性和品种纯度是构成种子质量的两个重要指标，是种子质量评价的重要依据，是保证良种优良遗传特性充分发挥的前提，品种纯度的高低对在农业生产的产量和品质都有较大影响，假种子的影响更大，有时会造成绝产。因此，品种真实性和品种纯度检验在种子生产、加工、贮藏及经营贸易中具有重要意义和应用价值。

【实践操作】

一、种子室内纯度测定的基本程序

种子室内纯度测定的基本程序是：从送验样品（最小重量符合表 11-20）中随机数取一定数量的种子，测定异品种种子，再按以下公式计算样品纯度。

$$品种纯度=\frac{供检样品种子数-异品种种子数}{供检样品种子数}\times 100\%$$

必要时需将测定结果和规定值比较，测定结果(A)是否符合国家种子质量(表8-1)或合同、标签值(B)的要求，可利用表11-23评判，如果｜A−B｜≥容许差距，则说明不符合国家种子质量或合同、标签值(B)的要求，反之，符合要求。

表11-20　品种纯度测定的送验样品重量

种　类	限于实验室测定(g)	田间小区及实验室测定(g)
豌豆属、菜豆属、蚕豆属、玉米属、大豆属及种子大小类似的其他属	1 000	2 000
水稻属、大麦属、燕麦属、小麦属、黑麦属及种子大小类似的其他属	500	1 000
甜菜属及种子大小类似的其他属	250	500
所有其他属	100	250

二、品种纯度的测定方法

在品种纯度的测定中通常把物理法鉴定、化学法鉴定等在短时间内测定品种纯度的方法归为快速测定方法。

(一)苯酸染色法

1.苯酸染色法的机理

苯酚又名石炭酸，其染色机理是种子中单酚、双酚、多酚在酚酶的作用下，被氧化成黑色的非溶性色素。由于每个品种皮壳内酚酶的活性不同，不同品种由于苯酚氧化酶的活性和种类不同而呈现深浅不同的颜色，借此可鉴定品种。该法主要适用于小麦、水稻、牧草种子。

2.苯酚染色的方法

(1)小麦　小麦苯酚染色的方法有两种：

第一种方法的测定程序数是：取净种子2份，各100粒→侵入清水中24 h→取出置于1%石炭酸湿润的滤纸上→室温4 h→鉴定种子染色深浅。一般染后的颜色可分为不染色、淡褐色、褐色、深褐色、黑色五种，将与基本颜色不同的种子取出作为异品种，计算品种纯度。

第二种方法的测定程序数是：种子用1.0%的苯酚浸15 min→取出腹沟朝下放在铺有1%苯酚湿润过的滤纸的培养皿中→盖上贴有同样滤纸的培养皿盖→放置在30～40℃温箱内→染色0.5～1 h→观察染色结果，区分本品种与异品种。计算品种纯度。

专家提醒

①某些小麦品种利用标准法染色后，颜色相同无法区别。可采用加速或延缓剂处理后再染色鉴定。对染色很深的种子，用 0.3%碳酸钠溶液浸种 18 h（室温）；对染色很浅的种子要利用 0.01%硫酸铜溶液浸种 18 h，然后放置培养皿内染色。②在应用此法测定麦类品种纯度时，最好用固定程序测定现有品种的染色情况，供测定时参考。

(2)水稻　取试样 2 份，各 100 粒→浸水 6 h→取出放入 1%苯酚溶液中→室温 12 h→取出用清水洗涤→放在湿润的滤纸上 24 h→观察种子染色程度。谷粒染色分：不染色、淡茶褐色、茶褐色、黑褐色和黑色五级。此法可鉴别籼、粳稻，籼、粳稻不同品种染色都有深浅之分，粳稻不染色或染成浅色。一般凡不染色者均属粳稻。

(二)种子形态鉴定

不同种类种子可根据种子形态特征差异进行鉴别，如水稻种子根据谷粒形状、长宽比、大小、稃壳和稃尖色、稃毛长短、稃毛稀密、柱头夹持率等。大、小麦种子根据外稃基部形状，籽粒颜色、形状、腹沟基刺、腹沟宽，小穗轴绒毛多少，外稃侧背脉纹齿状突起，内外稃皱折，鳞被形状及绒毛稀密。豆类根据种子颜色、大小、形状、光泽、蜡质、种脐形状及颜色。棉花种子则依据籽色、籽形和短绒密度分析品种的真实性和纯度，陆地棉绿色籽日晒呈棕色，稀毛籽、畸形籽、多毛大白粒和光籽为杂籽，白籽、灰白籽也为正常籽；海岛棉绿色籽、光籽为正常籽，而灰白籽、多毛大白粒和光籽为杂籽。玉米种子形态特征如种子粒形（圆粒、扁粒、长粒）、类型（马齿形、半马齿形、硬粒形）、颜色（白、浅黄、黄、橙黄、浅红、紫色），种子大小、果柄颜色（红、白、浅红、紫红）、顶部凹陷和饱满状况，种胚的大小和形状、籽粒表面圆滑程度、棱角的有无、颜色和花丝遗迹等特征，区别不同品种及利于胚乳直感鉴定父母本与杂交种，确定品种纯度。其中利用胚乳直感现象鉴定杂交种与父母本有明显颜色差异的亲本自交系粒是很有效的。例如，玉米杂交组合中母本籽粒顶端黄色、父本白色、杂交种为白色，据此可将母本自交系粒和杂交种区分为：黄色、胚乳橘红色，父本为白色，同样杂交种为白色、胚乳为橘红色，可明显地将杂交种与母本自交粒区分。

【案例】

从某一小麦品种送验样品中，随机数取试样 400 粒种子，每重复 100 粒，分别从第一份试样中分出 2 粒燕麦种子，第二、第三、第四份试样中各分出 1 粒燕麦种子，这样从 400 粒试样中共找出 5 粒异品种燕麦种子，计算其品种纯度。并判定是否达到国家种子质量标准。

$$品种纯度=\frac{供检样品种子数-异品种种子数}{供检样品种子数}\times 100\%$$

$$品种纯度=\frac{400-5}{400}\times 100\%=98.75\%$$

小麦国家种子质量标准规定品种纯度为 99.0%（表 8-1），从表 11-23 第一行查到规定值 99.0%，从样本株数、苗数或种子粒数栏中找到样品 400 的行，即容许差距为 0.8%，本次抽检品种纯度为 98.75%，$|98.75-99.0|=0.25\%<0.8\%$，表明这批小麦种子是合格的。

（三）幼苗形态鉴定

在温室或培养箱中，提供植株以加速发育的条件，当幼苗达到适宜评价的发育阶段时，对全部或部分幼苗进行鉴定。

1. 利用幼苗芽鞘颜色等标记性状鉴别真假杂种

（1）玉米幼苗形态鉴定　根据杂种优势原理和质量性状遗传理论，将被检验种子进行恒温（30℃）发芽，观察测定种苗的生长势和质量性状，以鉴定种子优劣。在已知品种的前提下区别自交系与杂交种较为可靠，如玉米种子 SC-704 的芽鞘是紫红色，其母本 773 的芽鞘是黄绿色的（彩图 13）。

2. 根据子叶与第一片真叶形态鉴定十字花科或变种

在子叶期根据子叶的大小、形态、颜色、厚度、光泽、茸毛等性状鉴别。第一真叶期根据第一真叶的形状、大小、颜色、光泽、茸毛、叶脉宽窄及颜色、叶缘特征鉴别。

鉴定方法，取试样 4 份，各 100 粒，将种子播于水分适宜的发芽盒内沙培，粒距 1 cm，于 20～25℃培养，出苗后置于有充足阳光的室内培养，发芽 7 d 后鉴定子叶性状，10～12 d 鉴定真叶未展开时性状，15～20 d 鉴定第一真叶性状。图 11-4 为甘蓝各变种第一真叶形状。

3. 根据第一片真叶叶缘特性鉴定西瓜纯度

用营养液沙培（粒距 3 cm，温度 20～30℃），置于充足光照条件下，发芽 12 d，第一片真叶展开时根据叶缘有无缺刻，缺刻深浅鉴别了西瓜杂交组合的不同品种（图 11-5）。

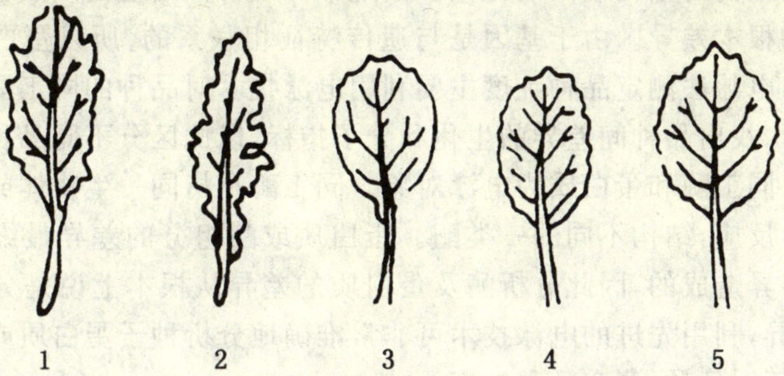

图 11-4　甘蓝各变种第一真叶形状

1. 结球甘蓝　2. 花椰菜　3. 抱子甘蓝　4. 羽衣甘蓝　5. 球茎甘蓝

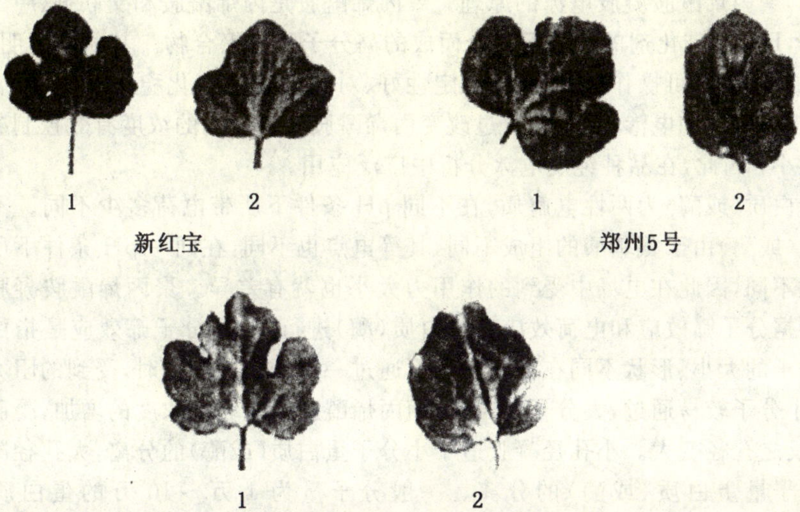

图 11-5　杂交西瓜与其母本第一真叶的形状

1. F_1　2. 母本

(四)品种纯度的电泳测定

1. 品种纯度的电泳测定原理

(1)电泳法测定品种纯度　电泳在品种纯度鉴定中的成功开发应用是基于蛋

白质可作为对编码的结构基因的标记。因此个体或群体间蛋白质成分的差异就成为基因表达的根本差异。由于基因是与遗传特征相联系的，所以蛋白质标志能标记这些特征。电泳法测定品种纯度主要利用电泳技术对品种的同工酶及蛋白质的组分进行分析，找出品种间差异的生化和分子指标，以此区分不同品种。目前品种鉴定主要是以同工酶和蛋白质为电泳对象。同工酶是指同一生物体或同一组织中催化相同化学反应，结构不同的一类酶。蛋白质或酶组分的差异最终是由于品种遗传基础的差异造成的，因此分析酶及蛋白质的差异从根本上说是分析遗传的差异，即品种差异，利用先进的电泳技术可非常准确地分析种子蛋白质或同工酶的差异，进而区分不同品种，测定品种纯度。

由于某些同工酶在种子贮藏和萌发过程中，种类数目易随生活力和发育时期的变化而变化，加之种子萌发速度不一致，所以对品种纯度鉴定不利。此外，酶的提取和电泳条件较蛋白质要求严格，需在低温下进行。因此，在纯度鉴定的研究中，应以蛋白质为主。

(2)聚丙烯酰胺凝胶电泳的原理　聚丙烯酰胺是丙烯酰胺和交联剂(甲叉双丙烯酰胺，Bis)在催化剂的作用下聚合而成的高分子胶状聚合物。其凝胶透明、有弹性、机械强度高、可操作性强、化学稳定性好、对 pH、温度变化稳定；该凝胶属非离子型，没有吸附和电渗现象，并通过改变丙烯酰胺和交联剂的浓度有效控制凝胶孔径的大小，因此，在品种纯度电泳分析中广泛应用。

蛋白质(或酶)为两性电解质，在不同 pH 条件下所带电荷多少不同。不同的蛋白质(或酶)由于氨基酸的组成不同，其等电点也不同，在同一 pH 条件下所带电荷电就不同，因此在电场中受到的作用力大小也就有差异。聚丙烯酰胺凝胶电泳主要依据分子筛效应和电荷效应对蛋白质(酶)进行分离，分子筛效应是指由于蛋白质分子的大小、形状不同在电场作用下通过一定孔径的凝胶时，受到的阻力大小不同，小分子较易通过，大分子较难通，随丙烯酰胺和交联剂浓度的增加，凝胶孔径变小，反之孔径变大。小孔径凝胶适于小分子蛋白质(或酶)的分离，大孔径凝胶适于大分子量蛋白质(或酶)的分离。一般分子量为 1 万～10 万的蛋白质可用 15%～20%的凝胶；10 万～100 万的蛋白质用 10%左右的凝胶；大于 100 万的可用小于 5%的凝胶。电荷效应是指由于蛋白质带的电荷多少不同，受电场的作用力不同，电荷多受到的作用力大移动较快，反之，较慢。溶液的 pH 值与蛋白质的 pI 相差越大，蛋白质带电荷越多。蛋白质在凝胶中的运动速度与荷质比有着密切关系。经过一定时间的电泳，性质相同的蛋白质就运动在一起，性质不同的蛋白质就得到了分离。

2.品种纯度电泳检测的一般程序

品种纯度电泳测定时一般程序包括：样品的提取、凝胶的制备、加样电泳、染色观察、谱带分析、结果计算六个步骤。

(1)样品的提取 不同电泳方法提取液和提取的程度不同,应按具体方法,配制提取液和操作。

蛋白质:清蛋白能很好地溶于水、稀酸、碱、盐溶液中,球蛋白难溶于水,但能很好地溶于稀盐溶液及稀酸和稀碱溶液中;醇溶蛋白不溶于水,但能很好地溶于70%~80%的酒精中;谷蛋白不溶于水、醇,可溶于稀酸、稀碱中。因此,可依次用水、10%的NaCl、70%~80%的乙醇、0.2%的碱液提取。种子所有贮藏蛋白可用Mereditch和Wren(1996)的AUC提取液:0.1 mol/L的醋酸、3 mol/L的尿素、0.01 mol/L的CTAB。小麦中的谷蛋白可用:2%的SDS,0.8%的Tris,5%的β-巯基乙醇,10%甘油,用HCl调到pH值为6.8。

同工酶:不同同工酶提取方法不同,多数同工酶在低温下操作较好。酯酶用0.05 mol/L Tris-HCL(pt-18.0)缓冲液,或用含1%SDS的0.2 mol/L醋酸钠缓冲液(pH 8.0)提取。淀粉酶用0.1 mol/L柠檬酸缓冲液(pH 5.6)或0.05 mol/LTris-HCI(pH 7.0)缓冲液提取。苹果酸脱氢酶、尿素酶、谷氨酸脱氢酶,用蒸馏水提取。乙醇脱氢酶用0.05 mol/LTris-HCl缓冲液(pH 8.0),或含0.1%SDS的0.2 mol/L醋酸钠缓冲液(pH 8.0)提取。

(2)凝胶的制备 连续电泳只有分离胶,不连续电泳有分离胶和浓缩胶,不同方法凝胶浓度、缓冲系统、pH值、离子强度等都不一样,使用的催化系统也不同,另外,由于使用的仪器设备不同,特别是电泳槽不同,凝胶制备的方法不同,药剂配制也不同。以TEMED为催化剂的凝胶系统,温度低于20℃时,聚合变慢,可将密封好的玻板适当预热至30~35℃。样品梳取后,适当调整样品槽,使之大小一致,并将槽内残余的溶液用针管吸出。

(3)加样电泳 加样量应根据提取液中蛋白质(或酶)的含量确定,一般10~30 μL,电泳时一般采用稳压或稳流两种,电压的高低根据电泳的具体方法和使用的电泳槽种类、凝胶板的长度及厚度等确定,一般以凝胶板在电泳时不过热为准。对同工酶电泳在加样前最好进行一段时间的预电泳,电泳最好在低温下进行。

电泳时为了指示电泳的过程,可加入指示剂,对阴离子电泳系统可采溴酚蓝作示踪指示剂。这时点样端接负极,另一端接正极。对阳离子电泳系统可采用甲基绿作为示踪染料,点样端接正极、另一端接负极。根据指示剂移动的速度确定电泳时间。

(4)染色 电泳的对象不同,染色的方法也不同。蛋白质目前用得较多的染色液是10%三氯乙酸0.05%~0.1%考马斯亮蓝R-250,该染色液染色后一般不需要脱色。此外银染和铜染比考马斯亮蓝更灵敏,但技术不易掌握。

不同的同工酶染色的原理和方法不同,常见的两种同工酶的染色如下。酯酶染色:称取 30 mg α-醋酸萘酯和 30 mg β-醋酸萘酯溶于 3 mL 丙酮-水中(1∶1),再加入 60 mg 坚牢蓝 B 或 RR 盐,然后用 0.1 mol pH 值为 6.5 的磷酸盐缓冲液稀释到 90 mL,用作染色液。

将取下的凝胶板放入 37℃的上述配好的染色液中 40 min。至酶带呈现桃红色,取出,用蒸馏水漂洗,放入 7%醋酸,固定脱色,直至各条酶带清楚,背景清晰为止。

过氧化物酶染色 经试验,以联苯胺-醋酸-过氧化氢染色液染色效果较好。其方法是预先配制 1 号联苯胺-醋酸溶液:称取 2 g 联苯胺溶解于 18 mL 冰醋酸,再加入 72 mL 的无离子水。2 号溶液:3%过氧化氢液。

当电泳快结束时,取 1 号液 4 mL 和 2 号液 1.6 mL,再加 76 mL 无离子水,即配成一块胶板的染色液。将电泳结束后的胶板剥下,用无离子水冲洗清洁,浸入染色液。在室温下待深蓝色谱带清晰为止。随着染色时间的延长,过氧化物酶谱带将变为深棕色至褐棕色。然后用水冲洗清洁,可用清水或醋酸暂时保存 。

(5)谱带分析 谱带分析主要依据由遗传基础的差异所造成的蛋白组分差异区别本品种和异品种。鉴定品种自交系纯度时,根据蛋白谱带的组成及带型的一致性,区分本品种和异品种。不同的电泳方法蛋白谱带的组成及带型不同。按杂交种的谱带特征将电泳带分成:①互补型谱带:是杂交种具有来自母本谱带和父本谱带的一种类型。②杂种型谱带:是杂交种具有母本和父本所没有的,只有杂种才能具有的新产生的谱带。③偏母型谱带:是杂交种具有与母本基本相同的谱带。④偏父型谱带:是杂交种具有与父本基本相同的谱带。

在电泳图谱鉴定时,不同品种的电泳谱带可按其谱带的数目、R_f 值、宽窄、颜色及深浅等鉴别。例如在互补型谱带存在的条件下,如果同时出现了父母本所没有的谱带,可判为亲本不纯引起的谱带差异。如果互补带的两条有其中之一缺少,则为自交粒。如果整个带型与本品种有较大差异,则为杂粒。

应注意的是,电泳测定时,在不同混杂率的情况下,保证测定结果的可靠性所需要的样本粒数不同,可参考表 11-21。

表 11-21 电泳所需样品数量

概率水平	混杂率(%)								
	0.1	2	5	10	15	20	25	30	35
0.99	4 600	458	90	44	28	21	16	13	11
0.95	3 000	298	58	28	18	13	10	8	7
0.90	2 300	228	45	22	14	10	8	6	5

图 11-6 为 ISTA 鉴定不同类型杂交玉米的蛋白质电泳标准图谱。

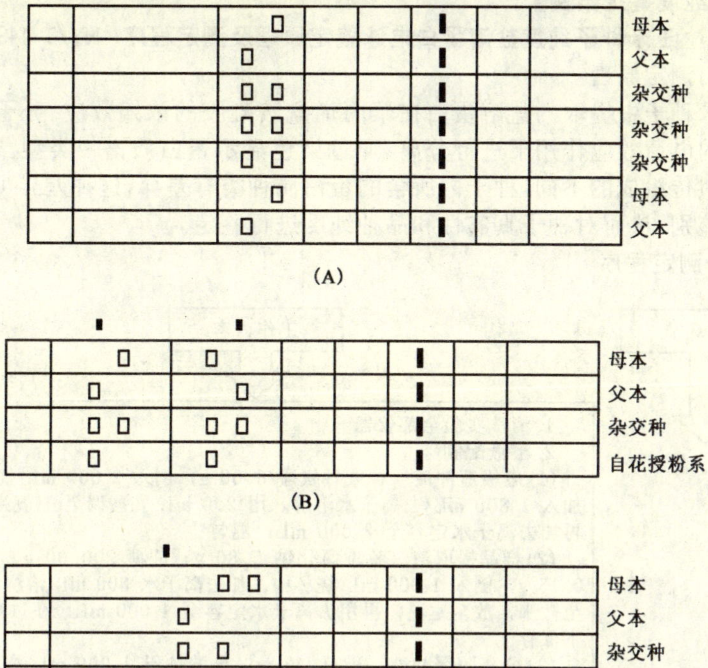

图 11-6　ISTA 鉴定不同类型杂交玉米的蛋白质电泳标准图谱

(A)父本存在标记谱带而母本则缺少标记谱带　(B)鉴定单交种、杂交种，只有一条特征谱带，而其他谱带是来自自花授粉系(同母本相同谱带类型)或来自混杂品种　(C)鉴定三交种，母本的自交系，按照 Mendalian 规则，可能出现两种谱带类型，但大多数品种仅出现一种类型　(D)鉴定双交种，杂交种出现两种谱带类型。按照 Mendalian 规则，可能出现四种谱带类型

【品种纯度鉴定案例】

案例 1　玉米种子纯度盐溶蛋白电泳鉴定原理及测定程序(NY/T 449—2001)

● (一)测定原理

从玉米种子中提取的盐溶蛋白在聚丙烯酰胺凝胶的浓缩效应、分子筛效应和电泳分离的电荷效应作用下进行分离,通过染色显示蛋白质谱带类型。不同玉米品种由于遗传组成的不同,种子内所含的蛋白质种类有差异,这种差异可利用电泳图谱加以鉴别,从而对种子真实性和品种纯度进行鉴定。

●(二)测定程序

工作环节	工作内容
仪器清洗和溶液配制	1. 清洗实验全部仪器 2. 溶液配制 (1)电极缓冲液　称取甘氨酸 6.00 g,倒入 2 000 mL 烧杯中,加入 1 800 mL 去离子水溶解,用 2.0 mL 乳酸调至pH值为3.3,再加去离子水定容至 2 000 mL,混匀 (2)样品提取液　称取氯化钠 5.80 g、蔗糖 200.00 g、甲基绿 0.15 g,倒入 1 000 mL 烧杯中,加去离子水 800 mL 溶解,加热至微沸,放至室温,再用去离子水定容至 1 000 mL。在 4℃ 条件下保存 (3)分离胶缓冲液　取 1.43 mL 乳酸钠于 1 000 mL 烧杯中,加去离子水 980 mL,用乳酸调至pH值为3.0,再加去离子水定容至 1 000 mL,贮于棕色瓶中,在 4℃ 条件下保存 (4)分离胶溶液　称取丙烯酰胺 112.50 g、N,N′-亚甲基双丙烯酰胺 3.75 g、抗坏血酸 0.25 g、硫酸亚铁 8.0 mg,用分离胶缓冲液溶解,再用分离胶缓冲液定容至 1 000 mL,过滤于棕色瓶中,在 4℃ 条件下保存,不超过 14 d (5)浓缩胶缓冲液　取 0.30 mL 乳酸钠于 200 mL 烧杯中,加去离子水 90 mL,用乳酸调至pH值为5.2,再加去离子水定容至 100 mL。贮于棕色瓶中,在 4℃ 条件下保存 (6)浓缩胶溶液　称取丙烯酰胺 6.00 g、N,N′-亚甲基双丙烯酰胺 1.00 g、抗坏血酸 0.03 g、硫酸亚铁 0.8 mg,用浓缩胶缓冲液溶解,再用浓缩胶缓冲液定容至 100 mL,过滤于棕色瓶中,在 4℃ 条件下保存(不超过 6 d) (7)3%的过氧化氢溶液　取30%的过氧化氢 1 mL,加 9 mL 去离子水,贮于棕色瓶中,在 4℃ 条件下保存 (8)染色液　称取考马斯亮蓝R-250 2.00 g,在研钵中用 100 mL 无水乙醇研磨溶解,过滤于棕色瓶中。取 10 mL 该溶液,加入到 200 mL 的10%(*W*/*V*)三氯乙酸溶液中,混匀
样品制备	按要求,从送验样品中随机分取玉米种子至少 100 粒,用单籽粒粉碎器粉碎,放入 1.5mL 离心管中,用滴管加入与样品体积相同的样品提取液,摇匀,放置 5 min 后,再摇一次,30 min 后,用离心机离心(5 000 r/min)15 min,取上清液用于电泳

制备凝胶	(1)胶室制备　将预先洗净晾干的玻璃板装入胶条中，然后把胶条固定在垂直板电泳槽内，保持水平，短板向正极，拧紧螺栓，备用 (2)封底缝　根据电泳槽大小，取适量分离胶溶液于烧杯中，用微量进样器加入适量3%的过氧化氢溶液(一般每 5 mL 分离胶溶液加 20 μL 3%过氧化氢溶液)，迅速摇匀，并从长玻璃板外侧沿玻璃板倒入，振动电泳槽3次，放平 (3)灌分离胶　底缝封住后，用滤纸条插入两玻璃板之间吸去因聚合而析出的水；量取分离胶溶液适量，加入3%的过氧化氢溶液(一般每15 mL分离胶溶液加3%的过氧化氢20 μL)迅速摇匀；倾斜电泳槽，将分离胶溶液倒入两玻璃板之间，高度距短玻璃板上沿1.2 cm；放平电泳槽并在试验台上振动3次后，迅速加入适量的正丁醇封住胶面。待凝胶聚合后，吸出分离胶表面上的正丁醇，并用去离子水冲洗胶面3次，用滤纸吸干 (4)灌浓缩胶　量取浓缩胶溶液适量，加入3%的过氧化氢溶液(一般每 5 mL 浓缩胶溶液加3%的过氧化氢溶液 40 L)，迅速搅匀，倒入两玻璃板之间，马上插好样品梳，样品梳底部距分离胶顶部 0.5 cm
点样	浓缩胶聚合后，拔出样品梳并将样品槽清理干净，用微量进样器在每个样品槽中加入不同籽粒的样品上清液 15 L，每点 1 粒后，都要用去离子水清洗进样器 3 次
电泳	加样完毕后，倒入电极缓冲液，上槽电极缓冲液面要高于短玻璃板，下槽电极缓冲液面要高于铂金丝；将电源线正极接上槽，负极接下槽；接通电源，采用 500 V 稳压进行电泳，待甲基绿指示剂下移至胶底部边缘时，关闭电源
卸板	倒出电极液，从电泳槽内取出胶室，卸下胶条，启开玻璃板，取出胶片，浸入染色液中
染色	在 30℃ 恒温条件下染色 2～4 h
洗板	取出胶片，用0.5%的不加酶洗衣粉水洗净
结果计算	1. 电泳测定值计算 待整个供检样品电泳结束后，在观片灯上鉴定胶片上电泳谱带的特征和一致性，计数供检样品粒数和非本品种粒数，并按式①计算电泳测定值X $X=100\%\times$(供检样品－非本品种颗粒)/供检样品粒数　① 2. 样品纯度值计算 将电泳测定值X代入式②回归方程，计算出样品纯度值Y，再将Y与GB 4404.1中的纯度值进行比较，判定样品是否合格 $Y=52.9+0.461X$　② 3. 真实性及品种纯度鉴定记载表及填报，见表11-22

案例2 ISTA小麦和大麦种子醇溶蛋白聚丙烯酰胺凝胶电泳鉴定品种的标准程序

●(一)目的要求

通过本实验,了解种子醇溶蛋白酸性聚丙烯酰胺凝胶电泳鉴定品种的原理,掌握具体电泳方法,明了该方法的先进性和实用性。

●(二)原理

从种子中提取出来的小麦和大麦籽粒的醇溶蛋白,可用pH值3.2的聚丙烯酰胺凝胶电泳(PAGE)进行分离。其电泳所出现的蛋白质谱带类型,与同品种的遗传组成有关,并可作为品种的"指纹"(lngerprmt)。即为鉴定品种的生化性状。因此,就可利用这种"品种指纹"来鉴定未知品种的真实性,以及分析单粒种子个体的"指纹"来测定品种的纯度。

●(三)仪器和试剂

1. 仪器

(1)电泳仪 可用北京六一仪器厂制造的DYY-Ⅲ型电泳仪(电压为1~600 V),江苏丹阳无线电一厂生产的SCR-4型高压电泳仪(电压为1~1 500 V)。

(2)电泳槽 可用北京六一仪器厂生产的六一牌夹心式垂直电泳槽,其样品梳为11~12个齿,也可用厚度为1 mm的有机玻璃板或橡胶板自制成15~16个齿的样品梳。

(3)离心机 可用上海安亭科学仪器厂生产的TGL-16B型高速台式离心机,其最高转速为16 000 r/min,定时器定时1~20 min。

(4)离心管 必须用与离心机配套使用的离心管通常用1 mL的聚丙烯塑料离心管,以用作样品提取的容器。

(5)天平 1/1 000的电子天平或分析天平。

(6)样品钳 这是用于夹碎种子的工具,可用轻便老虎钳代替。

(7)其他物品 还需有存放有关试剂的广口瓶、移液管及移液管架、移液球或吸耳球、滴瓶、微量进样器(1~50 μL)、注射器等电泳用品。

2. 试剂

所有使用的化学试剂都需是分析级或更好的等级。

丙烯酰胺(Acr:Acrylamide)、亚甲基丙烯酰胺(Bis:Bisacrylamide)、尿素(U-rea)、冰醋酸(Glacial acetic acld)、甘氨酸(Glycine)、硫酸亚铁(Ferrous Sulphate)、抗坏血酸(Ascorbicacid)、过氧化氢(Hydrogen peroxide)、2-巯基乙醇(2-mercaptoethano)、甲基绿(Methylgreen)、三氯醋酸(Trichloreaceitcacid)、乙醇(Etharl01)、2-氯乙醇(2-Chloroethano)、考马斯亮蓝 R250 或 G250(Coomassic L9zm bluc R250)。

●(四)溶液的配制

1. 提取液

(1)小麦提取液(100 mL),称取甲基绿粉剂 0.05 g,加入 25 mL 2-氯乙醇,再加入无离子水,定容至 100 mL,低温保存。

(2)大麦提取液(100 mL)称取甲基绿粉剂 0.05 g,加入 20 mL 2-氯乙醇,加入 18 g 尿素,再加入 1 mL 2-巯基乙醇,然后加入无离子水,定容至 100 mL,低温保存。

2. 电极缓冲原液(500 mL)

吸取 20 mL 冰醋酸,加入 2 g 甘氨酸,再加入无离子水,定容至 500 mL,低温保存,使用时再稀释 10 倍。

3. 凝胶缓冲液(250 mL)

吸取冰醋酸 5 mL,加入 0.25 g 甘氨酸,再加入无离子水,定容至 250 mL,低温保存。

4. 0.6%过氧化氢液(30 mL)

吸取 30%过氧化氢原液 0.6 mL,加无离子水,定容至 30 mL,装入 100 mL 滴瓶,低温保存。

5. 染色液

(1)10%三氯醋酸液(500 mL)　称取 50 g 三氯醋酸,加入无离子水,定容至 500 mL。

(2)1%考马斯亮蓝液(50 mL)　称取 0.5 g 考马斯亮蓝,溶于 50 mL 无水酒精。

6. 凝胶溶液(200 mL)

称取丙烯酰胺 20 g、亚甲基丙烯酰胺 0.8 g、尿素 12 g、抗坏血酸 0.2 g、硫酸亚铁 0.01 g,再加入 120 mL。凝胶缓冲液溶解,并用该液定容至 200 mL 低温保存备用。

注:配制试剂需用去离子水或重蒸水。

(五)操作程序

1.样品醇溶蛋白提取

取若干个清洁干燥的1 mL聚丙烯离心管,分别插入合适的试管架圆孔内,取小麦或大麦种子样品逐粒用样品钳夹碎,在夹种子时,最好垫上小片清洁的纸,以免清理钳头和防止样品之间污染,每粒夹碎的种子粉块放入一个离心管。真实性鉴定时,每个样品重复3～5次;品种纯度测定时,每个样品测定50～100粒种子,然后加入样品提取液,每管小麦加入0.2 mL,每管大麦加入0.3 mL,盖好后在室温下将其浸提一夜,加样前用5 500 r/min离心15 min。

2.凝胶玻璃封缝

从冰箱内取出凝胶溶液和过氧化氢液,每块胶板吸取这种凝胶溶液3 mL,放入小烧杯后立刻加入0.6%的过氧化氢液小半滴,摇匀后迅速倒入封口处,稍加晃动,使整条缝口充满胶液,让其在5～10 min聚合。但必须注意,灌胶动作应快速,否则会因为倒得太慢,在倒入缝口处前,胶就开始聚合。

3.灌制分离胶和插入样品梳

从冰箱内取出凝胶溶液和过氧化氢液,每块胶板吸取凝胶液17～18 mL,放入烧杯后立即加入1滴0.6%的过氧化氢液,迅速摇匀,倒入凝胶玻板之间,马上插好样品梳,并用铁夹子夹正,直放,让其在5～10 min内完全聚合。

4.加样

在加样前,小心平衡地拨出样品梳,用滤纸吸去多余的水分,然后用微量进样器吸取醇溶蛋白提取液。一般每个样品加样10～20 μg,若加样量太多,会使蛋白质谱带模糊而难以分辨。

5.电泳

在电泳前,先将电极缓冲液稀释10倍。一般每个电泳槽取80 mL电极缓冲原液,加无离子水稀释到800 mL分别注入前槽和后槽。注意要确保前、后槽电极能连通。

接好电极引线,前槽接正极,后槽接负极,然后打开电源,逐渐将电压调到500 V。电泳时,要求在15～20℃温度下进行。如气温高于这一温度范围时,可放在冰箱内、空调室或接通自来水冷却。电泳时间一般为60～80 min。具体时间可按甲基绿迁移时间来推算。如果甲基绿前沿提示剂在25～30 min迁移至胶板底部(10 cm左右),那么,醇蛋白电泳时间为甲基绿迁移时间的2～2.5倍,即60～80 min。

6. 固定和染色

在固定和染色前，按每块胶板吸取 3.51 mL 1.0% 考马斯亮蓝液；再加上 100 mL 10% 的三氯醋酸液，配成染色液。

小心地剥下胶板，切去样品槽部分的胶板，并切去胶板一小角以做左右标记，然后用无离子水漂洗后，浸入染色液染色 1～2 d。

7. 保存

倒去染色液，用清水漂洗，并用湿软毛笔刷去胶板表面的沉淀物，然后用 7% 醋酸液保存，也可制成干胶板或装在聚乙烯薄膜袋里在 4℃ 冰箱内保存数个月而不变质。

●（六）电泳图谱鉴定

1. 真实性鉴定

按电泳胶板蛋白质显色的蓝色谱带绘下电泳图谱，并计算出 Rf 值，与其品种的标准图谱比较，以鉴别品种的真伪。

2. 品种纯度测定

按品种标准图谱区别出图谱不同的异品种种子粒数，计算出品种纯度百分率。

●（七）注意事项

为了使电泳工作顺利进行和效果更好，特别应注意下列问题。

（1）在提取样品醇溶蛋白过程中，在取种子时，不能取霉烂的、蛋白质已分解或变质的病粒，以免造成误检。同时夹碎每粒种子的程序或细度应基本一致，以保证各管样品提取蛋白质含量基本一致，种子含水量也应基本一致。种子越干燥，越易夹碎，那么，醇溶蛋白含量就多，反之则少，这样会影响谱带的出现或丢失，以及造成谱带浓淡程序的差异。

此外，每管所加入提取液的量也应基本一致。

（2）凝胶溶液必须保存在冰箱内近零度的温度下，并且存放时间不宜过长，否则会变质而失效。在封缝和灌分离胶时，从吸取胶液，加入过氧化氢溶液、混匀、灌胶直至插入样品梳等全部过程必须迅速，以免在灌胶前，胶液已开始聚合而失败，浪费胶液和时间。

（3）加样数量应掌握好。一般为 10～20 μL 严防加样过多或过少。因为加样过多，则谱带相连续，难以分辨；加样过少，则有的谱带可能丢失，均难以保证电泳图谱的质量。

（4）电泳温度原保持在 15～20℃，当室内气温超过这一温度范围时，应放在冰箱内、空调室或接通自来水等措施冷却，以防蛋白变质而影响电泳图谱的质量。

(5)该标准电泳程序是利用10%浓度的凝胶，胶板较脆，并且在快速聚合时，与玻板粘得较牢。因此在剥胶板时，应尽量小心，以防剥破表面而前功尽弃。

案例3　水稻和玉米种子聚丙烯酰胺凝胶同工酶电泳鉴定程序

测定程序

工作环节	工作内容
清洗用具	用具的清洁与否直接影响试验结果。因此，所有的玻璃仪器和所有用具都要清洗干净。如果是新使用的玻璃仪器，因其表面常附着有游离的碱性物质，除用肥皂水洗刷外，还需用1%HCl液浸泡过夜，最后用蒸馏水或去离子水冲洗。洗净的用具要放于100～120℃烘箱内烤干备用
化学药品准备	丙烯酰胺(Acr)、甲叉双丙烯酰胺(Bis)、N，N，N′，N′-四甲基乙二胺(TEMED)、过硫酸铵APS、盐酸(HCl)、三羟甲基氨基甲烷(Tris)、核黄素、蔗糖、甘氨酸(即氨基乙酸)、磷酸氢二钠(Na_2HPO_4)、磷酸二氢钠(NaH_2PO_4)、丙酮、α-醋酸萘酯、β-醋酸萘酯、坚牢蓝B(或坚牢蓝RR)、溴酚蓝、醋酸
配制试剂	(1)分离胶缓冲液　10.98 g Tris、14.4 mL 1 mol/L的HCl、0.2 mL。TEMED，加水定容至30 mL (2)分离胶贮液　14.0 g Acr和0.368 g Bis，加水至50 mL (3)过硫酸铵溶液　0.07 g 过硫酸铵加水至50 mL (4)浓缩胶缓冲液　1.196 g Tris，9.6 mL 1 mol/L的HCl、0.3 mL TEMED，加水至20 mL (5)浓缩胶贮液　3.0 g Acr和0.75 g Bis加水至30 mL (6)核黄素溶液　2 g 核黄素加水至50 mL (7)蔗糖溶液　20 g 蔗糖加水至50 mL (8)电极缓冲液　7.2 g 甘氨酸和1.5 g Tris，加水至250 mL (9)1 mol/L HCl溶液　4.2 mL HCl原液，加水至50 mL (10)提取用液　取7号蔗糖液10 mL，8号电极缓冲液2 mL，加水8 mL (11)0.1%溴酚蓝溶液　30 mg 溴酚蓝，加水30 mL (12)7%醋酸溶液　70 mL 36%醋酸加水至360 mL (13)0.2 mol/L磷酸盐缓冲液(pH值为6.5)、8.549 g $NaH_2PO_4 \cdot 2H_2O$、9.025 g $Na_2HPO_4 \cdot 12H_2O$，加水溶解至400 mL

(1)电泳槽胶模封口　将试剂1，2，3与水按1：2：4：1的比例(V/V)配成少许(约 4 mL)分离胶液，倒进安装好的胶模中，静置使胶液聚合封口。有时为了加快聚合可加进 3 滴4%的TEMED溶液，或放进 30℃ 贮藏箱中，提高聚合温度

(2)分离胶制备　按上述比例，配成 16 mL 的分离胶液倒进已封口的膜中，胶膜上部空余 2～3 cm，用注射器装水在胶液上表面轻注1层(2～3 mm)水，静置使其聚合(也可提高温度加速聚合)。当聚合完成时，可在水层下面见到明显的水胶分界线

(3)浓缩胶制备　倒去聚合分离胶表面的水层，将4，5，6，7四种试剂按1：2：1：4的比例配成浓缩胶液(约 4 mL)，倒进胶膜中分离胶的上面，在浓缩胶液中插进样品槽模扳，使模板下沿距分离胶约 1.0 cm，然后放到阳光下聚合。如无阳光照射可于日光灯下约 10 cm 处聚合，聚合后浓缩胶显乳白色。然后小心抽去样品槽模板，吸去样品槽中液体即可使用

↓

酶样品的提取

(1)水稻干种子或幼苗酶样品的提取

①干种子提取法：取水稻种子用去壳机胶壳，放入小玻璃研钵，每钵 1 粒米粒，加 3 滴提取液(20%蔗糖和电极缓冲液配成)，充分研磨成匀浆，移到 1.5 mL 塑料离心管，在 5 000 r/min 离心 20 min 后，备用

②幼苗提取法：取水稻种子样品，浸种 3 h，然后在 30℃ 条件下培养，至种胚萌动或长芽后取出整个种胚，放入研钵里，每个研钵放一个种胚，加入 3 滴提取液，充分匀浆，移入 1.5 mL 离心管，在 5 000 r/min 下离心 15 min，备用

(2)玉米干种子或幼苗样品的提取

①干种子提取法：纵剪取玉米半粒种子(含有半个种胚)，分别放入研钵，加入 5 滴提取液，充分研磨成匀浆，移入离心管，在 5 000 r/min 下离心 15 min，备用

②幼苗芽鞘或叶片提取法：取玉米种子样品播于沙床，30℃ 条件下培养 3～5 d，待芽鞘长出，取下芽鞘，每研钵放一个种胚，加入 3 滴提取液，充分研磨成匀浆，移入离心管，在 5 000 r/min 下离心 15 min，备用

↓

进样

用微量进样器或用微量移液器吸取样品提取液(25～50 μL)，加进浓缩胶的样品槽中，每槽一样。不同样品之间要防止污染。样品槽中，样品液不能加得太满

↓

电泳

取电极缓冲液 80 mL，加水至 800 mL，倒入电泳槽中浸淹电极，前槽中电极缓冲液还应淹过胶膜的上口约 3 mm，使其与凝胶接触。样品液上方不能留有气泡。再在前槽中滴加 1～2 滴0.1%的溴酚蓝溶液。接上电泳仪，前槽接负极，后槽接正极。打开电源开关调节电流到 10 mA(起始电流)，当溴酚蓝指示剂进入分离胶时升电流到 20 mA，电泳中一般要求电流保持稳定。当溴酚蓝指示剂移至分离胶模底部约 1.5 cm 时，就可关闭电源停止电泳

剥、取凝胶

拔下电源插头，倒出电极缓冲液，前后槽的溶液分别盛放，可重复使用 2～3 次。

旋下螺母，拆下胶膜，掰掉硅橡胶带。用长针头注射器吸满水，将针头插入凝胶与玻璃板之间，边推注水边移动针头，使凝胶与玻璃板分离。除去一玻璃板后用同样方法分离另一面的玻璃板。将凝胶片移入适当大小的培养皿中，用去离子水冲洗两次，即可进行酶的显色。

取胶时不要损伤凝胶的表面。凝胶片下端不平整部分用刀片裁去，并在胶片角上切去一小块作为从左到右的样品顺序标记

↓

酶电泳图谱的显色

不同的酶有不同的显色配方，酯酶的显色方法

称取 30 mg α-醋酸萘酯，30 mg β-醋酸萘酯，用少许丙酮(1 mL)溶解后，加入 90 mL pH值6.5的 0.1 mol/L 的磷酸盐缓冲液(0.2 mol/L 磷酸缓冲液 45 mL 加水 45 mL)最后加入 60 mg 坚牢蓝，溶解后即为酯酶的显色液。将凝胶片浸入显色液中，37℃ 箱中显色到酶带显现(1.0～1.5 h)。倒去显色液，胶片冲洗 2～3 次，倒入7%醋酸溶液固定

↓

谱带的观察记录、结果填报

电泳谱带的观察最好在有透射光的条件下进行。一般是根据同工酶谱带的条数，以及酶带所处的位置来判别该种子样品是否属于本品种。当电泳谱带深浅差异显著时，也可作为判别的依据，但此项判别要慎重，因为样品的提取等处理还未达到定量分析的要求，粗放的操作本身就是可能影响到酶谱带颜色深浅。根据判断鉴定填写真实性及品种纯度鉴定记载表及填报表11-22

表 11-22 真实性及品种纯度鉴定记载表及填报

检验编号		作物名称			品种(组合)名称			
检验方法								
项目重复	供检株(粒)数	本品种株(粒)数	异品种株(粒)数				品种纯度(%)	平均值(%)
电泳测定值 X (%)		计算公式	Y(纯度)=52.9+0.461X		备注			

审核人：　　校核人：　　检验员：

经验之谈

电泳中容易出现哪些问题?

(1)凝胶不聚合

一般凝胶储备液按比例混合好后,在30～40 min内可以聚合,当1 h以上聚合时,可能由以下原因所致:①试剂配比不对,应严格按配方进行。②凝胶贮液放置时间过长,一般情况下溶液放在棕色瓶内在低温4℃左右保存,但过硫酸铵需现配现用。③试剂不纯特别是甲叉双丙烯酰胺,应符合化学纯,不能结块,溶解完全。④温度偏低,一般温度低于15℃时凝胶聚合变慢,可适当将凝胶加热或将玻璃板预热。

(2)分离胶面不平或凝胶内产生气泡

这是在灌胶后加水盖封时不小心造成的,凝胶内有气泡主要是灌胶速度过快造成的,因此在灌胶和加水盖封时都应小心。

(3)电泳过程中容易出现哪些故障?

第一,凝胶龟裂或与玻板分离,这主要是电流过大,胶板过热造成的。

第二,谱带分离效果不好,大分子蛋白分离不好,凝胶浓度过高。小分子蛋白分离不好,凝胶浓度过低。缓冲系统pH与蛋白质特性不合适,如碱性蛋白在碱性条件下电泳,酸性蛋白在酸性条件下电泳。电泳时间太短,蛋白质不能很好分离。

第三,谱带不整齐,主要是凝胶聚合太快、不均匀,分离胶面不平或凝胶内有气泡造成的。

第四,谱带太宽或拖尾,太宽是浓缩效果不好造成的,拖尾是样品在电泳过程中分解或变性造成的,应改变样品处理方法。

(五)DNA分子标记指纹图谱鉴定

1. 常用的DNA分子标记技术

利用分子标记技术,直接反应DNA水平上的差异,所以成为当今最先进的遗传标记系统。常用的DNA分子标记有RFLP标记(Restriction Fragment Length

Polymorphism,限制性片段长度多态性)、VNTR 标记(Variable Number of Tandem Repeats)、RAPD 标记(Random Amplifled Polymorphism DNA,随机扩增多态性 DNA)、SSLP 标记(Simple Se-quencc Length Polymorphism,简单序列长度多态性)、SCAR 标记(Sequence Characterized Amplified Region,特征序列的扩增区域)、STS(Sequence Tagged Si,序列标记位点)、SNP 标记(Single Nucleotide Polymorphism,单核苷酸多态性)和 AFLP 标记(Amplyfied Frag-ment Length Polymorphism,扩增片段长度多态性)、小卫星标记(MicrosatelliteDNA)、微卫星标记(MinisatdliteDNA)、SSR 标记(SimpleSequenceRepeats,简单重复序列)和 ISSR 标记(Lnter-Simple Sequence Repeats,简单序列重复区间)。

2. 常用分子标记技术原理

(1) RFLP 技术　RFLP 技术是 1974 年发明的,它是一种利用限制性酶切片段长度来检测生物个体之间差异的。于 20 世纪 80 年代开始应用于植物。其原理是用放射性同位素标记探针,与经酶切消化后的基因组 DNA 进行 Southem 杂交,通过标记上的限制性酶切片段大小来检测遗传位点的多态性。优点是:无表型效应,不受环境影响;呈简单的共显性遗传,可以区别纯合与杂合基因型;在非等位的 RFLP 标记之间不存在上位效应,互不干扰。缺点是所需的 DNA 用量大、耗费成本高、操作烦琐、技术复杂、检测所需的放射性同位素对人体有害。

(2)RAPD 技术　RAPD 标记技术是 Williams 等人发明的基于 PCR 原理的分子标记技术。它可在对物种没有任何分子生物学研究得情况下,对其进行基因组指纹图谱得构建。其原理是用随机引物(通常为 10 个碱基)对不同品种的基因组 DNA 进行 PCR 扩增,产生不连续的 DNA 产物,再通过电泳分离检测 DNA 序列的多态性。此法的优点是方法简便、快速、DNA 用量少、成本较低、灵敏度高、无放射性污染等。缺点是引物比较短,对反应条件极为敏感,重复性较差,稳定性不好,RAPD 是显性标记,不能区分杂合型和纯合型。

(3)AFLP 标记技术　AFLP 技术是 1992 年由荷兰 Keygene 公司发明的。RFLP 以 PCR 为基础,实际上是 RFLP 和 PCR 相结合的一种方法。其原理是通过选择性扩增基因组 DNA 的酶切片段而产生多态性。选择性扩增是通过引物 3’末端加上选择性核苷酸而实现的。通过改变核苷酸的数目,就可预先决定需要扩增得片段数目。其优点是:①稳定性、重复性好;②标记异常丰富,典型的 AFLP 反应中,利用聚丙烯酰胺凝胶一次可以检测 100～150 个扩增产物;③呈共显性表达,不受环境影响,无复等位效应;④DNA 用量少,不需 Southern 杂交,也不需预先知道 DNA 的序列信息。缺点是：①AFLP 是一种专利技术，受专利权保护；②操作难度大，基因组的不完全酶切会影响实验结果，因此实验对 DNA 纯度和内切酶的质量要求较高，操作步骤多，并要求很高的实验技能和精密的仪器设备，一般实验室很难完成。

(4)SSR 标记技术　植物的基因组中存在着由几个核苷酸(2～5 个)为重复单位组成的长达几十个核苷酸的重复序列，由于它的重复单位数目是高度变异的，而且每个微卫星 DNA 两端的序列一般都是相对保守的单拷贝序列，因而根据其两端的序列设计一对特异引物，通过扩增产生重复序列长度多态件。SSR 标记技术的优点：①可区分纯合和杂合基因型；②多态性丰富、信息含量高、具有多等位基因特性；③数量丰富，覆盖整个染色体组；④实验程序简单、耗费时间短、结果重复性好；⑤易于利用 PCR 技术分析，所需 DNA 量少，且质量要求不高；⑥实验技术难度和实验成本较低；⑦很多引物序列公开发表，易于传播应用。缺点是开发和合成新的 SSR 引物投入高、难度大、需要通过构建 SSR 基因库，筛选阳性克隆，测定新的 SSR 序列，设计位点特异性引物，因此是一个过程烦琐、工作量大、效率低且耗资很大的工作。

(5)其他技术　除了以上介绍的 4 种常用分子标记技术，还有 STS 技术、SCAR 技术、ISSR 技术以及 SNP(Single Nucleotide Polymorphism)技术等。

表 11-23 为品种纯度的容许差距表。

表 11-23　品种纯度的容许差距

(5%显著水平的一尾测定)

标准规定值		样本株数、苗数或种子粒数							
50%以上	50%以下	50	75	100	150	200	400	600	1 000
100	0	0	0	0	0	0	0	0	0
99	1	2.3	1.9	1.6	1.3	1.2	0.8	0.7	0.5
98	2	3.3	2.7	2.3	1.9	1.6	1.2	0.9	0.7
97	3	4.0	3.3	2.8	2.3	2.0	1.4	1.2	0.9
96	4	4.6	3.7	3.2	2.6	2.3	1.6	1.3	1.0
95	5	5.1	4.2	3.6	2.9	2.5	1.8	1.5	1.1
94	6	5.5	4.5	3.9	3.2	2.8	2.0	1.6	1.2
93	7	6.0	4.9	4.2	3.4	3.0	2.1	1.7	1.3
92	8	6.3	5.2	4.5	3.7	3.2	2.2	1.8	1.4
91	9	6.7	5.5	4.7	3.9	3.3	2.4	1.9	1.5

续表 11-23

标准规定值		样本株数、苗数或种子粒数							
50%以上	50%以下	50	75	100	150	200	400	600	1 000
90	10	7.0	5.7	5.0	4.0	3.5	2.5	2.0	1.6
89	11	7.3	6.0	5.2	4.2	3.7	2.6	2.1	1.6
88	12	7.6	6.2	5.4	4.4	3.8	2.7	2.2	1.7
87	13	7.9	6.4	5.5	4.5	3.9	2.8	2.3	1.8
86	14	8.1	6.6	5.7	4.7	4.0	2.9	2.3	1.8
85	15	8.3	6.8	5.9	4.8	4.2	3.0	2.4	1.9
84	16	8.6	7.0	6.1	4.9	4.3	3.0	2.5	1.9
83	17	8.8	7.2	6.2	5.1	4.4	3.1	2.5	2.0
82	18	9.0	7.3	6.3	5.2	4.5	3.2	2.6	2.0
81	19	9.2	7.5	6.5	5.3	4.6	3.2	2.6	2.1
80	20	9.3	7.6	6.6	5.4	4.7	3.3	2.7	2.1
79	21	9.5	7.8	6.7	5.5	4.8	3.4	2.7	2.1
78	22	9.7	7.9	6.8	5.6	4.8	3.4	2.8	2.2
77	23	9.8	8.0	7.0	5.7	4.9	3.5	2.8	2.2
76	24	10.0	8.1	7.1	5.8	5.0	3.5	2.9	2.2
75	25	10.1	8.3	7.1	5.8	5.1	3.6	2.9	2.3
74	26	10.2	8.4	7.2	5.9	5.1	3.6	3.0	2.3
73	27	10.4	8.5	7.3	6.0	5.2	3.7	3.0	2.3
72	28	10.5	8.6	7.4	6.1	5.2	3.7	3.0	2.3
71	29	10.6	8.7	7.5	6.1	5.3	3.8	3.1	2.4
70	30	10.7	8.7	7.6	6.2	5.4	3.8	3.1	2.4
69	31	10.8	8.8	7.6	6.2	5.4	3.8	3.1	2.4
68	32	10.9	8.9	7.7	6.3	5.5	3.8	3.2	2.4
67	33	11.0	9.0	7.8	6.3	5.5	3.9	3.2	2.5
66	34	11.1	9.0	7.8	6.4	5.5	3.9	3.2	2.5
65	35	11.1	9.1	7.9	6.4	5.6	3.9	3.2	2.5
64	36	11.2	9.1	7.9	6.5	5.6	4.0	3.2	2.5
63	37	11.3	9.2	8.0	6.5	5.6	4.0	3.3	2.5
62	38	11.3	9.2	8.0	6.5	5.7	4.0	3.3	2.5
61	39	11.4	9.3	8.1	6.6	5.7	4.0	3.3	2.5
60	40	11.4	9.3	8.1	6.6	5.7	4.0	3.3	2.5
59	41	11.5	9.4	8.1	6.6	5.7	4.1	3.3	2.6
58	42	11.5	9.4	8.2	6.7	5.8	4.1	3.3	2.6
57	43	11.6	9.4	8.2	6.7	5.8	4.1	3.3	2.6
56	44	11.6	9.5	8.2	6.7	5.8	4.1	3.4	2.6
55	45	11.6	9.5	8.2	6.7	5.8	4.1	3.4	2.6
54	46	11.6	9.5	8.2	6.7	5.8	4.1	3.4	2.6

续表 11-23

标准规定值		样本株数、苗数或种子粒数							
50%以上	50%以下	50	75	100	150	200	400	600	1 000
53	47	11.6	9.5	8.2	6.7	5.8	4.1	3.4	2.6
52	48	11.7	9.5	8.3	6.7	5.8	4.1	3.4	2.6
51	49	11.7	9.5	8.3	6.7	5.8	4.1	3.4	2.6
50	50	11.7	9.5	8.3	6.7	5.8	4.1	3.4	2.6

第六节　种子活力检验

【基础知识】

一、种子活力的概念

简单概括地说，种子活力是指决定种子和种子批在发芽和出苗期间活性强度及该种子特征的综合表现，在广泛的田间条件下，影响种子快速整齐出苗及长成正常幼苗的全部潜在能力特性总称。

二、种子活力测定的目的

种子活力测定的目的是提供有关高发芽率种子批的田间出苗和（或）贮藏表现能力的潜在的信息，而这种差异往往不总是由标准发芽试验所能证实的。

三、种子活力测定仪器

培养箱、天平、玻璃培养皿、发芽纸或滤纸、烧杯、镊子、尺子等。

【实践操作】

【种子活力测定的方法】

种子活力测定方法归纳起来有直接法和间接法。直接法是模拟田间不良条件，观察种子出苗能力或幼苗生长速度和健壮度。间接法是测定某些与种子活力有关的生理生化指标。归纳起来有幼苗生长测定、幼苗评定测定、发芽速度测定、低温试验、低温发芽试验、希尔特纳试验、加速老化试验、人工变质试验、电导率测定、图形的四唑测定、糊粉层四唑测定。现主要介绍一些常用的方法。

一、幼苗生长测定程序

幼苗生长特性测定主要包括幼苗生长测定、幼苗评定测定、种子发芽速率、发芽指数和活力指数测定等方法，这类测定方法是根据高活力种子幼苗生长快、幼苗健壮、生长正常、幼苗株高和重量较重等生长特性，而低活力种子则相反，借此来评定种子活力水平的差异。

工作环节	工作内容
数取试样	数取试样 4 份，各 25 粒(大、小麦)
制备发芽纸	取硬质吸水纸或滤纸 3 张，取其中 1 张画线，先在纸张中心画一条横线，并在其上下每隔 2 cm 画平行线各5条。在中心线上画 25 点
种子制床	将纸湿润，在每点上黏上 1 粒种子(用无毒胶水)，再盖 2 层湿润吸水纸，纸的基部向上折叠 2 cm，将纸卷成 4 cm 直径的筒状，用聚乙烯袋包好，直立置于保湿盒中，置于 20℃ 恒温箱内培养 7 d
结果计算报告	统计苗长：计算每对平行线之间的胚芽尖端的数目，从中间至每对平行线之间的距离为 1 cm、3 cm、5 cm、7 cm、9 cm、11 cm。按下列公式求出幼苗平均长度： $L=\frac{nx_1+nx_3+nx_5+\cdots+nx_{11}}{N}$ 其中：L为胚芽平均长度(cm)； x为中点至中线的距离(cm)；n为每对平行线之间的胚芽尖端数；N为每份试样的粒数 发芽试验中不正常幼苗不统计长度 将结果填报在检验报告“其他测定”栏内，结果还需附检测方法的说明，必要时包括时间、温度和种子水分等信息

二、幼苗评定试验程序

幼苗的评定试验适用于大粒豆科种子，这些种子不能用幼苗生长速度表示活力，因其细弱苗可达相当的长度，可采用标准发芽方法，幼苗评定时分成不同等级。

工作环节	工作内容
数取试样	数取试样 4 份，各 50 粒　（豌豆）
制备发芽床	将 0.1～0.2 cm 的粗沙清洗消毒后加水，使保持最大持水力约15%（*W/W*），放入 4 个容积为 15 cm × 20 cm × 10 cm 的聚乙烯盒内，厚 2 cm
种子制床	分别将 50 粒种子均匀播入沙内，盖湿沙 3 cm
种子培养	将发芽盒放入多孔的聚乙烯袋内，移于生长箱或培养箱中，于 20℃、相对湿度95%～98%、光照 12 h、光强度 12 000 lx 下培养
结果评定	经 6 d 后取出幼苗洗涤干净，进行幼苗评定，先将种子分成发芽和不发芽两类，再将幼苗分成三级 (1)健壮幼苗　胚芽强壮、深绿色。初生根强壮或初生根少而有大量次生根 (2)细弱幼苗　胚芽短或细长，初生根少或较弱，但仍属正常幼苗 (3)不正常幼苗　根或芽残缺或根芽破裂，苗色褪绿等。第一级为高活力种子，第二级为低活力而具有发芽力的种子，一二级相加即为种子发芽率。发芽试验中不正常幼苗不统计长度
报告填写	将结果填报在检验报告“其他测定”栏内，结果还需附检测方法的说明，必要时包括时间、温度和种子水分等信息

三、发芽速度测定程序

发芽速率测定是一种最古老和最简单的方法，适用于各种作物的活力测定。其方法是采用标准发芽试验，每日记载正常发芽种子数（牧草、树木等种子发芽缓慢，可隔日或隔数日记载），然后按公式计算各种与发芽速度有关的指标。

幼苗生长和幼苗评定试验以及发芽速度的测定，均采用标准发芽试验，必须严格控制发芽温度、湿度和光照条件，否则容易产生误差，同时测定人员必须具有评定幼苗的经验才能获得准确结果。

工作环节	工作内容
数取试样	从不同活力种子样品取样，各数取大麦或小麦种子 100 粒，4 次重复
制备发芽床	根据标准发芽试验选取发芽床
种子培养	将种子置于发芽床，20℃ 培养
结果计算与填报	见下

第 2 天起每天记载发芽数，并测定幼苗长度或干重，至第 8 天结束。依据以下公式计算活力指数。

(1)初期发芽率测定　计算小麦、大豆、玉米 3 d 的发芽率。也可用发芽势或初次计算发芽率计算

(2)发芽达90%所需日数或达50%所需日数测定　后者适用于发芽率较低的种子

(3)发芽指数测定　发芽指数$(GI)=\sum\frac{Gt}{Dt}$

其中：Gt为在 7 d 内的发芽数；Dt为发芽日数；$\sum$为总数

(4)活力指数测定　活力指数$(VI)=GI\times S$

其中S为一定时期内幼苗长度(cm)或幼苗重量(g)

(5)简易活力指数测定　适用于发芽快速的作物种子如油菜、黄麻

$$\text{简易活力指数}=G\times S$$

其中：G为发芽率；S为幼苗长度或重量

(6)发芽速率(平均日数)测定

$$\text{发芽速率(d)}=\frac{\sum(Gt\times Dt)}{G}$$

其中G为发芽率

(7)峰值(发芽率在高峰日出现时)

$$\text{峰值}(PV)=\frac{\text{达峰值的累计发芽率}}{\text{达峰值的天数}}$$

(8)平均发芽率

$$\text{平均发芽率}(MDG)=\frac{\text{总发芽率}}{\text{发芽结束时的天数}}$$

(9)发芽值$(GV)=PV\times MDG$

四、加速老化测定程序

加速老化试验适用于多种作物。采用变温(40～50℃)高温，100％相对湿度处理种子，可加速种子老化。高活力种子经老化处理后仍能正常发芽，低活力种子则产生不正常幼苗或全部死亡。

工作环节	工作内容
准备仪器药品	老化外箱、老化内箱、0.001 g 感量天平、蒸馏水、刻度容量杯、铝盒、发芽试验设备
预备试验	(1)检查老化外箱　老化外箱的温度必须经过国家标准计量院的检定或类似的温度计 (2)检查温度　老化外箱的温度达到表11-22所规定的温度 (3)保证老化内箱的清洁度　加热消毒或用15%的氢氯化钠溶液洗净并烘干
检查种子水分	采用烘箱法测定种子批的水分，对水分低于10%或高于14%的种子批应将其水分调节至10%～14%再测定
准备老化内箱	把 40 mL 蒸馏水放入老化内箱，然后插入网架，保证水不渗到网架和后来种子上，如水渗到种子上，用另一准备试样种子代替
称重	从净种子中称取 42 g (至少含有 200 粒种子)种子，放在网架上，摊成一层。同时称取对照样品
准备老化内箱	内箱排成一排放在架上，同时放入外箱内。外箱内的两个内箱之间间隔大约为 2.5 cm，以保证温度均匀一致。记录内箱放入外箱的时间，准确监控老化外箱的温度在表11-24的范围和时间内。期间不能打开外箱的门，否则重新进行测定
发芽试验	经规定老化时间后，从外箱取出内箱，记录这时的时间。取出 1 h 内用 50 粒种子四个重复进行标准发芽试验
检查老化后对照样品的水分	在老化结束时进行标准发芽前，从内箱中取出对照样品的一个小样品(10～20 粒)，马上称重，用烘箱法测定种子水分(以鲜重为基础)，记录对照样品种子水分，如果种子水分低于或高于表11-24所规定的值，则试验结果不准确，应重做试验
结果计算与表示	用四次 50 粒重复的平均结果表示人工老化发芽结果，以百分率表示
结果解释	如果发芽试验结果类同于标准发芽试验结果为高活力，低于标准发芽试验结果，为中至低活力

表 11-24 为种子老化条件。

表 11-24　种子老化条件

属或种名	内箱		外箱		老化后种子水分(%)
	种子重量(g)	数目箱	老化温度(℃)	老化时间(h)	
大豆	42	1	41	72	27～30
苜蓿	3.5	1	41	72	40～44
菜豆(干)	42	1	41	72	28～30
油菜	1	1	41	72	39～44
玉米(大田)	40	2	45	72	26～29
(甜)	24	1	41	72	31～35
绿豆	40	1	45	96	27～32
高粱	15	1	43	72	28～30
烟草	0.2	1	43	72	40～50
番茄	1	1	41	72	44～46
小麦	20	1	41	72	28～30

【种子活力测定案例】

案例 1

小麦青农(469)活力生长测定法比较

处理	发芽率(CT)(%)	平均单株鲜重(g)	首次记录		发芽指数(Gi)	高峰值(PV)	日平均发芽率(MDG)	发芽值(GV)	活力指数(VI)		简化活力指数(GXS)	
			第一天	第二天								
处理(ABT)	96	5.24	0	96	48	32	32	1 024	根数	251.1	根数	503
									鲜重	16.8	鲜重	33.6
CK(对照)	92	4.90	0	96	45.5	30.7	23	706.1	根数	222.95	根数	450.8
									鲜重	14.56	鲜重	29.4

计算:(处理)日平均发芽率(MDG)＝总发芽率/发芽天数＝96/3＝32；CK＝92/4＝23

(处理)峰值(PV)＝发芽百分数/天数(至高峰日出现时至)＝96/3＝32;CK＝92/3＝30.7

(处理)发芽值(GV)＝PV×MDG＝32×32＝1 024;CK＝23×30.7＝706.1

(处理)发芽指数(Gi)＝0/1＋96/3＝48；　CK＝0/1＋89/2＋3/3＝44.5＋1＝45.5

(处理)活力指数(VI)＝(根)Gi×S＝48×5.24＝251.5；

(鲜)Gi×S＝48×0.35＝16.8;CK(根)＝45.5×4.9＝222.95

(鲜)＝45.5×0.32＝14.56

(处理)简化活力指数(G×S)＝发芽率×生长势(根)＝96×5.24＝503；(鲜)＝96×0.35＝33.6

CK(根)＝G×S＝92×4.9＝450.8;CK(鲜)＝92×0.32＝29.4

本实验是新疆维吾尔自治区种子管理站将种子活力测定法用曾产灵(ABT)生根粉处理小麦种子与对照相比较试验。从播种到测定共 12 d 时间,小麦幼苗为 2 叶期时测定。

结果分析:小麦青农(469)春麦用增产灵(ABT)生根粉处理种子与对照相比较试验从播种到测定 12 d(二叶期时测定),测定其小麦种子根数处理测定 91 株,对照测定 86 株;测小麦幼苗鲜重处理测定 90 株,对照测定是 82 株,用种子活力测定法计算结果处理平均根数的平均鲜重都高于对照。

注:小麦种子测定活力时,先称单株鲜重(每 10 株称重一次)取平均值,然后再数每株小麦根部的根数及量根长,计算活力指数和建活活力指数。

案例 2

棉花种子(包衣)不同药种比活力测定(品种中棉 16 号)

处理	发芽率 GT (%)	平均根数(S) (g)		平均单株鲜重 (g)		首次记录		发芽指数 (Gi)	变峰值 (PV)
		鲜	干	鲜	干	第一天	第二天		
CK 残酸 0.14%	90	4.1	0.392	18.7	2.21	0	0	12.2	7
药种比 1/40 残酸 0.14%	92.5	3.8	0.343	18.5	2.163	0	0	13.1	7.75
药种比 1/60 残酸 0.14%	89	3.5	0.272	16.9	2.163	0	0	13.04	10.5

处理	日平均发芽率 (MDG)	发芽率 (GV)	活动指数(VI) (Gi×s)		简化活动指数(Gi×s)	
CK 残酸 0.14%	15	105	鲜重	228.14	鲜重	1 683
			干重	26.962	干重	198.9
药种比 1/40 残酸 0.14%	15.42	119.95	鲜重	242.35	鲜重	1 711
			干重	28.205	干重	193.59
药种比 1/60 残酸 0.14%	14.92	156.66	鲜重	220.376	鲜重	1 512
			干重	26.829	干重	189.44

新疆维吾尔自治区种子管理站对棉花种子做包衣试验，用种子活力测定法测定不同药种比的活力指数，棉花种子幼苗生长 12 d 时进行测定。

结果分析：棉花种子中棉 16 号包衣种子 1/60 药比低于对照；1/40 药比高于对照的活力指数和简化活力指数，可以 1/40 药比长势 比 1/60 药比长势强。

注：棉花种子测活力时，先称单株鲜重（每 10 株称重一次），取平均重量，然后从胚轴处切取根部（每 10 株称重一次）取平均值，每用 70℃温箱烘干水分，取出干重，将根和子叶称重取平均值，计算活力指数和简化活力指数。

案例 3

棉花种子不同残酸活动测定比较

处理	发芽率 GT (%)	平均根重(S) (g)		平均单株鲜重 (干重)(g)		看记录次数		发芽指数 (Gi)	变峰值 (PV)
		鲜	干	鲜	干	第一天	第二天		
残酸 0.14%	90	4.7	0.445	21.2	2.367	0	0	12.68	8.9
残酸 0.39%	86	4.3	0.392 5	18.7	2.233	0	0	12.19	7.13
残酸 0.27%	87	4.4	0.396	20.4	2.244	0	0	12.2	8.75
残酸 0.44%	82	4.01	0.307	18	2.21	0	0	9.38	7

处理	日平均发芽率 (MDG)	发芽率 (GV)	活动指数(VI) (Gi×s)		简化活动指数(Gi×s)	
残酸 0.14%	15	126.38	鲜重	258.67	鲜重	1 764.6
			干重	28.34	干重	198.9
残酸 0.39%	14.2	105	鲜重	219.42	鲜重	1 683
			干重	27.314	干重	191.862
残酸 0.27%	14.4	126	鲜重	228.14	鲜重	1 738.4
			干重	27.694	干重	194.094
残酸 0.44%	13.7	97.68	鲜重	198.856	鲜重	1 539
			干重	22.202	干重	190.092

用活力测定法对棉花种子不同残酸率进行测定，其测定方法同案例 2。

结果分析：本实验说明残酸率越高，其发芽率及活动指数和简化活动指数越低，反之残酸率越低其发芽率及活动指数和简化活动指数越高。

第七节　种子生活力检验

【基础知识】

一、种子生活力定义

种子生活力是指种子发芽的潜在能力或种胚具有的生命力，亦指一批种子中具有生命力（即活的）种子数占种子总数的百分率。广义的包括发芽力，狭义的指应用 TTC 法鉴别。

二、种子生活力测定的目的及意义

1. 可以测定休眠种子的生活力

新收的或在低温贮藏处于休眠状态的种子，采用标准发芽试验，即使供给适宜的发芽条件仍不能良好发芽或发芽力很低，在这种情况下，仅用发芽试验测定其发芽率，就不可能测出种子的最高发芽率，而必须进一步测定其生活力，以了解种子潜在发芽能力，合理利用种子。播种之前对发芽率低而生活力高的种子，应进行适当处理后播种。对那些发芽率低生活力也低的种子，就不能作为种用。实际上，如果发芽试验末期发现有新鲜不发芽的种子或硬实，就应直接进行生活力测定，将种子进行适当的破除休眠处理，然后做发芽试验。

2. 快速预测种子发芽能力

休眠种子可借助于各种预处理打破休眠，进行发芽试验，但时间较长；而种子贸易中，常因时间紧迫，不可能采用正规的发芽试验来测定发芽力，这是因为发芽试验所需的时间更长。如麦类需 7～8 d，水稻需 14 d，某些蔬菜和牧草种子需 2～3 周，尤其在收获和播种间隔时间短的情况下，发芽试验会耽搁农时，这时，可用生物化学速测法测定种子生活力作为参考，而林木种子可用生活力来代替发芽力。

种子生活力测定方法有四唑染色法、甲烯蓝法、溴麝香草酚蓝法、红墨水染色法、软 X 射线造影法等。但正式列入国际种子检验规程和我国农作物种子检验规程的种子生活力测定方法是生物化学（四唑）染色法，这里主要介绍种子生活力的生物化学（四唑）测定生活力法。

三、试验仪器设备

种子生活力的生物化学(四唑)测定生活力法所需的仪器有:

(1)控温设备　电热恒温箱或发芽箱;冰箱。

(2)观察器具　体视显微镜或手持放大镜;光线充足柔和的灯光。

(3)容器　棕色定量加液器;不同规格的染色盘。

(4)切刺工具　单面刀片、矛状解剖针、小针等。

(5)预湿物品　滤纸、吸水纸和毛巾等。

(6)其他　镊子、吸管 、天平(天平感量为 0.001 g)等。

四、四唑染色法测定原理

在生物化学测定中,种子活细胞里发生的还原过程是通过一种指示剂的还原作用而显现出来的。所用的指示剂,一种是可被种子组织吸收的四唑盐类的无色溶液,它在种子组织里参与活细胞的还原过程,从脱氢酶接受氢离子,使氯化三苯基四氮唑,经过氢化作用,在活细胞里产生红色、稳定、不扩散的三苯基甲酯。

由于种子的死活和其某些组织内脱氢酶的有无、多少有着密切的关系,所以当四唑溶液进入种子时,有生命的组织因含有脱氢酶,而放出氢离子,使四唑还原成红色的三苯基甲酯,故有生命的组织便呈红色。但脱氢酶的存在是随着生命活动的减弱和死亡而逐渐消失的,因此,凡丧失生命的组织就因没有脱氢酶而不能着色。利用这一原理,据种子染色的部位和染色程度,就可判断其内部有关组织的死活,以确定种子的生活力。

五、四唑(TTC)法进行种子生活力测定的种子制备方法

(一)小麦、玉米(禾本科)

1. 制备种子

(1)软化方法　用 30℃温水软化种子需 3～4 h,软化时间不宜超过 2 d,以免种子腹沟胀裂或质地松软,呈粥状,致使难以从事切种。

(2)切种方法　将麦粒腹沟朝下,用锋利刀片沿胚部中心纵切两半,较完整的一半放入染色杯内,另一半抛弃不用。

2. 染色

倒入 0.1%的药液置于 35℃恒温下染色(大小麦、玉米、高粱 0.5～1 h,水稻1～2 h)。

3. 生活力测定图谱

小麦、玉米种子生活力测定图谱见彩图 14。图中“+”为有生活力种子,“-”为无生活

力种子。

(二)大豆种子(豆科)

1.制备种子

大豆软化时不直接浸泡在水中故应把大豆置于两层吸水纸或湿毛巾过夜或6 h以上,以便缓慢而均匀地吸收水分,剥去种皮后用手掰开子叶,留带胚的一半染色,另一半弃之不用。

2.染色

1.0%的四唑药液染色,35℃ 3～4 h。

3. 生活力测定图谱

大豆种子生活力测定图谱见彩图15。

(三)棉花种子(锦葵科)

1.制备种子

(1)切种　直接纵切,可泡种过夜或在45℃下泡种子3 h以上,种皮软化后再沿脐条通过胚根中央纵切两半,选留完整的一半用于染色,另一半弃之不用。

(2)剥种皮　首先软化种皮泡种过夜在45℃下泡种3 h以上种皮软化在胚根远端(即种子顶端)横切一刀轻剥去外、内种皮。

2.染色

0.1%的四唑药液染色1～2 h,剥种皮0.5%四唑药液染色2～3 h温度35℃。

3.生活力测定图谱

棉花种子生活力测定图谱见彩图16。

(四)十字花科(白菜、萝卜、油菜)

1.制备种子

种子软化后用刀片轻轻划破外部种皮勿使胚子叶受伤,剥去种皮,将去掉种皮的种粒放染色杯内染色。

2. 染色方法

1.0%的四唑药液,35℃ 2～4 h。

3. 生活力测定图谱

白菜种子生活力测定图谱见彩图17。

(五)茄科种子(辣椒、茄子、番茄)

1. 制备种子

在种子发芽口下横切一刀,切去1/4～1/3,然后用手指轻轻按挤种子露出胚的大部分,逐粒放入染色板孔穴内每穴1粒。

2. 染色

0.1%的四唑药液染色,35℃ 60～90 min。

3. 生活力测定图谱

辣椒种子生活力测定图谱见彩图18。

(六)藜科(菠菜、甜菜)

1. 制备种子

种子软化后用刀对准发芽口,沿种子的扁平方向纵切两半,留下胚部较完整的一半放入染色板的孔穴。

2. 染色

0.1%的四唑药液染色,35℃ 60～90 min。

3. 生活力测定图谱

菠菜种子生活力测定图谱见彩图19。

(七)百合科(葱、韭菜)

1. 制备种子

软化后用刀在种子发芽口下斜切一刀留下发芽口的一半,轻轻挤压种子露出胚部,放入染色板孔穴内。

2. 染色

0.1%的四唑药液染色,35℃ 60～90 min。

3. 生活力测定图谱

葱种子生活力测定图谱见彩图20。

(八)伞形科(香菜、胡萝卜、茴香种子)

1. 制备种子

①软化后取单粒种子,用刀在接近发芽口处横切开,注意切线不要距发芽口太远,因种胚很小,防止把胚的大部分切掉,用手指尖轻压种子露出胚部,然后放入染色板的孔穴内,每穴1粒,如挤出的胚部已脱离种子,可将胚部放入染色板孔穴内,准备染色。

②软化后用上述方法将种子切开,露出胚的横断面,放入小杯内准备染色。上述①和②两种方法用于香菜和茴香种子。

③胡萝卜可用针刺法,用大头针和缝纫针在种子上均匀地穿刺,也可把针扎成一束,

一次进行多孔穿刺，然后放入小杯内，准备染色。

2. 染色方法

胚是纵切种子，用0.1%的四唑液，在35℃下需60～80 min。

剥出的整胚用1%的四唑液在35℃下需30～40 min。

用针刺法制备的胡萝卜种子染色后，用乳酸酚处理，具体做法是染色后用清水冲洗种子，再用吸水纸或布吸去种子表面附着水，然后滴入透明剂，经1～3 h，种子颜色变浅，透明程度逐渐增加，就可以比较清楚地看到种子内部的胚部是否染红。可放在透明灯箱上观察。

3. 生活力测定图谱

胡萝卜、香菜种子生活力测定图谱见彩图21。

(九)菊科(莴苣、茼蒿及其他小粒种子)

1. 制备种子

种子软化后放在装入培养皿的滤纸上，各粒种子之间要有一定距离，在实际操作时可选用较大的培养皿，种子上再盖一张滤纸，用手向下紧压，将两层滤纸中间的种子尽力压碎，使外种皮、内种皮都因受压而破裂(应注意茼蒿种子的外种皮较厚，可将外种皮一一剥掉)，准备染色。

2. 染色方法

将1%的四唑溶液放入染色杯内，使压碎的种子能充分接触溶液。在35℃下需60～80 min染色。

3. 生活力测定图谱

莴笋种子生活力测定图谱见彩图22。

【实践操作】

种子生活力四唑染色法测定程序

四唑染色法自1942年由德国Lakon发明以来，已在全世界广泛应用。国际种子检验协会早在1953年就已列入国际种子检验规程。起初应用于林木种子，目前已广泛应用于各种作物，特别是豆科和禾本科牧草种子。它是测定生活力公认的最有效而可靠的方法。

工作环节	工作内容
试剂仪器配置准备	1. 磷酸缓冲液 溶液Ⅰ：称取 9.078 g 磷酸二氢钾(KH_2PO_4)溶解于 1 000 mL 蒸馏水中 溶液Ⅱ：称取 9.472 g 磷酸氢二钠(Na_2HPO_4)或 11.876 g 磷酸氢二钠($Na_2HPO_4 \cdot 2H_2O$)溶解于 1 000 mL 的蒸馏水中 取溶液Ⅰ 2 份和溶液Ⅱ 3 份混合即成缓冲液 2. 四唑染色液 称取 1 g 四唑粉剂溶解于 100 mL 磷酸缓冲液中，即配成1.0%浓度的溶液；或者称取 0.1 g 四唑粉剂溶解于 100 mL 磷酸缓冲液中，即配成0.1%的四唑溶液。为了保证四唑染色的效果，要求四唑溶液的pH值必须为6.5～7.5，如不在此范围，可用氢氧化钠或碳酸氢钠的稀溶液加以调节。配置好的四唑溶液应保存在棕色瓶里，存放在冰箱里
数取试验样品	从经净度分析后并充分混合的净种子中，随机数取每重量 100 粒种子，2～4 个重复，或少于 100 粒的若干副重复。如是测定发芽末期休眠种子的生活力，则单用试验末期的休眠种子
预措预湿种子	预措是指有些种子在预湿前须先除去种子的外部附属物(包括剥去果壳)和在种子非要害部位弄破种皮，如水稻种子脱去内外稃，刺破硬实等。 根据种的不同，预湿的方法有所不同。一种是缓慢润湿，即将种子放在纸上或纸间吸湿，它适用于直接浸在水中容易破裂种子(如豆科大粒种子)，以及许多陈种子和过分干燥的种子；另一种是水中浸渍，即将种子完全浸在水中，让其达到充分吸胀，它适用于直接浸入水中而不会造成组织破裂损伤的种子。不同种类种子的具体预湿温度和时间可参见表11-25
染色前处理	使胚的主要构造和活的营养组织暴露出来，准备方法因种子构造和胚的位置不同而异，详见表11-25
染色	将已准备好的种子样品放入染色盘中，加入适宜浓度的四唑溶液以完全淹没种子，移置到一定温度的黑暗控温设备内或弱光下进行染色反应。所用染色时间因四唑溶液浓度、温度、种子种类、样品准备方法等因素的不同而有差异。一般来说，四唑溶液浓度高，染色快；温度高，染色时间短，但最高不超过45℃。到达规定时间或染色已很明显时，倒去四唑溶液，用清水冲洗

鉴定前处理

为便于观察鉴定和计数，将已染色的种子样品，加以适当处理使胚主要构造和活的营养组织明显暴露出来，如一些豆类沿胚中轴纵切，瓜类剥去种皮和内膜等。不同种类种子的处理方法详见表11-25

↓

观察鉴定

大中粒种子可直接用肉眼或手持放大镜进行观察鉴定，对小粒种子最好用 10～100 倍体视显微镜进行观察

观察鉴定时，确定种子是否具有生活力，必须根据胚的主要构造和有关活营养组织的染色情况进行正确的判断。一般的鉴定原则是：凡胚的主要构造或有关活营养组织(如葱属、伞形科和茄科等种子的胚乳)全部染成有光泽的鲜红色或染色最大面积大于表11-25规定，且组织状态正常的为正常有生活力的种子；否则为无生活力的种子。根据种类的不同，具体鉴定标准详见表11-25

依据鉴定标准，将各部分分开并计数

↓

结果表示与报告

计算各个重复中有生活力的种子数，重复间最大容许差距不得超过表11-27的规定，如超过应重做。平均百分率计算到最近似的整数。依据鉴定标准，将各部分分开并计数。将结果填报在表11-26中

表 11-25　农作物种子四唑染色技术规定

种(变种)名	预湿方式和时间	染色前的准备	溶液浓度(%)	35℃染色时间(h)	鉴定前的处理	有生活力种子允许不染色、较弱或坏死的最大面积	备注
小麦 大麦 黑麦	纸间或水中，30℃恒温水浸种 3～4 h 或纸间 12 h	a. 纵切胚和 3/4 胚乳。b. 分离带质片的胚	0.1	0.5～1	a. 观察切面 b. 观察胚和盾片	a. 盾片上下任一端 1/3 不染色 b. 胚根大部分不染色，但不定根原始体必须染色	盾片中央有不染色组织，表明受到热损伤
普通燕麦 裸燕麦	同上	a. 除去稃壳，纵切胚和 3/4 胚乳。 b. 在胚部附近横切	0.1	同上			
玉米	同上	a. 除去稃壳，纵切胚和 3/4 胚乳。在胚部附近横切	0.1	同上	a. 观察切面 b. 沿胚纵切	同上	同上
黍粟	同上	纵切胚和大部分胚乳	0.1	同上	切开或撕开，使胚露出	胚根、盾片上下任一端 1/3 不染色	同上

续表 11-25

种(变种)名	预湿方式和时间	染色前的准备	溶液浓度(%)	35℃染色时间(h)	鉴定前的处理	有生活力种子允许不染色、较弱或坏死的最大面积	备注
高粱	同上	纵切胚和大部分胚乳	0.1	同上	观察切面	a.胚根顶端 2/3 不染色。b.盾片上下任一端 1/3 不染色	
水稻	纸间或水中,12 h	纵切胚和 3/4 胚乳	0.1	同上	观察切面	胚根顶端 2/3 不染色	必要时可除去内外稃
棉花	纸间,12 h	a.纵切 1/2 种子。b.切除部分种皮。c.去掉胚乳遗迹	0.5	2～3	纵切	a.胚根顶端 1/3 不染色。b.子叶表面有小范围的坏死或子叶顶端 1/3 不染色	有硬实应划破种皮
甜荞 苦荞	纸间,6～8 h	无需准备	1.0	3～4	切开或除去种皮,掰开子叶,露出胚芽	a.胚根顶端 1/3 不染色。b.子叶表面有小范围的坏死	
菜豆、豌豆、绿豆、花生、大豆、豇豆、扁豆、蚕豆	纸间,6～8 h	无需准备	1.0	3～4	切开或除去种皮,掰开子叶,露出胚芽	a.胚根顶端不染色,花生为 1/3,蚕豆为 2/3,其他种为 1/2。b.子叶顶端不杂花,花生为 1/4,蚕豆为 1/3,其他为 1/2。c.除蚕豆外,胚芽顶部不染色 1/4	
南瓜、丝瓜、黄瓜、西瓜、冬瓜、苦瓜、甜瓜、瓠瓜	纸间或水中在 20～30℃水中浸 6～8 h 或纸间 24 h	a.纵切 1/2 种子。 b.剥去种皮。 c.西瓜用干燥布或纸揩拭,除去表面黏液	1.0	2～3 h,但甜瓜需 1～2 h	除去种皮和内膜	a.胚根顶端不染色 1/2。 b.子叶顶端不染色 1/2	

续表 11-25

种(变种)名	预湿方式和时间	染色前的准备	溶液浓度(%)	35℃染色时间(h)	鉴定前的处理	有生活力种子允许不染色、较弱或坏死的最大面积	备注
白菜型油菜、不结球白菜、结球菜、甘蓝型油菜甘蓝、花椰菜、萝卜芥菜	纸间或水中 30℃ 温水中浸种 3～4 h 或纸间 5～6 h	a. 剥去种皮。b. 切去部分种皮	1.0	2～4	a. 纵切种子使胚中轴露出。b. 切除部分种皮使胚中轴露出	a. 胚根顶端 1/3 不染色。b. 子叶顶端有部分坏死	
葱属(洋葱、韭菜、葱、韭葱、细香葱)	纸间 12 h	a. 沿扁平面纵切,但不完全切开,基部相连。b. 切去子叶两端,但不损伤胚根及子叶	0.2	0.5～1.5	a. 扭开切口,露出胚。b. 切除一薄层胚乳,使胚露出	a. 种胚和胚乳完全染色。b. 不与胚相连的胚乳有少量不染色	
辣椒 甜椒 茄子 番茄	纸间或水中 20～30℃ 水中 3～4 h,或纸间 12 h	a. 在种子中心刺破种皮和胚乳。b. 切去种子末端,包括一小部分子叶	0.2	0.5～1.5	a. 撕开胚乳,使胚露出。b. 纵切种子使胚露出	胚和胚乳全部染色	
芜菜 芹菜 胡萝卜 茴香	水中 20～30℃ 水中 3 h	a. 纵切种子一半,并撕开胚乳,使胚露出。b. 切去种子末端 1/4 或 1/3	0.1～0.5	6～24	a. 进一步撕开切口,使胚露出。b. 纵切种子露出胚和胚乳	胚和胚乳全部染色	
苜蓿属 草木樨属 紫云英	水中 22 h	无需准备	0.5～1.0	6～24	除去种皮使胚露出	a. 胚根顶端 1/3 不染色。b. 子叶顶端 1/3,如在表面可 1/2 不染色	
莴苣 茼蒿	水中在 30℃浸 2～4 h	a. 纵切种子上半部(非胚根端)。b. 切去种子末端包括一部分子叶	0.2	2～3	a. 切开种皮子叶使胚露出。b. 切开种子末端轻轻挤压,使胚露出	a. 胚根顶端 1/3 不染色。b. 子叶顶端 1/3 表面不染色,或 1/3 弥漫不染色	

续表 11-25

种(变种)名	预湿方式和时间	染色前的准备	溶液浓度(%)	35℃染色时间(h)	鉴定前的处理	有生活力种子允许不染色、较弱或坏死的最大面积	备注
向日葵	水中 3～4 h	纵切种子上半部或除去果壳	1.0	3～4	除去果壳	a. 胚根顶端 1/3 不染色。b. 子叶顶端表面 1/2 不染色	
甜菜	水中 18 h	a. 除去盖着种胚的帽状物。b. 沿胚与胚乳之界线切开	0.1～0.5	扯开切口,使胚露出			
菠菜	水中 3～4 h	a. 在胚与胚乳之边界刺破种皮。b. 在胚根与子叶之间横切	0.5～1.5	a. 纵切种子,使胚露出。b. 掰开切口,使胚露出			

表 11-26 生活力的生化(四唑)测定原始记载表

样品登记号		作物名称			品种(组合)名称	
预处理方法		试剂浓度			处理时间	
处理温度		容许误差			实际误差	
重复	Ⅰ	Ⅱ	Ⅲ		Ⅳ	平均百分率
检测粒数						
有生活力种数						
无生活力种数						
硬实粒数						
检测依据						
说明:检测豆类、棉籽和蕹菜类等需填写硬实一栏,并将其百分率记入有生活力百分率中。						

检验员: 日期: 校核人: 日期: 审核人: 日期:

表 11-27　生活力测定重复间的最大容许差距

平均生活力百分率(%)		重复间容许的最大差距		
1	2	4 次重复	3 次重复	2 次重复
99	2	5	—	—
98	3	6	5	—
97	4	7	6	6
96	5	8	7	6
95	6	9	8	7
93～94	7～8	10	9	8
91～92	9～10	11	10	9
90	11	12	11	9
89	12	12	11	10
88	13	13	12	10
87	14	13	12	11
84～86	15～17	14	13	11
81～83	18～20	15	14	12
78～80	21～23	16	15	13
76～77	24～25	17	16	13
73～75	26～28	17	16	14
71～72	29～30	18	16	14
69～70	31～32	18	17	14
67～68	33～34	18	17	15
64～66	35～37	19	17	15
56～63	38～45	19	18	15
55	46	20	18	15
51～54	47～50	20	18	16

第八节　种子健康测定

【基础知识】

一、种子健康测定的目的

种子健康测定主要是测定种子是否携带有病原菌(如真菌、细菌及病毒)、有害的动物(如害虫、线虫)等健康状况。种子的健康标准是种子健康检验的评定依据。很多国家根据各国国情,制定了种子生产中各级种子的田间健康标准和室内检验健康标准。种子健康检测与种子纯度检测鉴定一样,有些病害在田间观察很清楚,而有些病原菌需要室内检验。种子经过健康检测后,了解了病原菌的感染情况和程度,可以有针对性地采取措施对种子进行的处理,这样既可大大减轻种传病害的发生,还可减少农药的使用。种子健康测定的目的主要有:

(1)种子携带的病原物可以引起田间病害逐步蔓延,以致降低作物产量和商品价值。通过健康测定可以阻止田间病害蔓延。

(2)种子的流通可以将病原物携带到其他新地区。通过健康制定可以阻止病原物流入其他新地区。

(3)知道种子的种用价值,通过样品的健康测定,可推测种子批的健康状况,确定种子批是否需要进行处理和处理后的效果。

(4)为调查或研究目的而评估种传病害流行的情况。

(5)推测种子发芽率低的原因,弥补发芽试验的不足。

随着国内外种子贸易的增加,种子携带病虫传播和蔓延的机会也随之增多,万一种子携带的病虫害传入新区,就会给农业生产造成重大的经济损失和灾难。因此,种子健康测定日益得到重视。很多企业已将该项目的测定作为必检项目。当今,世界上许多国家种子检验室也开展了种子健康测定,以满足各国种子贸易的需要,保护农业生产和农产品质量。

二、种子健康测定的方法

种子健康测定方法主要有未经培养检查和培养后检查。未经培养检查包括直接检查、剖粒检查、吸胀种子检查、洗涤检查、染色检查、比重检查和X射线检查等。培养后检查包括吸水纸法、沙床法、琼脂皿法、噬菌体法、血清学酶联免疫吸附试验法等。

种子健康测定方法的选择主要取决于种子种类、病害的种类以及检测的目的。如果对于调查、作出种子处理决定或进行田间评定等目的,只需评定种传病菌感染率。而对于检疫目的或田间高发病率的种传病害，对种子样品的检测精度则要求很高。病害感染水平与田间发病程度之间没有直接的联系，所以在许多检测方法中一般不记录每粒种子的病原数量。

种子健康测定的方法，一般要求该方法使病原体易于识别、结果有重演性、样品间结果有可比性、简单快速等特点。在实际检测过程中，检测结果经常会受到一些因素的影响：如其他病原菌的存在与被测病原菌产生干扰，室内检验结果通常高于田间或温室的检测结果，有些病源菌对培养条件较为敏感，种子已处理等因素。

三、仪器设备

种子健康测定所需的仪器设备因测定方法不同而异。最基本的仪器有：双目显微镜（最好是相差显微镜）、立体显微镜（放大 60 倍，最好带有灯）、培养箱（最好配置两根近紫外灯管）、冷冻冰箱、冰箱、高压蒸汽灭菌锅、玻璃容器（培养皿、烧杯、烧瓶、载玻片、盖玻片、漏斗等）、离心机、摇床、pH 值测定仪等。

【实践操作】

【种子健康检测方法和程序】

一、种子健康测定的传统方法

方法		程序	适用
未经培养检查（不能说明病原菌的生活力）	直接检查	取净种子 400 粒→逐粒检查（必要时，可借助于双目显微镜剖粒、软 X 射线仪等）→取出病原体或病粒→计算其粒数或称其重量	较大的病原体、杂质外表有明显症状的病害。如：虫瘿、线虫瘿、螨类等
	吸涨种子检查	取净种子 400 粒→浸入水或其他液体中→待种子吸涨→用双目显微镜观察种子表面或内部→填报结果	子实体、病症、害虫
	洗涤物检查	取净种子 400 粒→浸在加过湿润剂的水或酒精里→用力振荡 →冲洗种子（把种子内外真菌孢子、菌丝、线虫等都冲洗下来）→洗涤液过滤、浓缩或蒸发剩余液体→用显微镜检查提取物→填报结果	真菌孢子、菌丝、线虫等
生长植株检查		取净种子 400 粒→培育成植株→检查其病症→填报结果 要求：严格各种条件，防止植株从别处来的次生感染	细菌、真菌、病毒，是最切实可行的办法

(一)真菌检测方法

1.吸水纸法

吸水纸法适用于许多类型种子的种传真菌病害的检验,尤其是对于许多半知菌,有利于分生孢子的形成和致病真菌在幼苗上的症状的发展。

操作程序为:

(1)培养皿中放三层吸水纸→无菌蒸馏水湿润→沥去多余水分。

(2)种子均匀的播在纸上→盖好培养皿。

(3)在20℃条件下培养,种子吸胀1 d。

(4)在-20℃下冷冻过夜,杀死种子。

(5)培养皿距光源40 cm处,在18~20℃,每天12 h黑暗与12 h近紫外光灯光照交替处理下培养5~7 d。

(6)立体显微镜下观察,观察时用冷光,防止孢子结构脱水。

2.琼脂皿法

琼脂皿法主要用于发育较慢的致病真菌潜伏在种子内部的病原菌,检验种子表面的病原菌。

测定程序为:

(1)将试验样品用1%~2%的次氯酸钠溶液消毒5 min后沥干。

(2)已经灭菌的琼脂倒入9 cm培养皿中→凝固冷却→预处理过的种子间隔排列在琼脂表面→在20℃黑暗条件下培养7 d以上。

(3)用肉眼检查每粒种子表面长成的典型菌落→将有怀疑菌落的琼脂块(约5 mm^2)切出,用吸水纸法在20℃下进行培养→诱导孢子发育后在显微镜下进行观察鉴定。

3.发芽法

通过发芽法可以比较未处理种子病原体的作用和影响,测定程序为:

(1)取一张纸巾→底部皱折1 cm→在无菌蒸馏水中浸湿→将种子播在纸巾上。

(2)将另一张浸湿的纸巾盖在种子上,与播有种子的纸巾皱折吻合→用橡皮筋捆好→放在器皿中在20℃条件下培养。

(3)观察感病幼苗异常情况,根部变褐部分。

(4)与琼脂皿培养的鉴定结果比较。

(二)细菌测定方法

(1)生长植株鉴定　最简单的方法是种植有种传细菌的种子,鉴定幼苗的症状。

(2)检验室方法　检验室测定细菌的程序：

病原体提取	提取方法主要有通过浸泡种子和通过磨碎或破碎种子并在液体中浸湿两种方法。种子数量和提取方法根据试验确定
分离	通过琼脂皿将病原细菌从提取后的溶液中分离出来，将提取液原液或稀释液涂在琼脂皿上，可分生出单个或多个菌落
细菌鉴定	细菌检测方法有：生物化学检测法、血清检测法、噬菌体检测法、致病体检测法、核酸杂交探针法

(三)病毒测定方法

种传病毒检测与细菌检测一样，利用田间种植鉴定和室内检测。田间种植鉴定将样品种子播种后，观察幼苗的症状。也可将种子或幼苗中的提取液接种至“指示植物上”，更易观察和鉴定幼苗症状。在试验室中，由于种传病毒检测目前还存在着不易被分离出纯系的问题，而细菌与真菌的检测方法不适用于病毒检测，检测种传病毒的难度很大。随着分子生物学技术的发展，通过序列分析使得检测任何病原菌成为可能，利用 PCR 分子检测技术有望成为未来快速而准确的种传病毒检测方法。目前检验室内已能够检测许多重要的种传病害。病毒测定的常用方法有：酶联免疫吸附法、免疫吸附电镜技术、多克隆抗体或非常专一的单克隆抗体技术。

(四)测定结果表示与报告

以供检样品感染种子数的百分率或样品重量中病原体数目表示检测结果。

将结果填报在种子检验报告“其他项目测定”栏内，需写明病原菌的拉丁学名。填报结果必须同时说明所用的测定力法，包括所用的预措方法和用于检验的样品或部分样品的数量。

二、主要病害的特定检测方法

ISTA 制定了许多具体种传病害测定的工作卡。其中方法非常详细，而且有各种方法的评述以及详细的参考资料。而所介绍的方法，除检查大麦黑穗病外，是为未经过种子处理的样品设计的，一般不宜用于已经处理过的种子。如其他规定，可用次氯酸钠进行预措，即将种子浸在含有 1%有效氯的次氯酸钠溶液中 10 min，然后沥去多余的液体。吸水纸和琼脂培养基建议用蒸馏水或去离子水湿润。当播种密度指定用每培养皿的一定种籽粒数时，则采用直径为 9 cm 的培养皿。当培养的种子经过多次检查，则仅需填报总的感染百分率。

(一)伞形科(Capiaceae)

(1)胡萝卜格孢菌[*Alternaria dauci*(Kuhn)Groves et Skolko]

试验程序：取样 400 粒种子→在培养皿中放入三层吸水纸→用无菌蒸馏水使吸水纸浸湿→沥去多余水分→每培养皿播 10 粒种子→在 20℃黑暗条件下培养 3 d→放置在−20℃条件下过夜→再放在 20℃下，每天黑暗与光照各 12 h 交替条件下培养 7 d。

检查：在 30～80 倍放大镜下检查每粒种子，分生孢子通常是倒棍棒形，长达 450 μm。初期为浅橄榄色，随着发育变成褐色，并出现灰白色喙嘴，其长度达孢子体的 3 倍。在种子表面长出单个或小群体的分生孢子梗。随着菌丝体的生长，从菌丝或菌丝囊中也长出分生孢子梗。

(2)胡萝卜根生莲格孢菌(*Ahernaria radicina* Meier, Drechs. & Eddy)(异名：*Stempblium radicinum* Meir, Drechs. & Eddy. Neergaard)

试验程序：取样 400 粒种子→在培养皿中放入三层吸水纸→用无菌蒸馏水使吸水纸吸湿→沥去多余水分→每培养皿播 10 粒种子→20℃黑暗条件下培养3 d→在−20℃条件下过夜→再放在 20℃下，每天黑暗与光照各 12 h 的交替条件下培养 7 d。

检查：在 30～80 倍放大镜下检查每粒种子，分生孢子呈椭圆形或桶形，单生或成 2 个或 3 个的链生，有长达 75um 非典型喙咀，橄榄色至灰黑色，有光泽，从种子表面长出的分生孢子梗一般为单生，但多数是从菌丝或菌丝囊上产生的。

(二)菊科(Astcraccae)

向日葵(*Heiiamhus annuus*)种子灰霉葡萄孢(*Botrytis cinerea* Pers. ex Pers.)

试验程序：取样 400 粒种子→在培养皿中垫两层滤纸→加入 5 mL 3%的麦芽提取物→沥去多余液体→每个培养皿播 5 粒种子→在 20℃黑暗中培养 9 d。

检查：第 5 天、第 7 天和第 9 天用肉眼检查每粒种子。记录种根软腐、布满灰色菌丝体的感染种子。如怀疑，可放大 200 倍，根据菌丝有隔呈带状、分生孢子梗有分枝簇生状来确定。

(三)十字花科(Brasscaeae)

十字花科的黑胫病[*Leptosphacria maculans*(Desm. cs. and de Not.)]异名 *Phomalingam*(Tode ex Fr. Desm.)]

试验程序：取样 1 000 粒种子→培养皿中垫 3 层滤纸→加入 5 mL 0.2%的 2,4-二氯苯氧基乙酸钠盐(2,4-D)溶液→沥去多余的 2,4-D 溶液→用无菌水洗涤种子→每个培养皿播 50 粒种子→在 20℃下，用 12 h 光照和 12 h 黑暗交替处理下培养 11 d。

检查:第 6 天在 25 倍放大镜下,观察在种子和培养基上的黑胫病松散生长的银白色菌丝和分生孢子器原基。第 11 天第二次观察感染种子及其周围,会见到分子孢子器。记录已经长有黑胫病分生孢子器的感染种子数

(四)豆科(Fabaccae)

(1)豌豆褐斑病(*Ascochyta pisi* Lib.)

试验程序:取样 400 粒种子→用次氯酸钠消毒 10 min 后,用无菌水洗涤→在麦芽或马铃薯葡萄糖琼脂培养基表面播 10 粒种子→放在 20℃黑暗条件下培养 7 d。

检查:第 7 天用肉眼检查每粒种子外部盖满的大量白色菌丝体。对有怀疑的菌落可放在 25 倍放大镜下观察,根据菌落边缘的波状菌丝来确定。

(2)菜豆炭疽病[*Colletotrichum lindemuthianum* (Sacc. & Magn.) Bir. &Cav]

试验程序:取样 400 粒种子→次氯酸钠预先处理→350 mm×450 mm 双层纸巾预先浸湿→每重复播 50 粒种子于纸上→盖一层同样大小湿润的纸巾,沿纵长折叠两次→再用聚乙烯薄膜覆盖→在 20℃黑暗条件下培养 7 d。

检查:经 7 d 后,剥去种皮,观察子叶上有轮廓清晰的黑斑,在 25 倍放大镜下观察,记录有黑色的分隔菌丝的分子孢子盘的种子数。

(五)禾本科(Poaceae)

(1)水稻胡麻叶斑病[*Drechslera oryzae*(Van Berda Haan)Subram &Jain]

试验程序:取样 400 粒种子→将培养皿里的吸水纸用水湿润→每个培养皿播 25 粒种子 在 22℃条件下用 12 h 黑暗和 12 h 光照交替培养 7 d。

检查:在 12～50 倍放大镜下检查每粒种子上的胡麻叶斑病的分生孢子,在种子上产生真菌的分生孢子梗,也可在种子上产生淡灰色气生菌丝,并全部或部分覆盖其上,偶尔也会蔓延到吸水纸上。若有怀疑,可在 200 倍显微镜下检查分生孢子来核实。其分生孢子为月牙形,(35～170) μm ×(11～17) μm,淡棕色至棕色,中部或近中部最宽,向两端渐渐变细变圆。

(2)稻瘟病(*Pyriculana oryzae*)(av.)

试验程序:取样 400 粒种子→将培养皿内的吸水纸湿润→每个培养皿播 25 粒种子 在 22℃条件下用 12 h 黑暗和 12 h 光照交替培养 7 d。

检查:在 12～50 倍放大镜下检查每粒种子上的稻瘟病分生孢子。一般这种真菌会在颖片上产生小而不明显、灰色至绿色的分生孢子,这种分生孢子成束着生在短而纤细的分生孢子梗顶端。菌丝很少覆盖整粒种子。若有怀疑,可在 200 倍显

微镜下检查分生孢子来核实。典型的分生孢子是倒梨形，透明，基部钝圆具有短齿，分两隔，通常具有尖锐的顶端，大小为(20～25) μm×(9～12) μm。

(3)水稻毛孢叶病[(*Alternaria padwickii*)(Ganguly)M B Ellis]

试验程序：取样400粒种子→将培养皿内的吸水纸用水湿润→每个培养皿播25粒种子→在22℃条件下用12 h黑暗和12 h光照的交替培养7 d。

检查：在12～50倍放大镜下检查每粒种子上毛孢叶病的分生孢子。此菌分生孢子为纺锤形，前期半透明，后期淡黄色至金褐色，具有长喙，有的单个着生在种子表面直立分生孢子短梗，或着生在灰白色、绒毛状菌丝体中的分生孢子梗上。若有怀疑，可在200倍显微镜下检查分生孢子进行核实。分生孢子有3～5个隔膜，隔膜往往有缩缢并具有特别的圆锥形基部细胞和长喙，其大小为(95～170) μm×(11～20) μm。受感染的种子或幼苗常常被特别的桃红色斑点所包围着，并扩散到吸水纸内，经7 d后，更为明显。

(4)大麦散黑穗病[*Ustlago nuda*(Jens)Rostr]

试验程序：两次重复，每重复取样2 000～4 000粒种子→放入1 L新配制的5%NaOH水溶液中→在20℃下保持24 h→将整个样移到合适的容器中，放在温水中洗涤→使胚从软化的果皮中分离出来→将胚收集在1 mm网孔的筛子里→用网孔较大的筛子收集胚乳和稃壳→将胚放入乳酸苯酚(甘油、苯酚和乳酸各1/3)和水的等量混合液中，使胚和稃壳能进一步分离→将胚移至盛有75 mL清水的烧杯中→在通风柜中，保持在沸点大约30 s→除去乳酸苯酚，将胚洗净→将胚移到新配制的微温油中进行检查。

检查：放在16～25倍放大镜下，配置适当的台下灯光，检查大麦散黑穆病所特有的金褐色菌丝体，每个重复检查1 000个胚。

(5)小麦颖枯病菌(*Septoria nodorum* Berk)

试验程序：取样400粒种子→次氯酸钠处理→在含100 mg/kg硫酸链霉素的麦芽或马铃薯左旋糖琼脂培养基上→每培养皿内琼脂表面播10粒种子→20℃黑暗条件下培养7 d。

检查：培养7 d后，肉眼检查每粒种子上缓慢长成圆形菌落的情况。该病菌菌丝体为白色或乳白色，通常稠密地覆盖着为感染的种子。菌落背面呈黄色或褐色，并随其生长颜色变深。

种子健康检验原始记录表见表11-28。

表 11-28　种子健康检验原始记录表

检验编号		作物名称		品种(组合)	
检验依据			供检样品重量或粒数(g或粒)		
检测方法			预措方法		
测定记录:					
检验结果	1.带虫(菌)量(个/百粒或个/g):________ 2.病菌生活力(有或无):________ 3.有害生物学名:________				
备注					

审核人:　　　　校核人:　　　　检验员:　　　　日期:

【知识延伸】

1.上网查阅分子标记技术在种子检验检测中的应用价值。了解种子 RADD 分析的主要设备的作用和技术关键。

2.通过网络、相关资料学习,了解转基因种子特定特性测定方法。并知道转基因种子中特异蛋白、DNA、检测方法。

3.上网查阅,常用的几种分子标记技术 RFLP、PAPD、AFLP、SSR 在品种纯度检测中应用和可行性分析。

4.通过行业、企业调研,知道在农作物种子检验规程中没用的作物种子的测定标准。

【课后作业】

1.论述小麦、棉花、西瓜、玉米种子发芽试验的方法和程序,及不正常幼苗的类型。

2.作物种子水分测定中,为什么要计算种子实际水分下的千粒重?

3.现有一批油菜种子,水分为 12.2%,请论述水分测定的方法和步骤。

4.农作物种子检验规程中,对种子水分测定,油料作物种子为 103℃ 8 h,若实际操作中,烘箱温度比规定高或低,时间比规定长或短时,会有怎样的测定结果?为什么?

5.叙述四唑染色测定种子生活力的原理。

6.下列种子生活力测定结果如下:

(1)玉米种子盾片全部染色,胚芽、胚芽鞘、染色,胚根和胚根鞘染色,此玉米种子是否有生活力?

(2)棉花种子,子叶 1/3 染色,胚根和胚根鞘染色,此种子是否有生活力?

(3)大豆种子子叶全部染色,胚芽染色,胚根未染色,此种子是否有生活力。

7. 种子生活力和活力测定有何区别与联系,在何种情况下,种子需要活力测定。

8. 有一批小麦种子的千粒重是28.8 g,水分是10.5%,请计算该批种子规定水分的千粒重。

9. 举例分析说明种子净度低、杂质多对农业生产的危害。

10. 某检验员采取两份半试样进行净度分析时,按下列程序操作:

①从检验样品中直接称取两份半试样;

②分离并分析每份半试样中的各个组分,用1%天平进行称重;

③用各组分的重量除以试样的原始重量来计算各组分的重量百分率;

④直接计算两份半试样的各组分平均值,计算净度结果;

⑤最终结果填报为:净种子99.4%,其他植物种子0.02%,杂质0.58%。

请你按照《农作物种子检验规程》指出上述操作程序的错误并加以改正。

11.请说明种子水分测定的步骤,为了使测定结果更标准应注意的问题有哪些?

第十二章　小区种植鉴定

田间小区鉴定是指对种子真实性和品种纯度的鉴定。在室内检验难作出正确判断和结论的情况下，必须进一步作田间小区种植鉴定，即将种子样品播到田间小区中，并以标准品种作为对照，根据田间作物生长期间表现的特征、特性鉴定其品种纯度。

田间小区植株鉴定是最为可靠、正确的鉴定品种真实性和进行品种纯度鉴定的方法，它适用于国际贸易、省区间的调种的仲裁检验并可作为赔偿损失的依据。因为品种纯度室内检验时，虽然有多种方法，但往往仍难于准确鉴定，特别对于杂交种（玉米、西瓜）F_1代种子更加难以准确鉴定其真实性和纯度，在此情况下田间小区鉴定就显得十分必要了，因为田间小区鉴定时，可以根据植株在生育期间不同时期的特征、特性将不同品种加以鉴别，这对异花授粉作物纯度鉴定尤为重要。

一、小区种植鉴定的目的

小区种植鉴定的目的：一是鉴定种子样品的真实性与品种描述是否相符，即通过对田间小区种植的有代表性样品的植株与标准样品生长植株进行比较，并根据品种描述判断其品种真实性；二是鉴定种子样品纯度是否符合国家规定标准或种子标签标注值的要求。在种子繁殖和生产过程中，田间小区种植鉴定是监控品种是否保持原有的特征特性或符合种子质量标准要求的主要手段之一。

二、小区种植鉴定的作用

小区种植鉴定从作用来说可分为前控和后控两种。

（一）前控

当种子批用于繁殖生产下一代种子时，该批种子的小区种植鉴定对下一代种子来说就是前控。如种子繁殖期间的亲本鉴定。在种子生产时，如果对生产种子的亲本种子进行小区种植鉴定，那么亲本种子的小区种植鉴定对于种子生产来说就是前控。前控可在种子生产的田间检验期间或之前进行，可作为淘汰不符合要求的种子田的依据之一。

（二）后控

通过小区种植鉴定来检测生产种子的质量便是后控。如对收获后的种子进行小区种植鉴定、很多企业在海南岛进行的异地小区种植鉴定等。后控也是我国农作物种子质量监督抽查工作鉴定种子样品的品种纯度是否符合种子质量标准要求的主要手段之一。

前控和后控的主要作用有以下几方面：

(1)为种子生产过程中的田间检验提供重要依据，成为种子认证过程中不可缺少的环节；

(2)可以判别品种特征特性在繁殖过程中是否保持不变；

(3)可以鉴定品种的真实性；

(4)可以长期观察，观察时期从幼苗出土到成熟期，随时观察小区内的所有植株；

(5)小区内所有品种和种类的植株的特征特性能够充分表现，可以使鉴定记载和检测方法标准化；

(6)能够确定小区内有没有异生植物生长和播种设备是否清洁，明确小区内非典型植株是否来自种子样品；

(7)可以比较相同品种不同种子批的种子遗传质量；

(8)可以根据小区种植鉴定的结果淘汰质量低劣的种子批或种子田，使农民用上高质量的种子；

(9)可以采取小区种植鉴定的方法解决种子生产者和使用者的争议。

综上所述，根据世界各国的实践和经验，小区种植鉴定主要用于两方面：一是在种子认证过程中，作为种子繁殖过程的前控与后控，监控品种的真实性和品种纯度是否符合种子认证方案的要求。主要测试种子批的一致性，判断在繁殖期间品种特征特性是否发生变化，为限制繁殖代数提供有效的依据。二是作为种子检验的目前鉴定品种真实性和测定品种纯度唯一方法，因小区鉴定能充分展示品种的特征特性，所以该方法作为品种纯度检测的最可靠、准确的方法；但小区种植鉴定费工、费时，要求在鉴定品种真实性时，应在鉴定的各个阶段与标准样品进行比较。

(三)标准样品的作用和要求

为了鉴定品种真实性，应在鉴定的各个阶段与标准样品进行比较，对照的标准样品为栽培品种全面的系统的品种特征特性的现实描述，标准样品应代表品种原有的特征特性，最好是育种家种子。

标准样品的管理主要包括来源、保持和确认三个方面。标准样品应尽可能代表品种原有的特征特性，与官方认可的样品没有显著差异。标准样品在使用前应经品种审定机构和种子认证、检验机构的官方认可，等效于标准仲裁样品。标准样品应从育种者或其代理人那里获取，并经品种管理机构认可。标准样品的数量应尽可能多,以致能使用几年,并在低温干燥的适宜条件下贮藏,保持其生活力。经确认的标准样品是提供该品种在检测时期的真实描述,是判定检测样品的最可靠标准,它总是与官方的品种描述一起使用,但必须记住,品种描述是有局限性,有时用于品种鉴定往往不是很准确。

三、小区鉴定程序

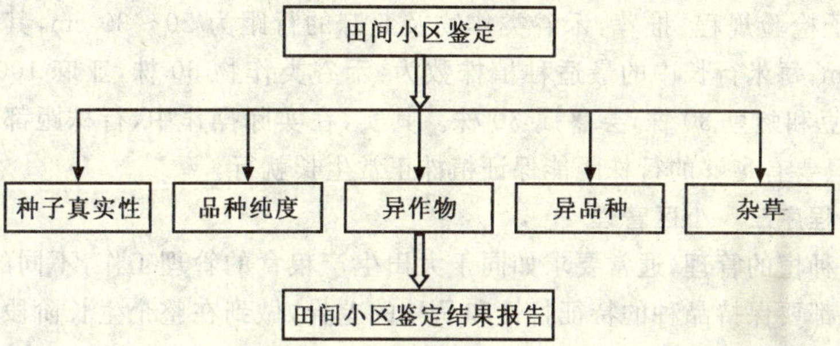

工作程序一　试验地选择

在选定小区鉴定的田块时,必须确保小区种植田块的前作状况符合 GB/T 3543.5—1995 的要求,即前茬无同类作物和杂草的田块作为小区鉴定的试验地。这可通过检查该田块的前作档案,确认该田块已经过精心策划的轮作,种子收获时散落在田块的作物种子和杂草种子已得到清除。在考虑前作状况时,应特别注意土壤中的休眠种子或未发芽的种子。现已证实,许多作物的种子,在条件适宜时可在土壤中存活许多年。如那些含油量较高的种子(欧洲油菜和芜菁)可存活许多年;籽粒较小的禾谷类种子在条件适宜时也能存活几年。

为了使种植小区出苗快速而整齐,除考虑前作要求外,应选择土壤均匀、肥力的田块,并有适宜的栽培管理措施。

工作程序二　小区设计

为了使小区种植鉴定的设计便于观察,应考虑以下几个方面:①在同一田块,将同一品种、类似品种的所有样品连同提供对照的标准样品相邻种植,以突出它们之间的任何细微差异。②在同一品种内,把同一生产单位生产、同期收获的有相同生产历史的相关种子批的样品相邻种植,以便于记载,这样搞清了一个小区内非典型植株的情况后,就便于检验其他小区的情况。③当要对数量性状进行量化时,如测量叶长、叶宽和株高等,小区设计要采用符合田间统计要求的随机小区设计。

④如果资源充分允许，小区种植鉴定可设重复。⑤小区鉴定种植的株数，因涉及到权衡观察样品的费用、时间和产生错误结论的风险，究竟种植多少株很难统一规定。但必须牢记，要根据检测的目的而确定株数，如果是要测定品种纯度并与发布的质量标准进行比较，必须种植较多的株数。为此，OECD 规定了一条基本的原则：一般来说，若品种纯度标准为 $(N-1)\times 100\%/N$，种植株数 $4N$ 即可获得满意结果。假如纯度标准要求为 99.0%，则种植 400 株即可达到要求。⑥小区种植的行、株间应有足够的距离，大株作物可适当增加行株距，必要时可用点播和点栽。《国际种子检验规程》推荐：禾谷类作物及亚麻的行距为 20～30 cm，其他作物为 40～50 cm；每米行长中的最适种植株数为：禾谷类作物 60 株，亚麻 100 株，蚕豆 10 株，大豆和豌豆 30 株，芸薹属 30 株。其实，在实际操作中，行株距都依实际情况而定，只要有足够的行株距能保证植株正常生长就行。

工作程序三　小区管理

小区种植的管理，通常要求如同于大田生产粮食的管理工作，不同的是，不管什么时候都要保持品种的特征特性和品种的差异，做到在整个生长阶段都能允许检查小区的植株状况。

小区种植鉴定只要求观察品种的特征特性，不要求高产，土壤肥力应中等。对于易倒伏作物（特别是禾谷类）的小区鉴定，尽量少施化肥，有必要把肥料水平减到最低程度。

使用除草剂和植物生长调节剂必须要小心，避免它们影响植株的特征特性。

工作程序四　鉴定和记录

小区种植鉴定在整个生长季节都可观察，有些种在幼苗期就有可能鉴别出品种真实性和纯度，但成熟期（常规种）、花期（杂交种）和食用器官成熟期（蔬菜种）是品种特征特性表现最明显的时期，必须进行鉴定。记载的数据用于结果判别时，原则上要求花期和成熟期相结合，并通常以花期为主。小区鉴定记载也包括种子纯度和种传病害的存在情况。

GB/T 3543.5 所指的变异株，在术语中将其定义为“一个或多个性状（即特征特性）与原品种育成者所描述的性状明显不同的植株”。这里所说的性状明显不同，包括质量性状和数量性状的不同。OECD 建议在小区鉴定记录中采用主要性状，这也是 UPOV 品种描述的强制性特征特性。

在小区鉴定中判断某一植株是否划为变异株，需要田间检验员的经验。检验员应对种植样品的改种的形态特征特性有研究，并熟悉该样品种子的品种特征特性，作出主观判断时要借助于官方品种描述，区分是遗传变异还是由环境条件所引起的变异。特别注意两种情况：一是由于某些特征特性（如植株高度与成熟度）易受小区环境条件的影响；二是特征特性可能受化学药品（如激素、除草剂）应用的影响。因此，田间检验员应掌握一个原则，在最后计数时，忽略小的变异株，只计数那些非常明显的变异株，从而决定接受或淘汰种子批。

那些与大部分植株特征特性不同的变异株应仔细检查，并有记录和识别的方法，通常采用标签、塑料牌或有颜色的带子（如红绳）等标记系在植株上，以便于再次观察时区别对待。

估计每一小区的平均植株群体，便于计算变异株的水平。如果小区中的变异株总数接近或大于"淘汰值"，必须更加准确地估算相应小区的群体。

工作程序五　结果计算与容许差距

品种纯度结果表示以变异株数目和百分率表示两种方法。

1. 品种合格和淘汰的评判

国家标准规定种子纯度要求很高的种子，如育种家种子、原种，是否符合要求，可利用淘汰值。淘汰值是在考虑种子生产者利益和有较少可能判定失误的基础上，把在一个样本内观察到的变异株数与质量标准比较，作出接受符合要求的种子批或淘汰该种子批，其可靠程度与样本大小密切相关（表 12-1）。

表 12-1　不同样本大小符合标准 99.9% 接受含有变异株种子批的可靠程度

样本大小（株数）	淘汰值	接受种子批的可靠程度（%）		
		1.5/1 000*	2/1 000*	3/1 000*
1 000	4	93	85	65
4 000	9	85	59	16
8 000	14	68	27	1
12 000	19	56	13	0.1

注：* 是指每 1 000 株中所实测到的变异株。

不同规定标准与不同样本大小下的淘汰值见表 12-2，如果变异株大于或等于规定的淘汰值，就应淘汰该种子批。

表 12-2　不同规定标准与不同样本大小的淘汰值

规定标准	不同样本（株数）大小的淘汰值						
（%）	4 000	2 000	1 400	1 000	400	300	200
99.9	9	6	5	4	—	—	—
99.7	19	11	9	7	4	—	—
99.0	52	29	21	16	9	7	6

2. 变异株数目表示

GB/T 3543.5 所规定的淘汰值就是以变异株数表示，如纯度 99.9%，种 4 000 株，其变异株或杂株不应超过 9 株(称为淘汰值)；如果不考虑容许差距，其变异株不超过 4 株。淘汰数值是在考虑种子生产者利益和有较少可能判定失误的基础上，把一个样本内观察到的变异株数与发布的质量标准进行比较，在充分考虑作出有风险接受或淘汰种子批的决定。不同标准的淘汰值不同。表 12-1 列举了不同标准的淘汰数值，错误淘汰种子批的风险为 5%。

表 12-2 栏目中有横线或下划线的淘汰数值并不可靠，因为样本数目不足够大，具有极大的不正确接受不合格种子的危险性。这种现象发生在标准样本内的变异株少于 $4N$ 的情况

表 12-2 的淘汰值的推算是采用泊松(Poisson)分布，对于其他标准计算可采用下式：

$$R=X+1.65\sqrt{X}+0.8+1$$

结果舍去所有小数位数，注意不采用四舍五入或六入。

其中：R 为淘汰值；X 为标准所换算成的变异株数。如纯度 99.9%，在 4 000 株中数为 4，$R=4+1.65\sqrt{4}+0.8+1=9.1$，去掉所有小数后，淘汰值为 9。如纯度 99.7%，在 2 000 株中的变异为 6，$R=6+1.65\sqrt{6}+0.8+1=11.84$，去掉所有小数，淘汰值为 11。

3. 百分率表示

将所有鉴定的本品种、异品种、异作物和杂草等均以所鉴定植株的百分率表示。小区种植鉴定的品种纯度结果可采用下式计算：

$$\text{品种纯度}=\frac{\text{本品种总株数}-\text{变异株(非典型株)数}}{\text{本作物总株数}}\times 100\%$$

ISTA 规定鉴定的种子、幼苗或植株不多于 2 000 株时，这时品种纯度的最后结果用整数的百分率表示；如果多于 2 000 株，则百分率保留一位小数。由于我国现行农作物种子质量标准的品种纯度规定值和 GB/T 3543.5 的容许差距均保留一位小数，为此，建议小区种植鉴定的品种纯度保留一位小数。以便于比较。

对于有分蘖的植株，以株数为单位，比以穗为单位的要求要严格。

使用 GB/T 3543.5 表 2 规定的容许差距，如果在表中查不到，可用下式进行计算：

$$T=1.65\sqrt{\frac{p\times q}{N}}$$

式中：p 为品种纯度的数值；q 为 $100-p$；N 为种植株数。

例如：纯度 90%，种植 78 株，那么 p 为 90，q 为 10，N 为 78，求得其容许差距为 5.6。

工作程序六　结果填报

田间小区种植鉴定结果除品种纯度外，可能时还填报所发现的异作物、杂草和其他栽培品种的百分率。填写田间小区种植鉴定的原始记录表（表 12-3）。

【案例】

田间小区种植鉴定程序

程序 1　选择土地，确定种植密度和制定栽培管理措施

为使品种特征、特性充分表现，试验的设计和布局上要选择气候条件适宜的土壤均匀、肥力一致、前茬无同类作物和杂草的田块，并有适宜的栽培管理措施行间、株间应有足够的距离，大株作物可适当增加行株距。

作物	行距	株距
小麦	20～30 cm	每米 60 株
玉米	50～55 cm	25～30 cm
棉花	60～65 cm	20～30 cm
甜瓜	沟距 1.5 m	35～40 cm
西瓜	沟距 1.5 m	25～30 cm

程序 2　适期播种及田间种植要求

①播种时要按种植方案，最好采用点播点栽，不得间苗，根据作物种类不同，播种方案一般玉米种子为 1∶2∶1 或 2∶2∶1；棉花种子为 1∶1∶1 或 1∶2∶1；西甜瓜种子为 1∶1∶1 或 1∶2∶1（每穴播 1 粒或 2 粒种子）。

②小区设计及种植株数。田间小区种植品种要设两重复，每一品种要种植标准株 50 株左右，重复间的地力要均匀，田间浇水施肥一致。每重复种植粒数根据种子标准要求如杂交玉米 sc704F_1 的鉴定其纯度 98.0%要求鉴定株数不低于 200 株，其播种粒数可为 250～300 粒，以保证不低于鉴定 200 株数。

表 12-3　真实性与品种纯度鉴定原始记载表(田间小区)

作物品种名称：　　　　种植地区：　　　　受检单位：
鉴定地点：　　　　　　鉴定日期：　　　　检验单位：

样品编号	小区号	株×行	重复	供检株数	本品种		异品种		自交株		其他		病害		虫害		生育情况
					株数	纯度%	株数	%	株数	%	株数	%	种类	危害程度	种类	危害程度	
检测方法							备注：										
结果计算	公式：品种纯度 $=\frac{\text{供检种子株数}-\text{异品种株数}}{\text{供检种子株数}}\times 100$										容许误差：% 实际误差：%						

检验员　　　年　月　日　　　校核人　　　年　月　日　　　审核人　　　年　月　日

程序 3　种植株数鉴定

例(1):有一样品玉米杂交种子 sc704 纯度为 99.7%,按 GB/T3543.5—1997 田间小区种植鉴定规程规定应至少种多少株?如果种植 4 000 株,其淘汰值为多少?如果 4 000 株中测到 8 株变异株,判断该批种子合格的可靠度为多少?

计算:

①鉴定种植株数。

公式:$\frac{(N-1)\times 100\%}{N}$　种植株数为 $4N$

如纯度为 99.7%,即:

$$\frac{(N-1)\times 100\%}{N}=\frac{99.7}{100}$$

$N=333$

所以:$4N=1332$ 株

②种植 4 000 株的淘汰值查(淘汰值表),其淘汰值为 19 株。

③种植 4 000 株,有 8 株变异株,查(可靠程度表)$2/1\,000\times 4=8/4\,000$,其可靠度为 59%。

例(2):在 1 000 株小麦中发现有 1.5 个变异株,种子批的可靠度为 93%,现种植 4 000 株,其合格批的可靠度为 85%,该样本有多少株变异株数?

计算:查可靠度表 12-1,1.5/1 000 若种 $1.5\times 4/4\,000=6$ 株,则该样本有 6 株变异株。

程序 4　选择鉴定时期

在幼苗期就可鉴别品种真实性和纯度,如杂交西瓜在苗期采用子房鉴定和幼果鉴定,在花期某些品种根据花托的颜色区别杂交株和自交株,一般在幼果期鉴定的品种多;杂交玉米在苗期用叶鞘和第一片子叶的性状区别自交苗和杂交苗,花期是鉴定的最好时期;棉花在蕾期、花期根据叶片、株型可鉴别杂株和变异株;最终鉴定时期是在盛铃期;小麦、油葵等作物在成熟期最佳。

程序 5　进行观察鉴定

检验员应拥有丰富的经验,熟悉被检品种的特征特性能正确区别植株是属于本品种还是变异株,变异株应是遗传变异,而不是受环境影响所引起变异。

程序 6　结果计算

将所鉴定的本品种、异品种变异株母本株和杂草均以做鉴定株数百分率表示。

程序7 品种合格和淘汰的评判

例(3):田间小区玉米亲本种子要种植4 000株,要求标准规定亲本纯度为99.9%,其淘汰值为多少?

淘汰值的计算,按下列公式:

$$R=X+1.65\sqrt{X}+0.8+1(\text{计算时舍去小数})$$

式中:X 为杂株数,则 X(杂株数)$=4$

$$R=4+1.65+\sqrt{4}+0.8+1=9$$

若田间小区种植4 000株,标准规定纯度为99.7%,则 X(杂株数)$=12$

$$R=12+1.65+\sqrt{12}+0.8+1=19$$

程序8 结果报告

田间小区种植鉴定结果除品种纯度外,若是杂交作物,需注明杂株(变异株、自交株、异品种)的种类,计算其百分率。若是常规作物,需注明杂株(变异株、异品种、生物学混杂)的种类,计算其百分率。可能时不需填报发现的异作物,杂草的百分率。

表12-3为真实性与品种纯度鉴定原始记载表(田间小区)

【知识延伸】

通过企业调研,资料查阅,全面了解种子田间小区种植鉴定程序。

【课后作业】

1. 在实际种子生产经营工作中,为什么要进行种子田间小区种植鉴定?

2. 有一批杂交玉米S-704种子,其纯度为98.5%,净度99.3%,发芽率为87%,请制定田间小区种植鉴定的种植方案及结果报告。

参考文献

[1] 农业部种子检验处. 中华人民共和国国家标准 GB/T 3543.1～7—1995 农作物种子检验规程. 北京:中国标准出版社,1995

[2] 农业部种子检验处. 中华人民共和国国家标准 GB/T 3543.1～7—1995 农作物种子检验规程实施指南. 北京:中国标准出版社,1995

[3] 农业部全国农作物种子质量监督检验测试中心. 农作物种子检验员考核学习读本. 北京:中国工商出版社,2006

[4] 颜启传. 种子检验原理和技术. 杭州:浙江大学出版社,2000

[5] 颜启传,等. 农作物品种鉴定手册. 北京:中国农业出版社,2000

[6] 国际种子检验协会编,颜启传,等译. 1996 国际种子检验规程. 北京:中国农业出版社,1999

[7] 毕新毕,戴心维. 种子学. 北京:中国农业出版社,1999

[8] 周祥胜,赵新立,颜启传. 幼苗鉴定实用手册. 北京:中国农业出版社,2003

图书在版编目(CIP)数据

种子质量检测技术/王新燕主编．—北京：中国农业大学出版社，2008.10
ISBN 978-7-81117-585-1

Ⅰ．种…　Ⅱ．王…　Ⅲ．作物-种子-质量检验　Ⅳ．S339.3

中国版本图书馆 CIP 数据核字(2008)第 156544 号

书　　名　种子质量检测技术
作　　者　王新燕　主编

策划编辑	姚慧敏　伍　斌	**责任编辑**	罗绿勇　伍　斌
封面设计	郑　川	**责任校对**	陈　莹　王晓凤
出版发行	中国农业大学出版社		
社　　址	北京市海淀区圆明园西路 2 号	**邮政编码**	100193
电　　话	发行部 010-62731190，2620		读者服务部 010-62732336
	编辑部 010-62732617，2618		出　版　部 010-62733440
网　　址	http://www.cau.edu.cn/caup	**e-mail**	cbsszs@cau.edu.cn
经　　销	新华书店		
印　　刷	北京鑫丰华彩印有限公司		
版　　次	2008 年 11 月第 1 版　　2011 年 4 月第 4 次印刷		
规　　格	787×980　16 开本　17.25 印张　315 千字　彩插 6		
定　　价	31.00 元		

图书如有质量问题本社发行部负责调换